디지털 시스템 제어공학

Digital System Control Engineering

임 미 섭 저

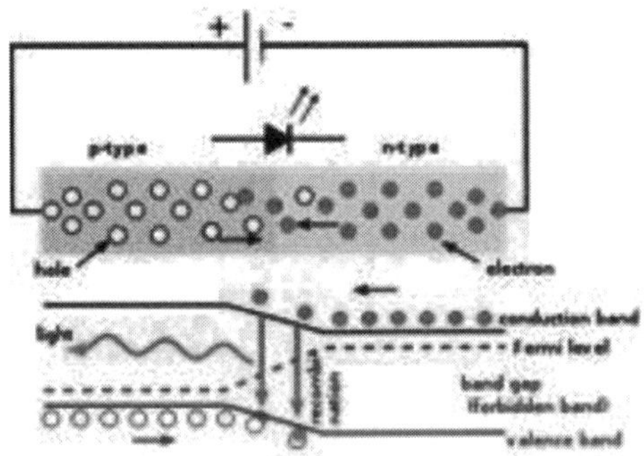

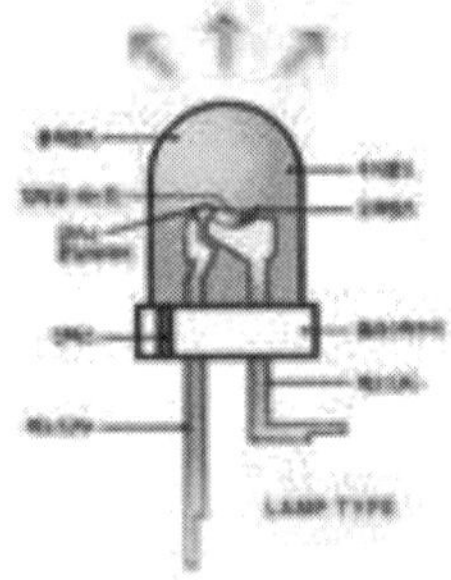

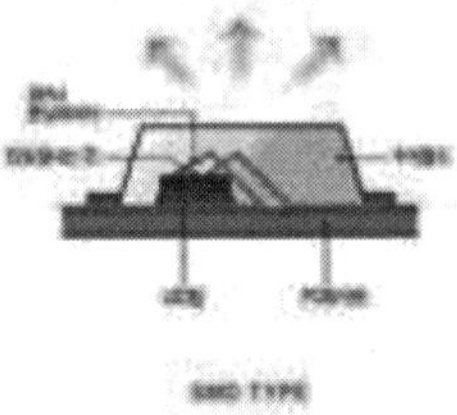

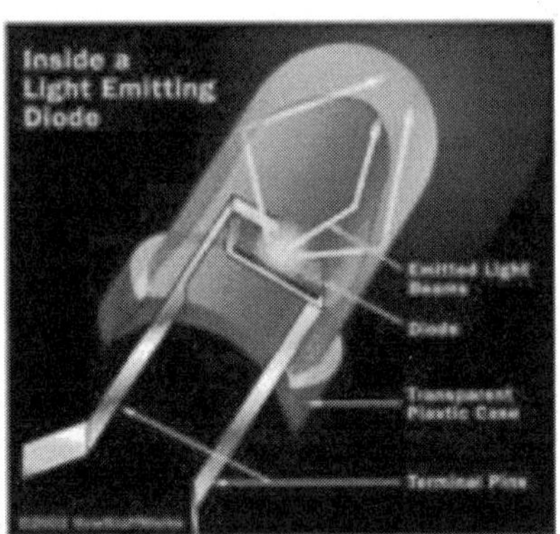

오성미디어

목 차

LED 개요와 제작 공정

Chapter 1
LED의 개요

인류에게 있어서 빛은 인류에게 생활의 영역과 시간을 확장하는데 중요한 요소 가운데 하나이며 빛을 만들고 이용하는 기술은 시대가 발전하면서 그 방법도 함께 변화해 오고 있다. 최근 몇 년 사이에 LED는 높은 에너지 변환효율로 인해 전기 에너지 절감에 유리하여 조명을 필요로 하는 가전기기, 자동차, 건축, 의료기기, 농어업 등 산업 전반에 걸쳐 응용되는 산업의 한 분야로 자리 잡고 있다. 또한 점차 확대되고 있는 가정 및 사무실 조명까지 감안한다면 LED는 메모리 반도체를 능가하는 거대한 반도체 부품 소재 시장을 형성 할 것으로 기대를 모으고 있다.

이 책에서는 현재 LED기술을 이용한 다양한 부품 소재와 이를 이용한 LED 모듈 소재를 제어 함에 있어 필요한 기본 제어 기술과 이를 응용한 제어 기술에 대해 알아보도록 한다. 각 소자의 구성과 동작 원리 그리고 응용을 단계적으로 학습 할 수 있도록 도울 것이다.

1. LED의 개요

1.1 LED의 개념

LED(Light Emitting Diode)는 반도체로 빛을 발생시키는 소자를 말한다. LED는 발광 다이오드라고도 불리는데 화합물 반도체의 특성을 이용하여 전기에너지를 빛 에너지로 전환하여 다양한 용도로 사용되고 있다. 반도체를 물질의 종류로 구분하면 그림 1-1과 같이 구분할 수 있는데 LED는 화합물 반도체로 분류된다. LED는 화합물 반도체로 각각의 화합물마다 빛 에너지 방출과 방출된 파장에 따라 색상이 모두 다르기 때문에 광범위하게 다양한 제품에 응용되고 있다.

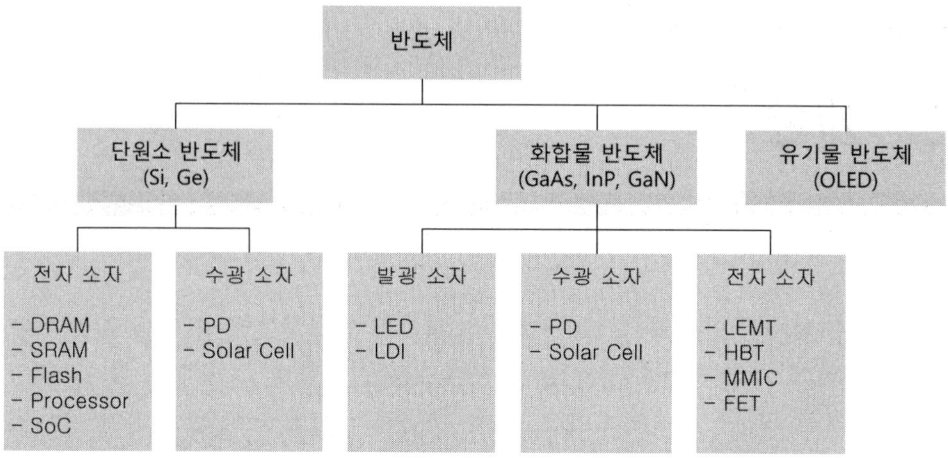

〈그림 1-1〉 반도체의 종류

1.1.1 LED의 구조

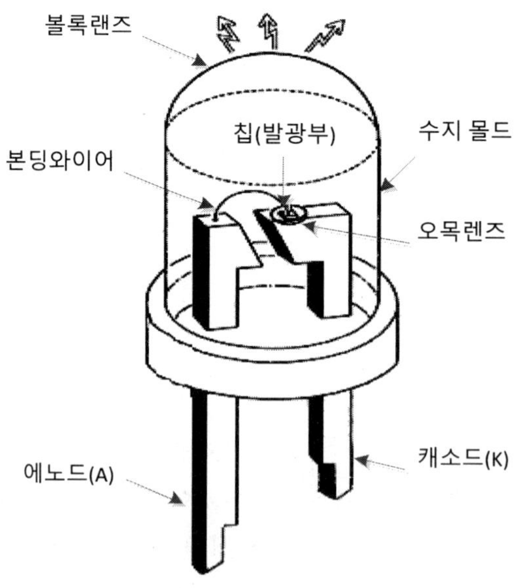

〈그림 1-2〉 LED 소자 구조(1)

LED는 반도체로 이루어진 칩을 수지 몰드가 감싸는 형태로 이루어 진다. 칩은 오목렌즈 위에 배치되어 빛을 한 방향으로 발산하게 되고 칩을 감싼 수지 몰드는 상단부분이 볼록렌즈로 되어 있어 다시한번 빛의 직진성을 좋게한다. LED는 다이오드와 같이 +전극을 에노드(A)로 부르며 –전극을 캐소드(K)라 부른다. 그림 1-2와 같이 일반적으로 +전극의 다리가 좀더 길어 쉽게 LED의 전극을 확인할 수 있도록 구별한다.

1.1.2 LED의 형상

LED는 용도에 따라 발광부인 LED 칩의 감싸고 있는 수지 몰드의 형태와 LED를 기판(PCB)과 접하는 리드의 형태에 따라 다양하게 제작되어 사용된다.

가. 오벌(Oval)형 LED

우리가 일반적으로 가장 흔하게 접하는 LED의 형태이다. LED를 감싸는 수지 몰드의 상단이 둥글게 이루어져 빛의 직진성이 우수한 특징을 가지고 있다. 오벌(Oval)형 LED는 포탄형이라 부르기도 한다.

오벌(Oval)형 LED는 수지 몰드의 직경에 따라 3mm, 5mm, 8mm, 10mm등 다양한 형태를 가지며, HBE-Green-LED에도 다양한 오벌(Oval)형 LED가 장착되어 있으니 확인하기 바란다.

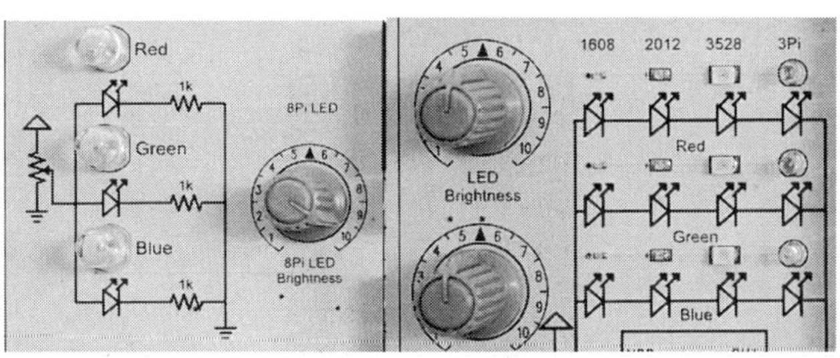

나. 실린더(Cylinder)형 LED

실린더(Cylinder)형 LED는 오벌(Oval)형 LED와 동일한 형상을 가지면서 수지 몰드 상단이 평편하게 이루어져 있는 차이를 가진다. 이로 인해 직진성은 떨어지나 빛의 확산성이 좋아 확산형 LED라고도 부른다.

HBE-Green-LED에는 5mm 직경의 실린더(Cylinder)형 LED가 장착되어 있다.

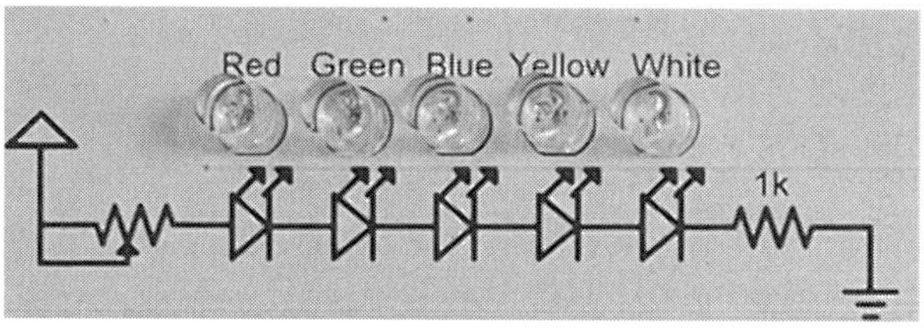

다. 칩형 LED

칩형 LED는 최근에 그 사용이 증가하고 있는 형태의 LED이다. 위의 두가지 LED의 경우 LED기판에 장착할 경우 사람이 손으로 하나씩 홈에 끼워서 납으로 고정해야하므로 작업에 시간이 많이 소요된다는 단점이 있다. 칩 LED는 이를 보완하기 위해 자동화 공정에서 LED를 기판에 장착할 수 있도록 리드를 짧게 제작하였고 칩형 LED의 경우 그 크기를 아주 작게도 제작할 수 있기 때문에 최근 핸드폰 등 소형 기기에 주로 많이 사용되고 있다.

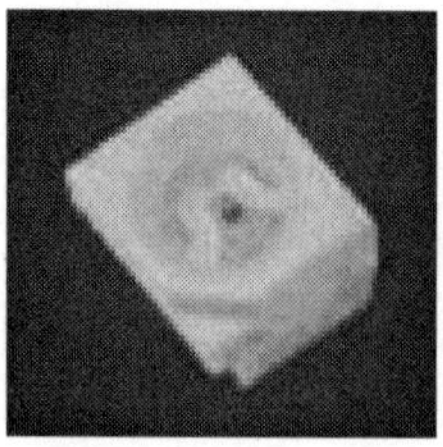

HBE-Green-LED에는 약 3종류의 칩형 LED가 장착되어 있으니 확인해 보기 바란다.

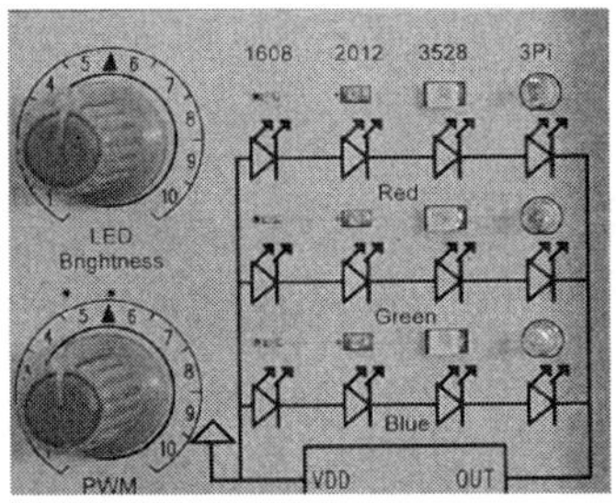

칩형 LED의 경우 가로 세로의 크기에 따라 1.6*0.8, 2.0*1.2, 3.2*1.6, 3.5*2.8mm의 다양한 종류로 구성되며 이를 줄여서 크기를 표시할 때 1608, 2012, 3216, 3528로 표기한다.

칩형 LED는 육안으로 극성을 구별하기 쉽지 않기 때문에 그림 1-3과 같이 캐소드 측에 Mark를 표시하여 극성을 구별할 수 있도록 한다. 그러나 생산 회사별로 Mark 표시 방법이 다르므로 이를 확인하여 극성을 구별해야 할 것이다.

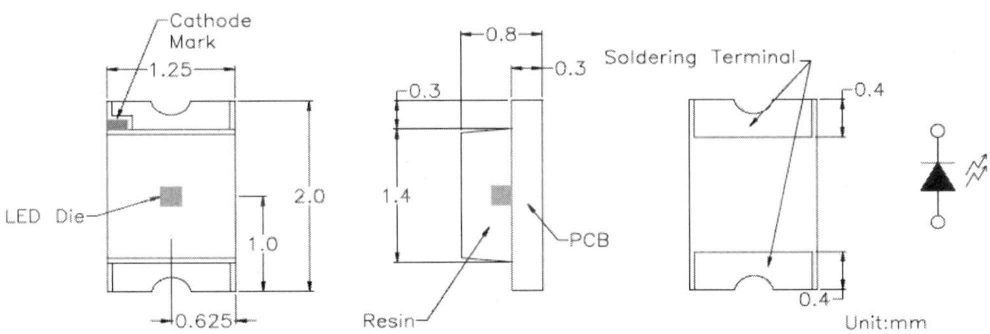

〈그림 1-3〉 칩형 LED의 치수와 형상

라. 적외선 LED

적외선 LED는 가시광선 영역을 사용하지 않고 적외선 영역의 파장을 가지는 LED 소자이다. 형태는 일반 LED 소자와 동일하나 동작 시 광선이 눈으로 보이지 않는다는 특징을 가진다. 주로 리모컨이나 통신용 소자로 주로 많이 사용된다.

마. 조명 LED

조명 LED은 기존 백열등 및 형광등을 대체하는 제품으로 현재 많은 관심을 보이고 있는 소자이다. 조명용은 일반 LED에 비해 밝기가 매우 밝고 높은 전압에 견딜 수 있도록 제작된다. 초기에는 직류 전원을 주로 사용하였으나 최근에는 일반 교류 전원을 직접 연결해 사용할 수 있는 제품도 선보이고 있다. 조명용 LED는 그 용도에 따라 다양한 형태의 제품이 생산된다.

〈그림 1-4〉 고출력 조명용 LED 소자

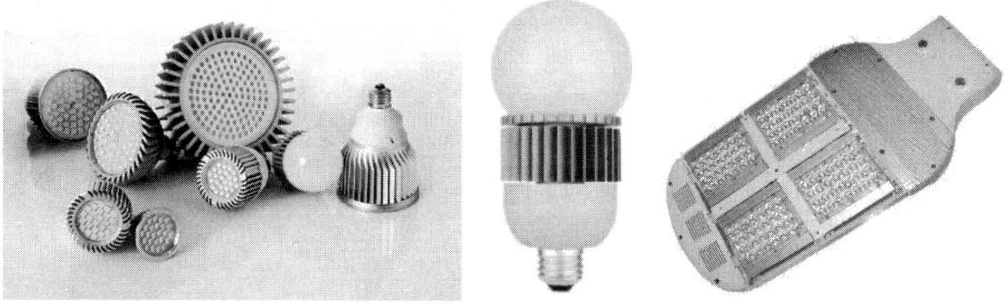

〈그림 1-5〉 다양한 형태의 LED 조명

1.1.3 LED의 종류와 특징

가. GaP(인화갈륨):ZnO 적색 LED

GaP 적색 LED는 1970년경부터 생산되어 LED의 주축이 되었고 현재의 가시 LED 램프에서GaP가 차지하는 비율은 매우 높다. 이 LED는 고전류 밀도영역에서의 발광효율에 한계가 있고 저전류에서의 사용에 적합하기 때문에 표시소자는 포터블 타입을 비롯해 옥내용 각종 기기에 많이 이용되고 있다.

가. GaP:N 녹색 LED

ZnO 적색 LED와 마찬가지로 GaP이며, GaP 기판 결정 위에 LPE법을 이용해 p-n접합을 형성하여 제작하는 LED로 옥외용 디스플레이로도 사용되고 있다.

나. GaAsP(갈륨-비소-인)계 적색 LED

GaAsP 결정은 GaAs1-XPX의 성분비 x를 바꿈으로써 적외선(x=0)부터 녹색(x=1)까지 발광한다.

다. GaAsP계 등황색.황색 LED

GaAsP의 등황색 LED는 기판결정에 GaP를 이용하여 VPE법에 의해 발광용 p-n접합을 형성한다. GaAs1-XPX의 조성비 x를 적색 LED보다 크게 취함으로써 단파장화한다. x값이 0.65 및 0.75에서는 각각의 발광 피크파장이 630㎚ 및 610㎚의 등황색 LED로 된다.

라. GaAlAs(갈륨-알루미늄-비소)계 LED

GaAlAs는 x<0.35의 범위(직접천이영역)에서 Al과 As의 조성비를 바꿈으로써 발광파장을 640㎚부터 900㎚까지 변화시킬 수 있다. 차재용 high mount stop lamp나 도로표시판, 광고간판등 각종 옥외용 표시소자로 응용이 확대되고 있다.

마. InGaAlP(인듐-갈륨-알루미늄-인)계 등황색.황색 LED

InGaAlP는 근래 실용화된 혼합결정재료인데 직접 천이형 BAND 구조를 가져 등황색. 황색 LED의 휘도 향상이 가능하다. 이 InGaAlP를 이용해 고휘도(광도 1000mcd이상) 등확색(약 620nm)의 LED가 개발되고 있다.

바. GaN(질화갈륨)계 청색 LED

고휘도 청색 LED의 출현에 의해 옥외에서의 LED 디스플레이의 풀컬러화가 촉진될 것이다. 또한 청녹색 LED는 백열전구를 대신하는 신호기의 광원으로 유명하다.

사. SiC(탄화규소) 청색 LED

SiC는 일찍 시판된 청색 LED의 재료인데 이유는 다른 재료와 달리 P형 결정을 비교적 용이하게 얻을 수 있기 때문이다. 최근 오프 기판결정을 이용해 1700℃ 전후에서 p-n접합을 형성해서 결정성을 향상시키고 질소 도너와 Al 억셉터에 의한 D.A 페어 발광중심을 제어성이 좋게 형성함으로써 신뢰성의 향상과 함께 발광효율을 비약적으로 개선하여 30mcd(20mA)의 고휘도를 달성하고 있다.

아. II-VI족 청색 LED

Ⅱ-Ⅵ족 화합물 반도체인 ZnSe(세렌화아연), ZnS(황화아연)는 각각 실온에서 2.7eV 및 3.7eV의 밴드 갭을 가지며 직접 천이형 재료이므로 고발광 효율의 청색 LED재료로서 유망해 최근 현저한 진보를 볼 수 있다.

자. 풀 컬러 LED

풀 컬러 LED에 의한 디스플레이는 이제까지의 SiC 혹은 GaN 청색 LED와 다른 재료에 의한 적녹색 LED를 조합시킨 하이브리드형의 풀 컬러 LED 램프를 제작하고 있는데 앞에서 기술한 높은 발광효율의 SiC청색 LED와 GaP 적색 및 녹색 LED를 램프화하여 순백색 발광을 포함한 다수 발광이 가능한 풀 컬러 LED가 제작되었다.

차. 적외선 LED

적외선 LED의 재료는 주로 GaAs로 양성불순물인 Si를 이용하여 LPE결정 성장조건으로 그 치환위치(Ga 또는 As원자)를 제어함으로써 p-n접합을 형성한다. 일반적인 포토 커플러, 포토 아이솔레이터등의 복합 광소자로서 가장 많이 이용된다. 최근에는 카메라의 오토 포커스등 고출력을 요하는 것이나 장거리 리모트 컨트롤용 광원으로서 GaAlAs에 의한 DH 구조의 고출력 타입 적외선 LED가 이용되고 있다.

1.1.4 LED의 파장별 색

파장 (nm)	400 ~ 450	450 ~ 470	470 ~ 557	557 ~ 567	567 ~ 572	572 ~ 585	585 ~ 605	605 ~ 630	630 ~ 700
색상	Pure Blue	General Blue	Pure Green	General Green	Yellow Green	General Yellow	General Amber	General Orange	General Red

가시광 스펙트럼은 각각의 색깔에 따라 해당하는 파장을 보여주고 있는데 Red에 가까울수록 긴 파장을 보라에 가까울수록 짧은 파장을 나타내며 파장이 짧을수록 좀더 많은 에너지를 필요로 한다.

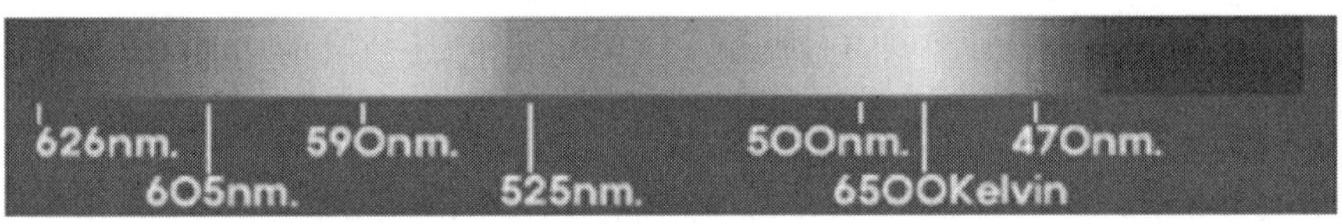

1.1.5 LED에 사용되는 반도체 재료

LED는 휘도에 따라 General급, Super급, Ultra급으로 나눠진다. 100mcd 이하는 General급, 500mcd 이하는 Super급, 그 이상을 Ultra 급으로 한다.

가. General 급

GaP	GaN	GaAs	GaAlAs
Green, Red	Blue	Red, Infrared	Red, Infrared

가. Super 급

GaAlAs	GaAsP	GaN	InGaN	GaP
Red	Red, Yellow	Blue	Green	Green

나. Ultra 급

GaAlAs	InGaAlP	GaN	InGaN
Red	Yellow, Orange, Red	Blue	Green

1.1.6 LED의 역사

- 1907년의 H.J Round에 의한 금강사의 발견에 의해 LED의 주입형 발광현상이 관측되었다.
- 1923년에 O.W.Lossew에 의해 탄화규소(SiC)의 접촉 부에서의 발광이 관측되어, 주입형 발광현상이 보다 확실하게 정립되었다.
- 1952년 J.R.haynes등의 게르마늄(Ge), 실리콘(Si)의 p-n 접합부에서의 발광을 발견하고 화합물 반도체가 개발 되었다.
- 1955년 G.A.Wolff의 GaP에서의 발광관측으로 이어져 LED의 발아기라고 할 수 있다.
- 1962년의 Pankove의 GaAs p-n 접합부에서의 발광관측을 시작으로 GaAs, GaP, GaAsP, ZnSe 등의 결정성장기술, 주입 발광현상에 관한 수 많은 연구 발표가 이루어졌다.
- 1968년의 GaAsP 적색 LED LAMP의 발매,
- 1969년 R.H SAUL등의 GaP 적색 LED의 외부발광효율 7.2%의 발표를 계기로 실용화 연구가 가속되었다.
- 1970년대는 화합물 반도체 기술이 크게 발전하게 되었다.
- 1980년대는 AlGaAs 기술을 이용한 고휘도 적색 LED가 출현하였고 관련 기술의 연구가 본격화 되었다.
- 1992년에는 최근 가장 주목 받고 있는 기술 중의 하나인 RGB LED가 동작하게 되었다. 그 후, 주로 단순 표시기로 사용되었던 저휘도 LED는 반도체 공정기술의 발전으로 휘도가 2년을 주기로 2배씩 증가되어 마침내 반도체 조명으로 거듭나고 있다.

- 1993년 가시광선 LED 가운데 구현이 가장 어려운 고휘도 청색 GaN LED가 일본 니치아 화학의 나카무라에 의해 구현되었다.
- 1996년 일본 니치아 화학의 나카무라는 청색 LED에 YAG 형광체를 결합하여 만든 백색 LED가 개발되어 향후 엄청난 시장 창출을 기대하게 했다.
- 1997년에는 조명과 BLU 및 자동차용 보조 광원 등에 LED가 응용되기 시작하였다.
- 2004년에는 SONY에서 RGB LED BLU를 이용한 최초의 TV를 양산화 하여 대형 BLU에 LED의 채용에 대한 본격적인 계기가 되었다.
- 2009년부터 불기 시작한 Green 관련 기술에서 LED는 높은 에너지 효율성으로 인해 그런 에너지로 거듭나고 있으며 가전기기, 자동차, 건축, 의료기기, 농어업등 산업 전반에 걸쳐 응용되고 있다.

1.2 LED 기술을 이용한 산업 분야

요즘 차세대 조명으로 관심을 받고 있는 LED 조명은 기존의 빛에 생명을 불어 넣어 21세기 생활 혁명을 주도할 수 있는 핵심 산업으로 빛을 활용하는 경제, 사회적 공간에 감성, 융합, 친환경을 접목시켜 다양한 고부가가치 파생 상업을 창출하는 등 신성장 동력의 원천 기능을 수행하고 있다.

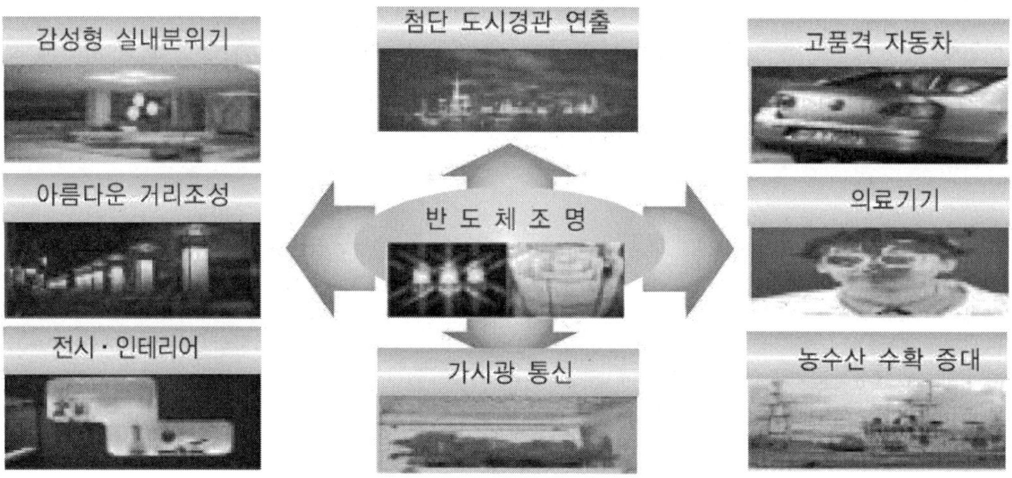

〈그림 1-6〉 LED 조명의 응용

여기에서 말하는 LED 조명은 반도체 조명을 통칭해서 주로 사용하는데 기존 형광등, 백열등 등의 진공상태 조명이 아닌 LED 또는 OLED와 같은 반도체를 이용한 조명을 통칭해서 부른다.

LED에 관련된 산업은 크게 다음의 4종류의 산업으로 구분되어 발전하고 각 산업이 별도의 시장과 발전 단계를 가지고 성장 발전한다.

1.2.1 LED 산업

가. LED 에피/칩/패키지/장비 산업

LED는 반도체로 빛을 발생시키는 소자이다. 화합물 반도체의 특성을 이용하여 전기 에너지를 빛 에너지로 전화하여 다양한 용도로 사용되고 있다.

1단계 제조 공정은 기판 위에 단결정의 얇은 막을 성장시키는 에피 웨이퍼 제작 공정이다.

2단계는 에피 웨이퍼에 전극을 형성시키고 각각의 소자로 분리하는 칩 공정이다.

마지막 단계로 습기 충격 등 외부로부터 칩을 보호하는 패키징 공정 등으로 나눌 수 있으며, 각각의 제조공정에 따라 다양한 세부기술이 요구된다.

LED 생산을 위한 에피 웨이퍼 제작을 위해 MOCVD(Metal Organic Chemical Vapor Deposition)등의 장비를 이용한다.

가. LED 모듈 소재

화합물 반도체 특성을 이용하여 전기 에너지를 빛 에너지로 효율적으로 전화하여 최적의 효율로 안정적으로 방출되도록 하는 소재로서 기판 소재, 형광체 소재, 봉지 소재, 고방열 소재로 구분하여 볼 수 있다.

나. LED 조명 및 응용(융합)

LED조명은 LED를 이용한 조명기구(LED 모듈과 방열 및 광학 기구로 구성된다.) 및 시스템(전원장치, 구동회로, S/W 및 시스템 제어)를 통칭한다.

응용분야에 따라서 일반조명과 더불어 디스플레이, 수송조명, 농생물, 의료, 해양수산과 같은 LED-IT/NT/BT 융복합기술을 활용한 특수 조명 및 이에 대한 특성/신뢰서 평가 분야로 분류할 수 있다.

다. 융합 광기술

기존의 광소자 또는 광원 기술과 NT, IT 및 유기 반도체 기술 등의 새로운 기술이 융합된 고집적, 고성능 및 새로운 기능을 갖는 소자/ 부품 분야 이다.

나노포토닉스는 나노 크기의 반도체구조체로부터 야기되는 나노현상을 이용한 광 소자 기술이다.

정보단말용 광소자는 차세대 디지털 영상시대를 대비한 정보단말용 초소형 대용량 정보통신이 가능한 초저전력/광대역 광원 소자이다.

OLED 조명은 기존의 광원대비 고효율, 긴 수명과 박형, 투명, 유연성, 광제어, 발광대역 조정 등의 혁신적 기능을 구현 가능한 LED 기술과 유기 반도체 기술이 융합된 새로운 광원 기술이다.

광 인터커넥션은 광학 채널을 통해서 초단거리의 디지털 정보를 서로 교환하여 초고속화된 신호 처리 및 통신을 목적으로 하는 광컴퓨터, 광스위치, 광 USB의 핵심 기술이다.

LED 가시광 통신(Visible Light Communication, VLC)은 백열전구나 형광등과 같은 기존 조명을 대체하는 화합물 반도체인 LED 조명을 이용한 통신을 말한다.

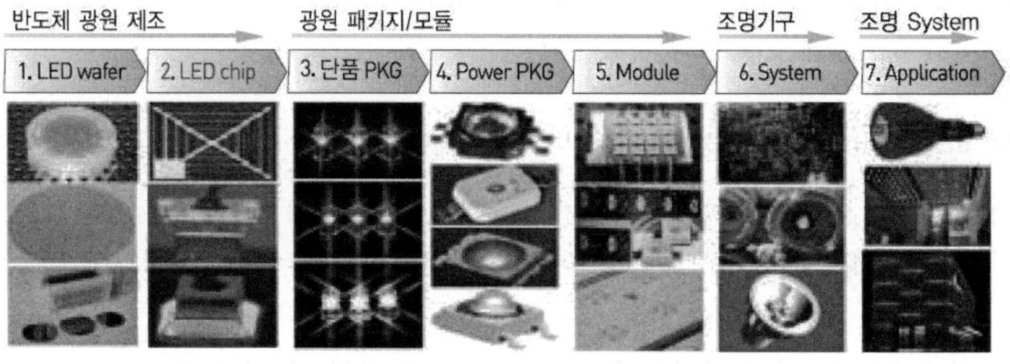

〈그림 1-7〉 LED 및 광산업 개념도

1.3 LED 산업 현황 및 전망

1.3.1 LED 소자 분야

현재까지 LED 소자 관련 시장은 모바일용 LED가 주도하고 있었으나 2006년 이후 이 시장은 포화 상태에 이르렀고 모바일용 LED 시장은 향후 수년 동안 하락 할 것으로 예상된다.

최근 들어 차량용 및 중대형 LCD BLU(Back Light Unit) 시장으로 소자 시장의 이동이 예상되며, 가장 큰 시장으로 기대되는 LED 조명 시장은 2010년을 기점으로 본격적으로 형성될 것으로 예상된다.

2009년 이후로 LED 소자 시장은 견조한 성장세를 유지할 것으로 예측되며, 2015년에는 메모리 반도체 시장에 버금가는 수준으로 성장할 것으로 예상된다.

(단위 : 금액-억불)

구 분	제품명	08년	09년	10년	11년	12년	13년	CAGR (%)	비고
LED소자 (칩, 패키지, 단순모듈)	mobile phones	16	12	12	11	10	10	-9.0	LED 반도체 소자 관련 시장
	Other mobile	6	6	8	11	14	17	23.2	
	Signs	6.5	6.5	6.5	7	8	9	6.7	
	Displays	0.8	4	5	12	24	44.5	123.4	
	Automotive	8	7	9	9	12	14.5	12.6	
	Signals	0.5	0.7	0.5	0.5	0.5	0.5	0.0	
	Lignting	4.5	5.5	7	11.5	13.5	16.5	29.7	
	Others	8.5	6	8	9	11	13	8.9	
	합계	50.8	47.7	56	71	93	125	19.7	

〈표 1-1〉 LED 소자 세계시장 전망

국내 LED 소자 시장은 모바일 시장을 중심으로 2003에서 2008년까지 년 40% 이상의 고속 성장을 지속하고 있으며 2009년부터는 디스플레이용 LED BLU가 새로운 성장축으로 시장을 형성하고 있다.

(단위 : 물량-백만개, 금액-억원)

구 분	2008년	2010년	2012년	2014년	2016년	2018년	2020년
물량	6,356	10,011	23,333	35,556	49,200	62,700	80,100
금액	9,431	14,900	23,979	40,000	60,000	82,000	90,000

※ 자료 출처 : Strategy Unlimited(2008. 2), 한국광기술원(2008. 4) 환율기준 : 1$=1,000원

〈표 1-2〉 LED 국내 시장 전망

1.3.2 LED 모듈 소재 분야

세계 LED의 시장 확대와 조명용 고휘도 LED의 요구에 따라 고 신뢰성 LED/모듈 소재의 공급 수요가 지속적으로 확대될 전망이다.

(단위 : 억 원)

구 분		2009	2010	2011	2012	2013	2014	2015	CAGR
LED 모듈 소재	기판	3,650	4,480	5,500	6,760	8,300	10,195	12,518	22.8%
	형광체	925	1,065	1,225	1,407	1,619	1,861	2,140	15.0%
	봉지제	2,404	2,580	2,770	2,980	3,200	3,435	3,690	7.4%
	고방열소재	552	882	1,410	2,250	3,600	5,755	9,192	59.8%
합계		7,531	9,007	10,905	13,397	16,719	21,246	27,540	

※ 자료 출처 : Semiconductor International(2007), Strategies unlimited Market, Emerging Functional Single Crystal Market, Yano Research Institute, March(2008), Phosphor Global Summit(2008), Global Information Inc.(2005), Fuji Chimera Research(2005) 자료 근거 추정치

〈표 1-3〉 세계 LED 모듈 소재 시장 현황

국내 LED BLU와 조명용 고휘도 LED의 시장 확대 전망에 따라 고 신뢰성 LED/모듈 소재의 공급 수요가 지속적으로 확대될 것으로 전망된다.

(단위 : 억 원)

구 분		2009	2010	2011	2012	2013	2014	2015	CAGR
LED 모듈 소재	기판	320	410	522	666	850	1,087	1,388	27.7%
	GaN 웨이퍼	100	132	171	229	300	398	524	31.8%
	형광체	85	105	122	147	176	210	254	20.0%
	봉지제	288	309	332	360	383	412	442	7.4%
	고방열소재	110	176	280	450	720	1,150	1839	59.9%
합계		903	1,132	1,427	1,852	2,429	3,257	4,447	

※ 자료 출처 : 대신증권 리서치 자료, Global Information Inc., Fuji Chimera Resear 2005 자료 근거 추정치

〈표 1-4〉 국내 LED 모듈 소재 시장 현황

1.3.3 LED 조명 및 응용 분야

세계 전통 조명 시장 규모는 2012년에는 1,300억 달러 규모로 시장이 형성될 것으로 전망되며, 2015에는 약 30%의 일반 조명 시장을 LED 조명 시장이 점유하여 약 380억 달러 이상의 시장을 형성 하면서 연평균성장률 32%의 고속 성장을 이룩할 전망이다.

세계 LED응용(융합)기기 시장 규모는 2012년에는 226억 달러, 2015년에는 420억 달러의 시장이 형성될 것으로 전망된다.

(단위 : 억불)

구 분		제품명	05년	08년	10년	12년	15년	18년	CAGR(%)	비고
LED 응용(융합)기기		휴대전화 모듈	83.2	67.2	56	48	45	42	5.6	LED 응용(융합)기기
		LCDBLU 모듈		3.7	14.6	41	130	220	66.3	
		자동차 모듈	22.8	30.4	38	55.2	100	145	18.6	
		LED Display	16.6	26.7	36.7	44	55	64	10.9	
		의료		1	5	10	25	40	58.4	
		농수산업			3	8	20	32	46.2	
		정보가전, 통신			3	10	25	46.4	52.9	
		UV살균소독탈취, 경화응용		1	5	10	20	32	53.5	
		LED응용 합계	122.6	130	161.3	226.2	420	621.4	18.3	
LED 조명기기	옥내	할로겐전구대체		2	10	30	60	90	46.4	조명산업과 관련된 시장
		백열전구대체		3.3	17	39	70	100	40.7	
		형광등 대체		1	4.9	27	65	104	58.5	
	옥내외	Outdoor Lighting	8.2	12.5	16.5	22	33.3	50.6	15.0	
		Down Lighting		0.33	4	6.7	10	13	44.5	
		Task Lighting		0.61	4.5	9	15	21	42.5	
		LED 사인조명	4.3	7.5	11.5	16.5	26.9	46.4	20.0	
구 분		제품명	05년	08년	10년	12년	15년	18년	CAGR(%)	비고
	옥외	LED 건축조명	1.1	3.4	6	15	30	45	29.5	
		LED 도로조명		1	20	40	70	100	34.9	
		LED조명 합계	13.6	35.6	94.4	205	380	570	32.0	
세계 LED응용 및 조명 총계			136.2	165.6	255.7	431.2	800	1,191.4	19.8	

※ 자료 출처 : 한국광기술원 (2008.4) : 아래의 시장자료를 기초로 종합 · 분석된 자료, the Freedonia Group, Inc(2006), GIA 일반조명시장(2006), global Information, Inc.,"조명기구 전망"(2005), Strategies Unlimited(2008.2) "LED market forecast", OIDA 2007.9(Photonics Korea 2007 발표, by Dr. M. Levy)

〈표 1-5〉 세계 LED 조명 및 응용 시장 전망

국내 LED조명은 2005년 약 540억원 규모로 발아기를 거쳐 2012년 1.3조원, 2015년 3.6조원의 규모로 약 41.7%의 비약적인 연평균 성장률을 기록하면 2018년에는 약 6조원 규모로 성장할 것으로 전망된다.

우리나라가 강점을 가진 시장은 대형 LCD TV의 BLU, 자동차 조명, 선박용 조명, 일반조명, 정보가전 분야가 중요하며, 다음으로 환경, 수산어업, 가시광선 통신, 의료응용 등의 분야 등이 중요한 분야로 손꼽힌다.

(단위 : 억원)

구 분		제품명	05년	08년	10년	12년	15년	18년	CAGR(%) 08-18년간
LED 응용(융합)기기		휴대전화 모듈	16,640	14000	11000	8000	4,000	3,100	-14.0
		중대형 LCD BLU모듈		1,000	1,500	9,000	40,000	75,000	54.0
		자동차 모듈	90	160	600	3,000	7,000	10,000	51.2
		LED Display	460	1,115	2,100	3,357	5,000	6,400	19.1
		의료			100	600	1,500	2,400	48.8
		농수산업			50	500	1,800	3,300	68.8
		정보가전, 통신			50	400	3,000	5,400	79.5
		UV살균소독탈취. 경화응용		20	100	1,400	7,000	9,500	85.2
		LED응용기기 합계	17,190	16,295	15,500	26,257	69,300	115,100	21.6
LED 조명 기기	옥내	할로겐전구대체		200	700	1,800	5,017	8,970	46.3
		백열전구대체		330	1,250	3,000	7,024	11,297	42.4
		형광등 대체 평판형		100	500	2,000	8,028	14,111	64.0
	옥내외	Down Light		33	138	252	454	3,703	22.2
		Task Light		61	92	168	303	666	35.1
		LED Sign	30	490	787	1,379	2,405	444	22.0
		Outdoor Lighting	364	500	1,100	1,700	2,651	3,464	21.6
	옥외	LED 가로등	147	209	1,040	2,538	10,603	19,911	57.7
		LED 일반조명시장 합계	541	1,923	5,607	12,837	36,485	62,565	41.7
국내 LED 시장 총계			17.731	18,218	21,107	39,094	105,785	177,665	21.2

※ 자료 출처 : 한국광기술원 (2008.4) : 아래의 시장자료를 기초로 종합·분석된 자료, the Freedonia Group, Inc (2006), GIA 일반조명시장(2006), 조명산업발전위원회 "국내외 조명분야 기술동향에 대한 영역별 신기술조사보고서"(2002), 산자부 조명산업현황[2004], global Information, Inc., "조명기구 전망"(2005), 한국신용평가정보, Industry Report (조명기기), 2008.07.04(평가분석팀 한인효), 대신증권 리서치 센터, Strategies Unlimited (2008.2) "LED market forecast", OIDA 2007.9 (Photonics Korea 2007 발표, by Dr. M. Levy)

〈표 1-6〉 국내 LED 조명/응용 시장 현황

1.3.4 융합 광기술

광인터커넥션 세계시장은 현재 단거리 위주로 시장이 형성되어 있으며, 세계 주요 업체에서 표준화 일정 및 시장 출시 일정으로 제시하고 있는 2013년경에는 180억불 규모에 이를 것으로 추정된다.

국내 시장의 경우 세계 시장 점유율 2%를 가정하여 3,000원의 시장 점유율을 가질 것으로 예상된다.

(단위 : 억 불)

구 분		2009	2010	2011	2012	2013	2014	2015
융합 광기술	나노포토닉스	93	120	155	200	258	308[1)]	358[1)]
	정보단말용 광소자	340	346	361	378	390	487[3)]	548[3)]
	OLED조명	–	–	25	31	48	50[2)]	60[2)]
	광인터커넥션	59	95	118	147	180	224[3)]	279[3)]
	LED 가시광 통신	1.73	4.4	5.4	9.6	11.1	16.8	18.8

〈표 1-7〉 세계 광 융합기술 시장 전망

Chapter 2
LED 소자 제작 공정

LED가 조명 소자로서 큰 비중을 차지하게 된 계기에는 반도체 공정을 통한 LED 소자 제조 방식이 주요한 이유를 차지하고 있다.

반도체 공정을 이용한 LED 소자 제작은 소형화, 저전력, 다기능 및 대량 생산의 반도체 공정의 장점을 고스란히 받아 들일 수 있게 되었다.

우리는 먼저 LED 소자 제조 공정을 알아보기 전에 반도체 제조 공정을 살펴봄으로써 LED 제조 공정을 이해하는데 도움을 얻고자 한다.

2. LED 소자 제작 공정

2.1 반도체 소자

2.1.1 반도체?

반도체(Semi-Conductor)는 전기가 자유롭게 흐르는 도체와 전기가 전혀 흐르지 않는 부도체의 중간적인 성질을 가지는 물질을 말한다. 이는 반도체를 제작하는 제작자의 의도에 따라 도체도 될 수 있고, 부도체도 될 수 있는 성질을 가질 수 있다는 의미도 가지고 있다.

반도체는 원하는 대로 저항의 크기를 조절하거나 빛을 내는 등 특별한 성능을 가질 수 있기 때문에 전자 산업의 핵심 역할을 하고 있다.

우리 주위의 모든 전자제품에는 거의 대부분의 제품이라고 할 수 있을 정도로 많은 제품에서 반도체로 이루어진 작은 부품들을 내장하고 있으므로 우리는 반도체라 하는 물건의 세상 속에 살고 있다고 해도 과언이 아닐 것이다.

반도체를 다른 말로 전자산업의 꽃, 산업의 쌀, 20세기 최대의 발명품 등으로 부르는 것은 당연한 일이기도 하다.

2.1.2 반도체의 특징

반도체는 독특한 몇 가지의 특징을 가지고 있다.

- 도체는 가열하면 저항이 커지지만 반도체는 저항이 작아질 수도 있다.
- 반도체에 섞여 있는 불순물의 양에 따라 저항을 매우 커지거나 작게 할 수 있다.
- 교류전기를 직류정기로 바꾸는 정류 작용을 할 수도 있다.
- 반도체가 빛을 받으면 저항이 작아지거나 전기를 일으키는데 이를 광전효과라 한다.
- 어떤 반도체는 전류를 흘리면 빛을 내기도 한다.

2.1.3 반도체 재료

반도체를 이루는 기본 재료는 대부분의 경우 단결정이 사용된다. 단결정이라함은 결정을 이루고 있는 원자가 규칙적으로 배열되어 있는 것을 말한다. 이와 반대로 원자가 불규칙적으로 배열되어 있는 것을 비결정이라 한다. 반도체 재료는 규소(Si:우리는 주로 실리콘이라고 부른다.) 게르마늄(Ge) 등과 같은 단원자 물질 이외에 몇 개의 원자의 조합으로 된 화합물을 사용한다. 반도체의 재료로 사용되는 물질의 종류는 다양하며 반도체 소자로 사용되기 위해서는 전기적 특성, 가공의 용이성, 재료의 가격 등이 다양하게 고려되어 선택된다.

원소형 반도체로 불려 지는 실리콘과 게르마늄은 각각 4개의 가전자를 가지고 있다.

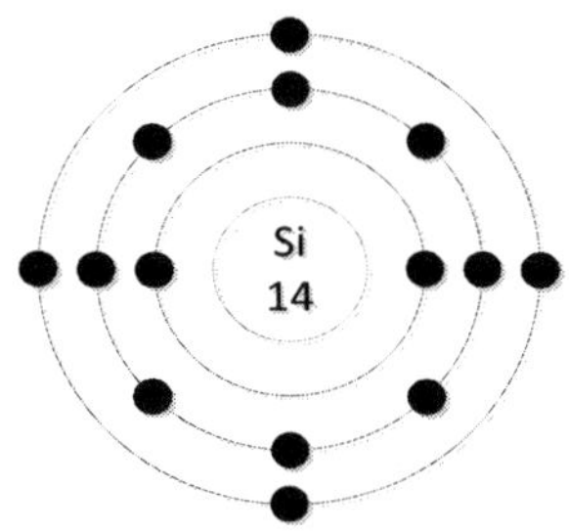

〈그림 2-1〉 실리콘 원자

<그림 2.1>은 실리콘 원자의 구조를 보여 주고 있다. 실리콘 원자는 최외각 궤도에 4개의 전자를 가지고 있다. 실리콘 원자가 화학적으로 안정되기 위해서는 최외곽 전자의 궤도에 8개의 가전자를 가져야 하는 데 원자는 부족한 4개의 가전자를 다른 원자와의 가전자 공유를 통해 안정화를 꾀하게 된다.

실리콘 결정은 격자 구조로 되어 있으며 각각의 원자는 4개의 가전자를 이웃 원자들과 공유하는데 이를 공유결합이라고 하며, 이를 통해 각 원자들을 서로 묶여 져서 안정될 상태를 이루기 된다.

실리콘 원자는 공유결합의 구조로 되어 있다. 가운데 실리콘 원자는 4개의 다른 실리콘 원자 사이에 둘러싸여 있고 인접한 원자들의 가전자를 하나씩 공유한다.

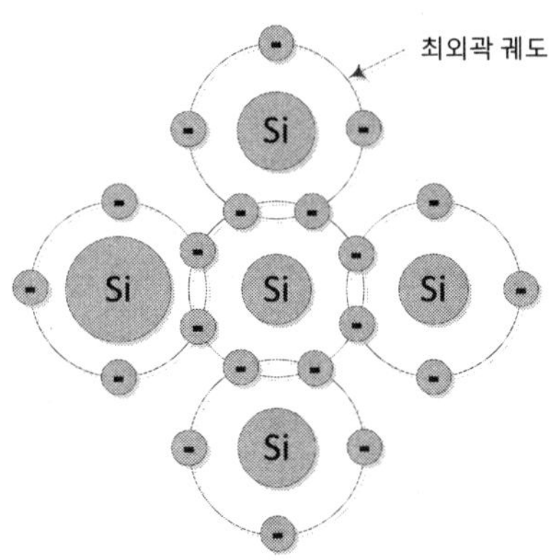

〈그림 2-2〉 실리콘 원자 결합 구조

인접한 각 원자의 중심은 양 전하를 가지기 때문에 공유전자를 서로 끌어당겨 힘을 유지하게 된다. 그러나, 실리콘 결정의 최외각 전자들이 공유결합 구조로 묶여 있다고 하지만 열이나 빛과 같은 외부의 에너지의 공급을 통해 결합이 깨어지게 되어 결합으로부터 자유로운 자유전자가 생성된다.

이때 생성된 자유전자들은 결정 격자를 따라 자유롭게 움직일 수 있게 된다.

2.1.4 진성 반도체와 불순물 반도체

반도체를 결정 구조에 따라 분류하면 다음과 같은 종류가 있다.

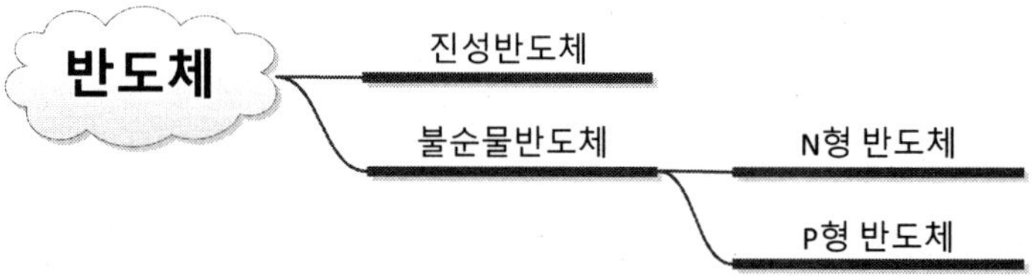

반도체는 열, 빛 등의 에너지를 외부에서 가해주면 저항률이 변화한다. 또한 반도체에 극히 적은 불순물을 첨가하면 저항률이 변화한다.

가. 진성 반도체

실리콘 결정의 순도는 99.9% 이상으로 순도가 아주 높다. 이와 같이 순도가 높은 반도체를 진성 반도체라고 한다.

대표적인 반도체인 실리콘은 원자번호가 14로서 4개의 최외각 전자를 이웃으로 공유하여 안정적인 구조를 갖게 된다. 결정 구조는 각 정점에 하나씩의 원자를 갖는 4면체 형태의 단위격자가 규칙적으로 3차원으로 반복하여 배열되어 있다.

실리콘 원자의 구조는 14개의 전자를 가지고 있으며 이중 4개는 가전자로서 원자의 전자는 4개이다. 이웃 원자들 사이의 결합력으로 실리콘 원자의 각 가전자가 4개의 최 인접 이웃과 공유하게 되는데, 이 공유결합은 2차원 평면에서 각 이온 및 이와 이웃하는 각각의 이온을 연결하는 두 개의 선으로 표현 된다. 가전자는 한 원자를 다음 원자와 결합하는 역할을 하며, 이들 전자가 원자핵에 강하게 결합되는 결과로 된다. 이로 인해 4개의 가전자를 가지고 있음에도 불구하고 실제 전도에 기여할 수 있는 전자는 없는 것이다.

나. 불순물 반도체

순수한 반도체(진성 반도체)에서는 원자간의 결속력이 강해 전기저항이 매우 크지만 여기에 특별한 불순물을 내부에 소량 첨가시키면 전기저항이 크게 낮아진다. 전기저항을 낮게 할 목적 즉, 전도성을 좋게 하기 위해 진성 반도체에 특정의 불순물을 첨가시키는 도핑이라 하며 불순물 도핑으로 인해 자유전자나 이에 반대의 개념인 정공의 수가 크게 증가하게 된다.

실리콘이나 게르마늄 같은 진성 반도체에 극히 적은 불순물을 약 몇 백만 분의 1 정도를 혼합한 반도체를 분순물 반도체라 한다.

불순물 반도체는 불순물 원자의 가전자수에 따라 N형 반도체, P형 반도체로 분류한다. 일반적으로 도핑 레벨은 106또는 108개의 실리콘 원자에 대해 1개의 불순물을 갖는 정도이고, 물리적 화학적 성질은 진성 반도체의 성질을 띠며, 다만 전기적 성질이 크게 변한다.

1) N형 반도체

전도대의 전자의 수를 증가시키기 위해 진성 반도체에 5개의 가전자를 가진 5가의 원소인 비소, 인, 안티몬 등을 불순물로 약 천만 분의 1 정도의 아주 적은 양을 첨가시키면 불순물의 5개의 최외각 가전자 가운데 4개는 진성 반도체의 가전자와 공유하게 되며 나머지 1개의 가전자는 공유되지 않은 상태로 존재하게 되고 이 가전자가 반도체의 동작에 이용되는 케리어의 역할을 하게 된다.

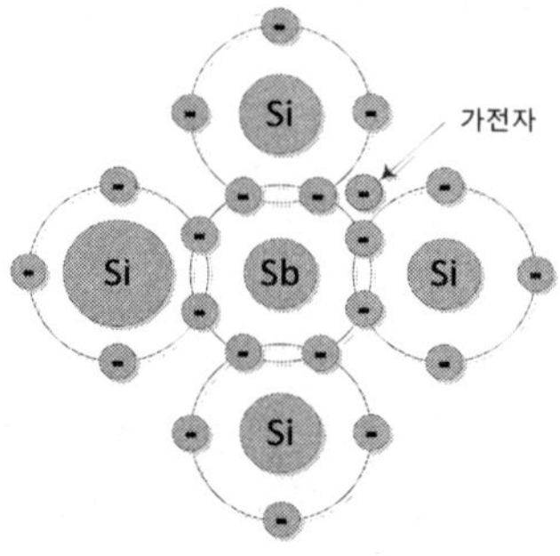

이와 같이 캐리어의 대부분이 전자인 반도체를 N형 반도체라 부른다. N형 반도체를 만드는 5가 불순물은 전자를 외부에 공급한다고 하여 도너 불순물이라고 부른다. 도너 불순물은 진성 반도체에 자유전자를 공급하면서 자기 자신은 이온화되며 이 이온은 격자 구조로 묶여 있게 된다. 또한 N형 반도체에서 음의 전자를 다수 캐리어라 부르고 양의 정공을 소수 캐리어라 부른다.

2) P형 반도체

N형 반도체가 가전자의 숫자를 증가 시키기 위해 불순물을 첨가 시켰다면 P형 반도체는 이와 반대로 가전자의 반대 특성을 가지는 정공을 증가 시키기 위해 3가 원소인 인듐, 칼륨, 붕소, 알루미늄을 불순물로 아주 적은 양을 첨가시키면 불순물이 가지는 3개의 가전자는 모두 진성 반도체와 공유을 통해 결합하게 되고 하나의 전자가 부족한 상태로 남게 된다.

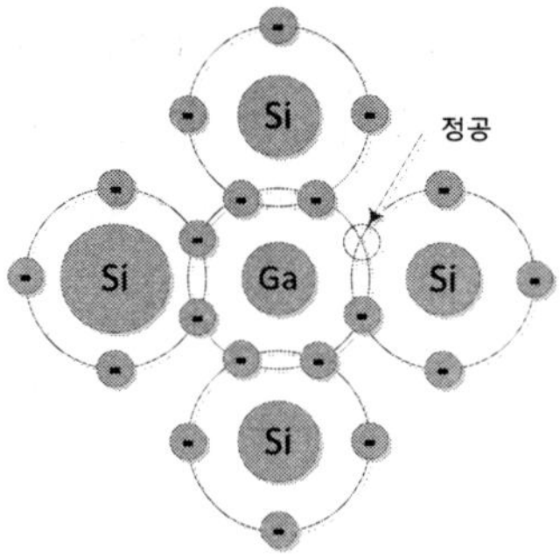

이처럼 남게 된 전자가 부족한 상태를 정공이라고 하며 이는 전류 캐리어의 역할을 하게 된다. 이러한 방법으로 도핑된 실리콘 결정체를 P형 반도체라 한다. P형 반도체를 만드는 3가 불순물은 완전한 최외각을 만드는데 필요한 하나의 전자를 받아 들일 수 있는 상태이므로 이를 억셉터라 한다. P형 반도체에서 불순물에 의하여 만들어진 정공을 다수 캐리어라 하고 외부의 에너지에 의해서 생성된 미소량의 전자를 소수 캐리어라 한다.

2.1.5 반도체 소자

설명한 P형 반도체와 N형 반도체를 기본으로 하여 이를 다양한 형태로 결합(접합)함으로서 다양한 종류의 반도체 소자를 만들 수 있다. 반도체 소자는 접합의 방법에 따라 다음과 같이 분류할 수 있다.

가. 비접합

N형 또는 P형 반도체 단독으로 이루어지는 소자이며 주로 저항 성분을 기능으로 이용하는 소자이다.

- 서미스터 : 온도의 변화에 따라 저항 값이 변화하는 소자로서 주로 온도 측정이나 회로에서 온도 보상 회로에 이용된다.
- CdS : 빛을 받으면 저항 값이 변하는 소자로 광의 세기를 검출하는 소자로 이용한다.
- 바리스터 : 소자에 가해진 전압에 의해 저항 값이 변하는 특성을 가지는 소자이다.

나. 단접합

P형과 N형 반도체를 접합시킨 형태를 가지는 소자로서 주로 정류, 검파용 다이오드, 정전압 특성을 가지는 제너 다이오드, 전계 효과 트랜지스터(FET)등에 이용된다.

다. 2중 접합

PNP 또는 NPN의 이중 접합의 형태를 가진 소자로서 트랜지스터에 이용된다.

라. 다중 접합

PNPN등의 다층 접합 구조의 소자로서 트라이액, 포토 트랜지스터 등에 이용된다.

2.1.6 PN 접합

반도체의 소자는 단순한 P형 또는 N형의 반도체로 사용되지 않고 접합을 통해 유용한 특성을 발휘하게 된다. 우리는 다양한 접합 방법 가운데 PN접합에 대해 좀더 자세히 알아 보도록 하자. PN 접합은 LED의 기본 접합 구조가 되기도 한다.

PN 접합은 회로 설계에서 많이 사용하는 다이오드의 핵심 구조이다. PN 접합은 연속적으로 P층에서 N층을 변해가는 구조를 가진다.

실리콘 결정에 만들 때 도너와 억셉터를 적절히 혼합함으로써 결정의 일부분은 P형을 다른 부분은 N형을 띄게 할 수 있다. 이와 같이 P형과 N형의 영역이 접한 상태를 PN 접합이라 한다.

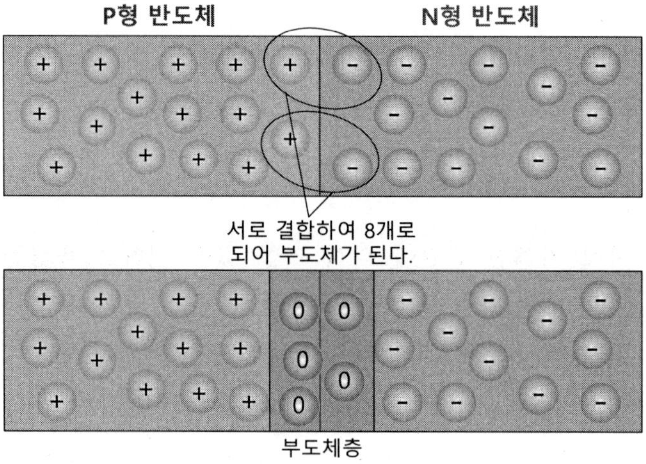

그림과 같이 P형 반도체와 N형 반도체를 이상화 하여 접합 할 경우 P형 반도체 부분에는 양전하의 운반자인 정공이 지배적이며, N부분에는 자유전자가 지배적이다.

PN 접합 부분에서는 각 결정이 결합되어 그림과 같이 부도체 층을 형성하게 되는데 그렇다고 부도체 층에 의해 전자나 정공이 이 층을 통과하지 못하는 것은 아니다. 약 0.6V 정도의 전압 만으로도 전자나 정공이 이를 통과할 수 있다.

이렇게 생성된 부도체 층을 공핍층 또는 공핍영역이라고 부르고 이 영역의 크기는 P형과 N형의 농도에 따라 결정된다.

이제 PN접합 반도체에 전원을 인가해 보자 아래의 그림은 P형에 –극을 N형에 +극을 연결한 후 전하의 분포를 나타낸 그림이다.

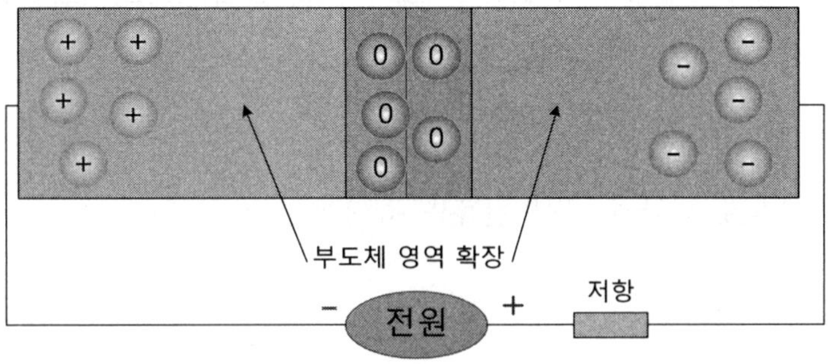

이와 같이 전원을 연결하면 음양이 서로 당기는 이치와 마찬가지로 전자는 +극으로 정공은 –극으로 끌려간다. 그 결과 가운데의 공핍층의 영역은 더욱 커지게 된다.

전원으로 인가된 전압이 커질수록 공핍층이 더욱 두꺼워지기 때문에 전류는 더욱 흐르지 않게 된다.

하지만 어떤 전압 이상의 전압이 연결되면 전체 절연층을 파손 시키고 전극과 전극으로 전류가 흐르게 된다. 이때의 전압을 최대 역전압이라 한다.

이와 반대로 전원을 연결하게 되면 어떻게 될까? 다음 그림과 같이 정공은 우측으로 전자는 좌측으로 이동하면서 전류가 흐르게 된다. 이때 주의할 것은 그림과 같이 저항을 연결하여 큰 전류가 흐르지 않도록 하여야 한다.

위에서 설명한 PN접합 반도체의 대표적인 것이 다이오드(정류기)이다. 다이오드는 전류를 한쪽 방향으로만 흐르게 하는 성질을 가지고 있다.

다음 그림은 PN접합 반도체인 다이오드의 접합 구성과 다이오드의 심볼을 보여주고 있다.

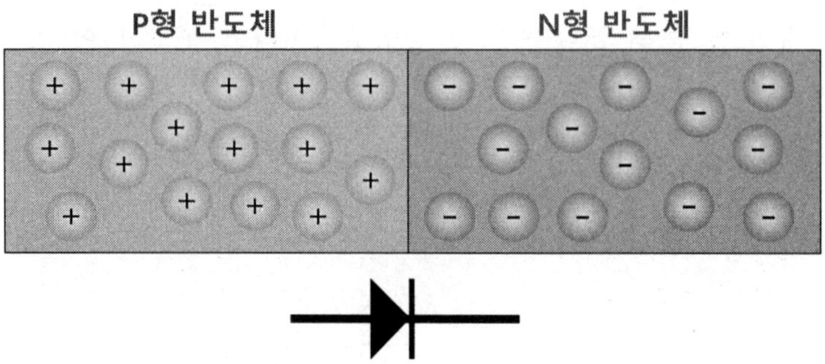

위 심볼에서의 화살표 형상과 같이 전류는 좌에서 우로 흐를 수는 있으나 우에서 좌로 흐르지 못하게 된다.

2.1.7 PN접합 다이오드의 종류와 응용

가. 제너 다이오드

다음 그림의 다이오드 전압-전류 특성 곡선을 살펴보면 역방향 전압이 점차 적으로 커질 경우 어느 시점에서 전류 값이 급격히 증대해 짐을 알 수 있다. 이것은 역방향 전압을 점점 증가시킬 경우 이 시점에서 조금씩 증가하던 역방향 전류가 큰 역방향 전류를 가지게 된다. 이와 같은 현상을 제너 현상이라고 하고 이때의 역방향 전압을 제너 전압이라 한다.

보통의 다이오드에서는 제너 전압 이상의 역방향 전압을 가하면 전류의 급격한 증가로 인해 다이오드가 파괴된다. 이와 같은 현상을 전자 붕괴라 한다.

제너 다이오드는 다이오드의 순방향 특성을 그대로 갖고 있고 또 역방향에 대해서도 어느 정도 전류가 통하는 반도체이다. 제너 다이오드의 경우도 어느 일정한 전압 이하의 역방향 전압인 경우 전류가 흐르지 않는다. 제너 다이오드에 가한 역방향 전압이 제너 전압보다 작을 때는 일반 다이오드와 마찬가지로 스위치가 OFF 상태인 것처럼 동작하여 제너 다이오드의 양끝에는 가해진 역방향 전압과 같은 크기의 전위차가 발생하게 된다.

제너 다이오드에 가하는 역방향 전압이 제너 전압보다 클 때는 제너 다이오드에 역방향 전류가 흐르게 된다. 그러나 순방향인 때와 달리 제너 다이오드의 양끝에는 일정 전압이 생기게 된다. 이 전위차의 크기는 제너 다이오드의 종류에 따라 다르나 해당 다이오드의 양단에 나타나는 전압의 크기는 일정하다.

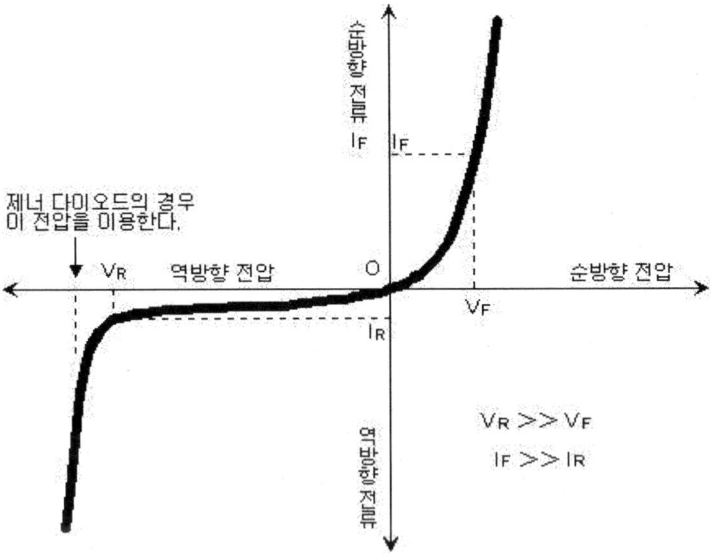

이와 같이 역방향 전압이 제너 전압보다 클 때 제너 다이오드 양끝에 전위차는 항상 일정하게 되므로 제너 다이오드를 정전압 다이오드라 한다. 제너 다이오드는 보통의 다이오드와 같이 순방향으로 사용하는 경우가 적고 대부분 역방향에서 정전압을 얻기 위해 IC 레귤레이터 등에 사용된다.

[그림 2-2-3] 제너 다이오드의 기호

나. 발광 다이오드

발광 다이오드는 LED를 말하며 PN접합한 다이오드에 순방향 전압을 가하여 순방향의 전류가 흐르면 발광하는 다이오드 이다.

즉 전기적 신호를 빛의 신호로 변환하는 소자이다. 발광색은 반도체의 재료에 따라 적색, 녹색, 황색, 청색 등이 있다.

LED는 다음의 특징을 가진다.

- 소비 전력이 적다.
- 발열이 적다.
- 수명이 길다.
- 발광색이 풍부하다.
- 점멸의 응답 속도가 빠르다. (100만 분의 1초)
- 가격이 저렴하다.
- 낮은 전압에서 동작이 가능하다. (일반적으로 3V 내외)

발광 다이오드를 사용하는 용도는 다양하며 디지털 회로의 램프, 자동차의 표시장치의 배경광, 표시등, 옥내외 전광판, 전구등의 발광 소자로 이용되고 있다.

LED는 +인 애노드 전극과 –인 캐소드 전극의 2개의 전극이 있다. LED는 다이오드의 특성을 가지고 있어 순방향의 전압이 인가되어야 하며 허용 전류 이상으로 전류가 흐를 경우 LED가 파괴되므로 보호용 저항을 사용하여야 한다.

다. 포토 다이오드

포토 다이오드는 빛에너지를 전기적 에너지로 바꾸는 다이오드이다.

PN접합면에 빛을 받으면 전류가 흐르게 되는데 빛의 양을 바꾸면 회로에 흐르는 전류는 빛의 양에 비례하여 변화한다.

포토 다이오드는 광량의 변화를 전류의 변화로 대치시킴으로써 전기회로를 작동시키는 광 -> 전기 변환 회로에 응용하고 있다. 실내의 밝기에 따라 TV의 명암을 자동 조절하는 센서로서 이용되기도 하며, 자동 제어기에도 광범위하게 응용되고 있다.

2.2 LED 발광 원리

우리에게 사물은 눈으로 보는 모습인 시각 정보를 통해 전달된다. 빛이 있음으로 해서 물체는 형태와 색, 광택 등의 특색을 가지게 되는 것이다.

빛은 어떻게 만들어 질까? 모든 물체는 각기 특정한 구조의 분자로 이루어 진다. 원자핵을 중심으로 전자가 일정한 궤도를 그리며 존재하는데 그 궤도를 에너지 준위라 한다. 전자는 외부외부터 에너지를 받으면 높은 에너지 준위로 이동했다가 낮은 에너지 준위로 내려오면서 에너지를 방출하게 된다.

이때의 에너지 방출은 열 혹은 빛과 같은 전자기파의 형태로 이루어 지게 된다.

열의 형태로 에너지를 방출하는 것을 열복사라고 한다. 가장 일반적인 예로 태양의 에너지 방출로 열이 지구까지 도달하는 것이 열복사의 예라 할 수 있다.

만일 방출한 에너지의 파장이 가시광 영역일 경우에 우리는 빛을 보게 된다.

우리가 많이 사용하고 있는 백열등은 열복사를 이용한 예로 백열등 속의 필라멘트를 약 1800도정도로 가열하여 열과 함께 빛을 내게 됩니다. 백열등의 경우 빛과 함께 열이 함께 발생하므로 에너지를 빛으로 바꾸는 효율이 낮게 된다.

이와 달리 저온의 물체에서도 빛을 낼 수 있는데 이를 발광(Luminescence)이라 한다. 발광은 물체의 전자가 들뜬 상태에서 바닥 상태로 이동하면서 에너지 준위차만큼의 에너지를 빛으로 내놓는 현상을 말한다.

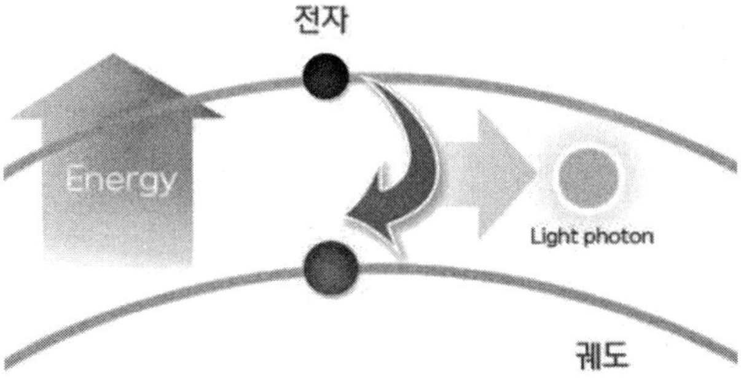

〈그림 2-4〉 LED 발광 원리

발광은 다시 형광과 인광으로 구분된다. 에너지를 받아 높은 에너지 준위(들뜬 상태)로 올라 갔다가 곧 낮은 에너지 준위로 내려 오면서 빛을 내는 것이 형광(Fluorescence)이며, 처음의 들뜬 상태에서 다른 에너지 준위의 들뜬 상태로 이동했다가 내려오는 것이 인광(Phosphorescence)이다. 이광은 에너지가 방출되는데 걸리는 시간이 10^{-3} ~ 10^{-5}초로 10^{-8} ~ 10^{-9}초인 형광보다 길다.

발광을 위해서는 전자에 에너지가 공급되어 불안정한 상태로 만들어야한다. 이를 위해 빛, 화학, 전기, 열, 전자 등의 다양한 에너지가 사용된다.

반딧불이와 같이 생물체가 스스로 빛을 내는 현상을 생물발광 이라고 한다. 우리가 밤에 사용하는 발광 막대와 같은 발광체는 화학 발광을 이용한 예이다. 수은등이나 형광등의 경우 음극에서 튀어 나온 전자가 관속의 기체 분자와 충돌하여 기체 분자를 들뜨게 하여 빛을 내게 하는데 이를 음극발광이라고 한다.

LED(Light Emitting Diode)는 전기 발광(Electroluminescence) 방식으로 빛을 낸다. 양극과 음극에서 각각 인위적으로 정공과 전자를 주입하면, 이들이 재결합하면서 빛을 낸다.

LED는 무기(Inorganic) 물질의 반도체적 특성((PN접합)을 이용하는 것으로 현재 BLU 및 조명용으로 많이 사용하는 점 광원 형태의 소자이다. OLED는 유기(Organic) 물질이 가지고 있는 유사 반도체적 성질을 이용하며, 면 광원 형태의 소자로 평판 디스플레이로서 상용화 되고 있다.

참고로 전기발광의 원리를 거꾸로 이용하는 것이 태양전지입니다. 전기를 빛으로 만들어 주는 것이 아니라 빛으로 전기를 만드는 것이다. 이처럼 물체의 분자 구조와 빛의 관계를 이용한 많은 응용들이 여러 가지 제품에 적용되어 우리의 생활을 편리하게 해주고 있다.

2.3 LED 제조 공정

LED 제조의 과정은 일반 반도체의 제작 공정과 거의 유사하다 다음 그림은 LED 소자의 제작 공정을 보여 주고 있다. LED 제조공정은 에피(Epi) 웨이퍼 제조, 칩 생산, 패키징, 모듈 등으로 진행된다.

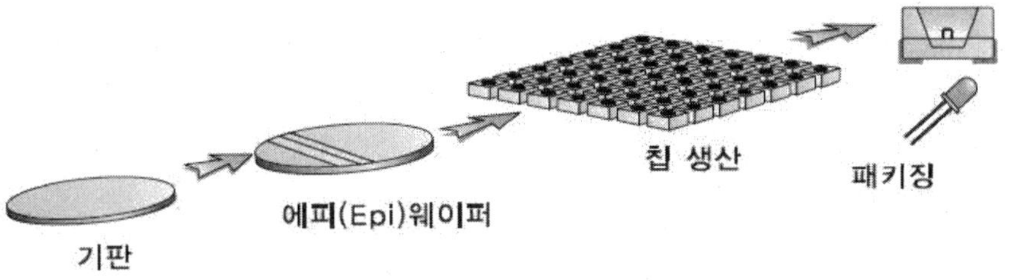

2.3.1 기판

상용화된 LED 에피 웨이퍼는 Sapphire와 SiC 기판에서 성장하여 제작되나, 광효율 향상 및 고출력화에 따른 방열 특성확보를 위해 새로운 기판 상 성장하는 방법이 활발하게 개발 중이다. 이러한 新기판은 Sapphire 및 SiC 기판 상 LED를 성장하는데 있어 현 LED Major 업체 인 Nichia, Cree, Toyoda 등의 핵심 특허를 회피할 수 있는 해결책이 될 수 있다.

- GaN 기판 : Sapphire 및 SiC는 GaN 물질과의 이종 기판으로 성장시 격자상수 차이로 인한 결함을 최소화하기 위해 동종기판인 GaN 기판상 에피웨이퍼를 성장시킨다. GaN 기판상 LED는 저결함 특성을 지닌 고품질 LED 성장이 가능 하나, 고가로 인해 양산까지는 시간이 필요하며,‘ 07. 3월 Matsushita는 GaN 기판을 이용한 업계 최고 수준인 255mW 청색 LED를 발표하였다.
- ZnO 기판 : GaN와 격자상수 차이가 비슷하고, 전기 전도성이 좋으며, Rohm 등 일본업계 중심으로 개발중이다. 2010년 이후 상용화를 목표로 하고 있다.

2.3.2 에피 웨이퍼 제조

기초 소재인 기판위에 MOCVD(Metal Organic Chemical Vapor Deposition, 유기 금속 화학 증착법) 장비를 이용하여 화합물 반도체를 성장시켜 에피 웨이퍼를 제조 하는 단계 이다. 에피 웨이퍼 제조 공정을 청색 LED를 예를 들어 설명하면, 청색을 내는 반도체 재료로는 GaN가 있으며, Sapphire (Al2O3)나 SiC 기판 상에 N형 반도체(N-GaN)와 활성 층(InGaN), P형 반도체(P-GaN)가 MOCVD로 차례로 증착 된다. 그 윗면에는 전압을 걸어 주기 위한 (+)전극이 형성되어 있으며, (-)전극은 절연체인 기판상에 형성될 수 없으므로, Dry 에칭방식으로 가장 위쪽에서 N-GaN의 일부분까지 식각 한 후, (-)전극(Ti/Al)을 형성한다.

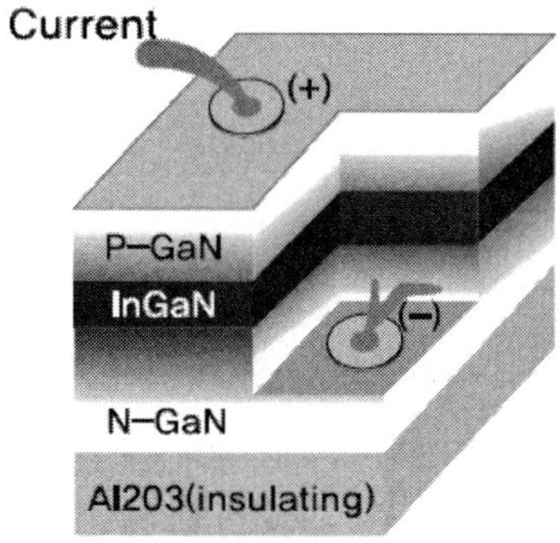

2.3.3 칩 생산

칩생산 공정은 전극을 형성하고 개별 칩으로 절단하는 단계이다. 칩생산 공정은 전극을 형성하고 개별 칩으로 절단하는 단계이다. 중대형 LCD 백라이트 및 조명용으로 백색 LED 사용량이 급증할 것으로 예상된다. 그리고 고출력 LED 필요성이 증가함에 따라, 칩 사이즈도 대형화되고 있어 칩의 면적 증가는 광효율 및 생산이 저하된다.

2.3.4 패키징 및 모듈 공정

LED 산업의 중심축은 과거 Epi-chip 중심이었으나, 패키징 및 모듈 중심으로 이동하고 있다. 패키징 공정은 제조된 칩과 리드(lead)를 연결하고 빛이 최대한 외부로 방출되도록 패키징하는 단계이며, 모듈 공정은 패키징이 완료된 LED를 이용하여 일정한 프레임에 LED를 부착시키는 단계이다.

모바일 및 전자기기는 인가 전류가 20 mA 정도로 저전류를 사용하나 조명용 및 중대형 백라이트용 LED는 100 mA 이상의 고전류를 사용함에 따라 고신뢰성 및 방열 특성확보가 중요하다.

방열 특성향상을 위해 Heatsink를 배치하고, metal PCB 위에 실장하여 열저항을 최소화한다.

최근에는 다수의 chip을 Ceramic-Metal PCB에 탑재한 멀티패키징이 등장하였다.

2.3.5 형광체

백색 LED 구현은 청색 LED에 황색 형광체를 사용하며, 형광체에 따라 업체별로 특허를 보유하고 있어 백색 LED 제조를 위해서는 형광체에 대한 license를 확보해야 한다.

과거 Nichia(일), Osram(독) 등 Major 업체 중심으로 형광체 특허를 보유하고 사용 하였으나, 최근 중소 형광체 개발 업체가 등장하여 백색 LED 공급 업체가 확대되고 있다.

색 재현성 향상에 대한 요구가 증가함에 따라 황색 형광체가 아닌 청색 LED에 적색, 녹색 형광체를 적용하여, CRI 값을 85 이상으로 증가시키고, UV LED에 적·녹·청색 형광체를 적용하는 기술이 개발 중 이며, 新형광체는 광변환 효율을 극대화하는 방향으로 개발되고 있다.

LED 디스플레이 기본

Chapter 3
장비 구성 및 실습 환경

3. 장비 구성 및 실습 환경

이 장부터는 기본적인 이론 습득과 실습을 통하여 LED의 세계로 들어갈 것이다. 이 책의 LED 디스플레이 기본 편(3장에서 9장까지)에서는 LED의 각 소자의 기능들을 하나하나 차례대로 배워나가는 과정에서 각 LED 소자의 동작 원리와 응용 방법을 키워갈 것이다. 실습예제를 통한 이론적인 내용이 병행되므로 하나하나 검토하면서 단계를 밟아가는 것이 좋을 것이다. 실습 내용에 설명된 이론적인 내용은 실습예제에 선언된 소스를 바탕으로 작성한 것이다.

3.1 장비 구성

LED 소자별 동작 원리와 이를 이해하기 위한 예제 그리고 응용 예제 및 실습의 내용은 다음 장에서 설명할 각 프로그램(개발환경)이 PC에 설치되어 있어야 하며 사용되는 장비는 아래 그림 3-1과 같다. 장비의 각부 기능들은 각 장에서 필요할 때마다 설명을 할 것이다.

장비의 기본 구성은 <그림 3-1>과 같이 구성된다. LED 소자들을 실험, 실습할 수 있도록 아날로그 및 디지털 입력과 측정 단자들이 준비되어 있다.

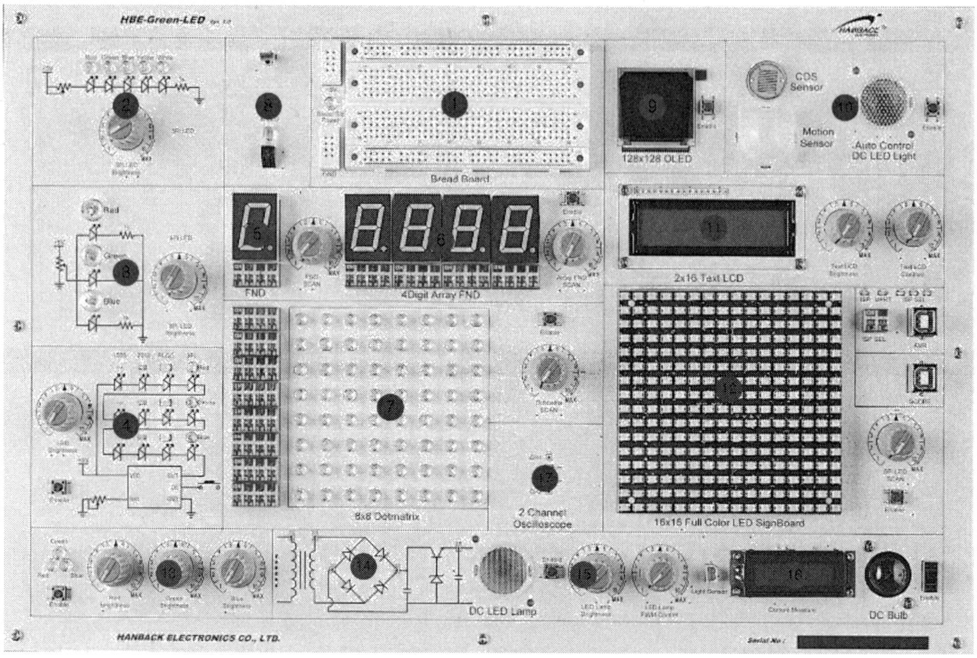

〈그림 3-1〉 제품 외형

1) Breadboard(12Line * 35 Column)

2) 5Pi LED(Red, Green, Blue, Yellow, White), 전류제어 회로

3) 8Pi LED(Red, Green, Blue), 전압 제어 회로

4) Chip LED(Red, Green, Blue), 정전류 제어 회로

5) 1Digit FND, PWM 밝기 제어 회로

6) 4Digit Array FND, Dynamic Scan제어 및 PWM 밝기 제어 회로

7) 8*8 Dotmatrix LED, Dynamic Scan 제어 회로

8) iR LED, 적외선 무선 통신 회로

9) 128 * 128 262k Color OLED

10) 자동 조명 제어, 센서를 이용한 자동 밝기 제어 회로

11) 2 * 16 Text LCD, LED Backlight 적용, 명암 및 밝기 제어 회로

12) 16 * 16 Full Color LED 전광판, LED전광판 제어 회로

13) LED 색상 제어, Red, Green, Blue LED 제어를 이용한 색상 구현

14) 전원 변환 회로, AC to DC 전원 변환 회로

15) LED 조명 밝기 제어, PWM을 이용한 밝기 제어 및 전력 효율 측정

16) LED 조명에 대한 전류 및 전력 분석 표시

17) 오실로스코프, LED 전원 및 제어 신호 분석을 위한 오실로스코프 내장

다음에 장비 사용을 위한 사용법을 살펴본다.

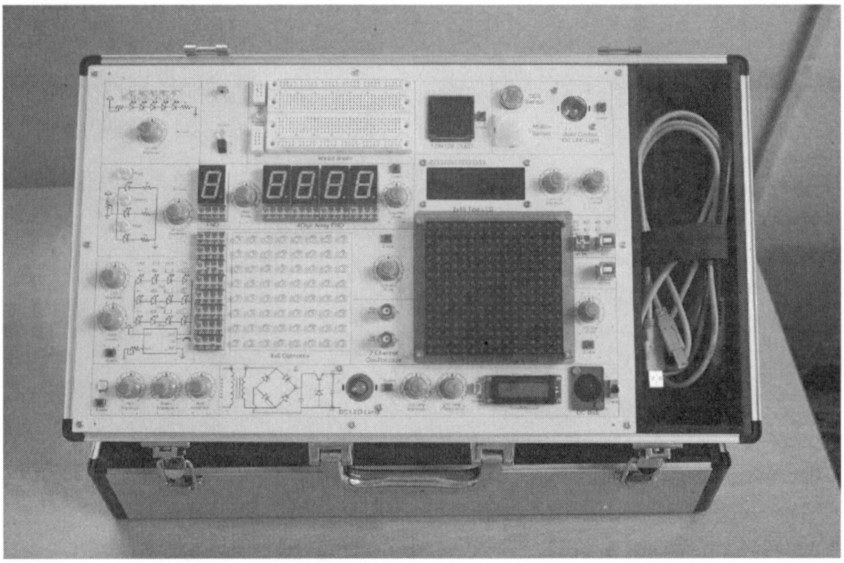

〈그림 3-2〉 제품 실습 전 모습

케이스로 되어 있는 제품을 개봉하면 그림과 같이 각 모듈이 장착되어 있는 좌측 부분과 케이블 류가 수납되어 있는 우측이 보인다. 우측의 수납함에서 전원 케이블을 꺼내서 제품의 좌측 측면에 그림과 같이 연결한다. 케이블을 전원 콘센트에 연결하고 아래의 그림과 같이 케이블 연결구 아래에 있는 스위치의 'I'로 표시된 부분을 눌러 전원을 켠다.

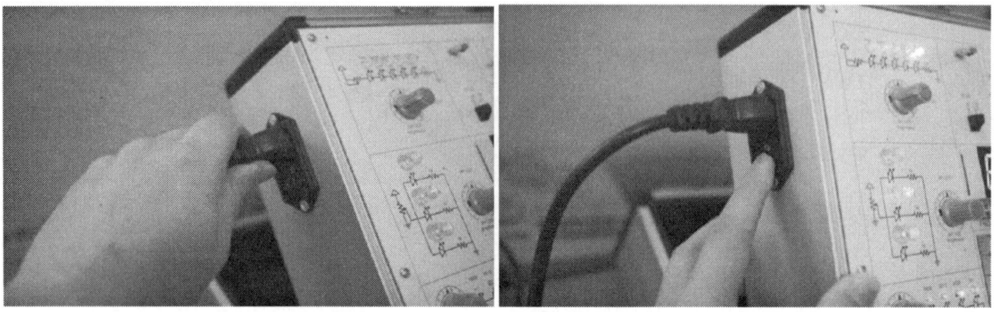

〈그림 3-3〉 전원 케이블 연결

전원을 켜면 그림과 같이 LED가 켜지게 된다.

이제 제품에 동봉된 USB 케이블을 이용하여 컴퓨터의 USB 포트에 연결한다.

정사각형 형태(USB 커넥터 B타입)를 실습장치쪽으로 직사각형 형태(USB 커넥터 A 타입) PC 쪽에 연결한다.

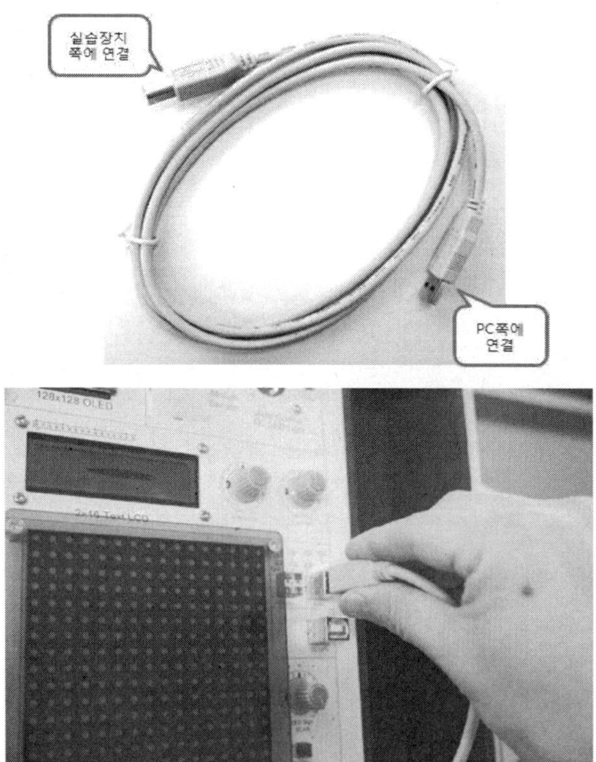

〈그림 3-4〉 USB 케이블 연결

장비의 전원을 켜고 PC와 연결 후 Serial to USB 드라이버 설치와 관련되어서는 이 장의 “3.2.5 USB ISP 프로그래머 설치”를 참조하도록 한다.

이제 기본적인 제품의 사용 준비가 완료되었다. 이후 제품에 대한 자세한 사용법은 각 단원별 실습을 통해 그 기능을 확인하도록 하겠다.

❑ USB 포트 사용에 대해...

HBE-Green-LED 는 2개의 USB 커넥터가 있다.

상단 USB 커넥터는 프로그램 예제를 다운로드하기위한 ISP 포트 기능과 PC의 운용 소프트웨어를 위한 통신 포트로 쓰이게 된다. “<표 3-1 > IS6P SEL 스위치 설정”를 참조하도록 한다.

하단 USB 커넥터는 내장 오실로스코프를 이용하기 위한 포트로 사용된다.

3.2 개발환경 설치

이 절에서는 프로그램 실습을 위한 AVR 마이크로컨트롤러 개발환경을 구축하기 위해, 개발 툴들을 인터넷에서 내려 받고, 설치하는 과정을 설명한다.

3.2.1 AVR Studio 툴 내려 받기

AVR Studio는 Atmel사에서 제공하는 무료 소프트웨어로 Atmel 사의 홈페이지(http://www. atmel.com) 에서 다운로드 받을 수 있다.

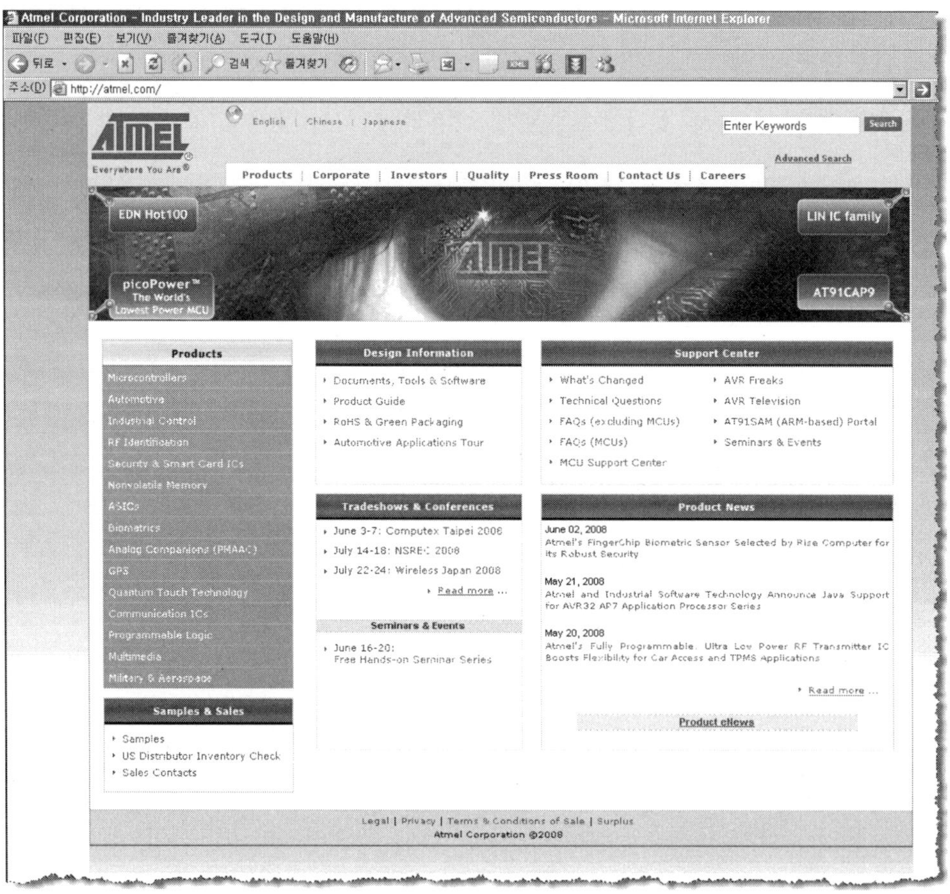

〈그림 3-5〉 AVR Studio 4 다운로드 (Atmel 홈페이지)

3.2.2 Win AVR 내려 받기

ATMEL사에서 제공하는 AVR Studio는 C/C++ 코드에 대한 컴파일러를 제공하지 않는다. 이를 위해서 C/C++컴파일러를 무료로 제공하는 WinAVR를 다운로드 하는 과정이 필요하게 된다. 이 프로그램은 http://sourceforge.net/projects/winavr 에서 다운로드 받을 수 있다.

〈그림 3-6〉 WinAVR 다운로드 (http://sourceforge.net)

3.2.3 AVR Studio 설치

위의 과정에서 다운로드 한 AVR Studio 설치 파일을 실행한다. 처음 단계에서 아래와 같은 초기 화면이 표시된다. 다음을 선택하고 License Agreement 화면에서 Accept 항목을 선택한 후 다음을 선택한다.

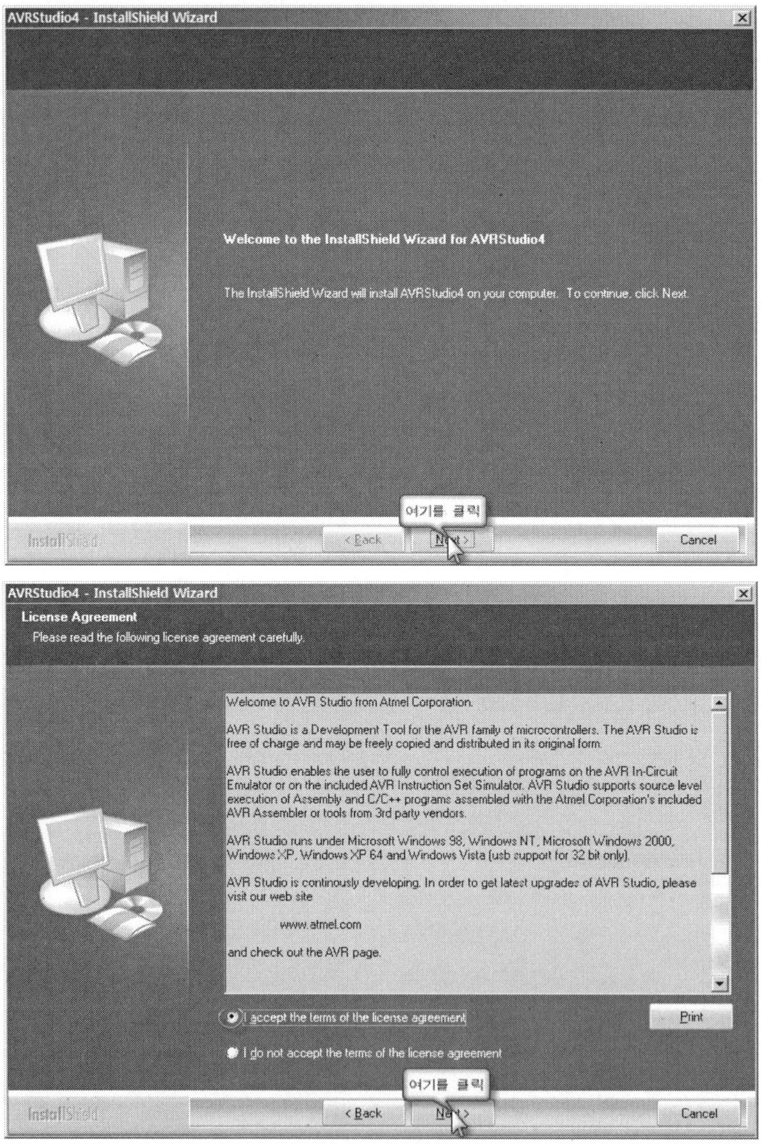

〈그림 3-7〉 AVR Studio Install Step 1

설치 경로를 설정하는 화면에서 소프트웨어 설치 경로를 지정한다. 별도의 이유를 제외하고 기본 경로로 설치한다. 다음 과정으로 AVR Studio 사용시 이용하게 되는 USB 포트를 이용하는 프로그램 케이블에 대한 드라이브를 설치 할 것인지를 체크하는 메뉴이다. 가능하면 설치를 선택한다.

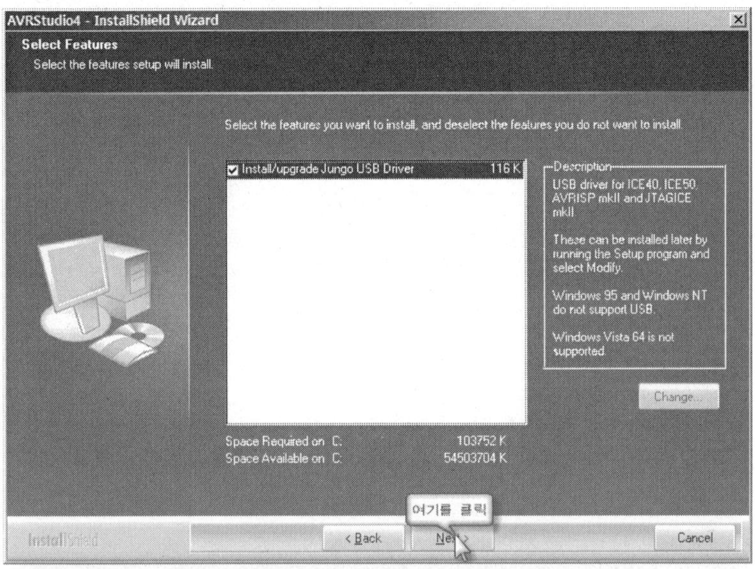

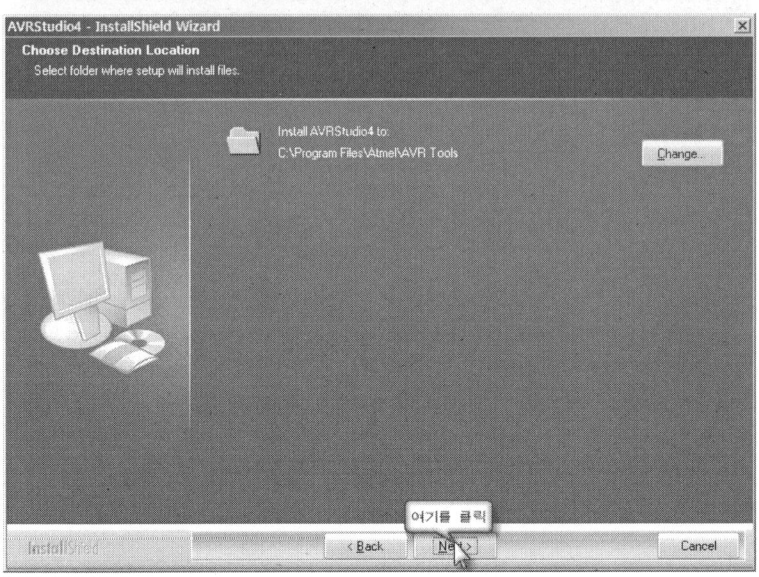

〈그림 3-8〉 AVR Studio Install Step 2

이제 설치에 대한 모든 설정항목이 완료되었고 설치를 진행함을 알리는 화면이 표시된다. 다음을 선택하면 설치가 진행 되는 것을 볼 수 있다. 설치에는 수분의 시간이 걸린다.

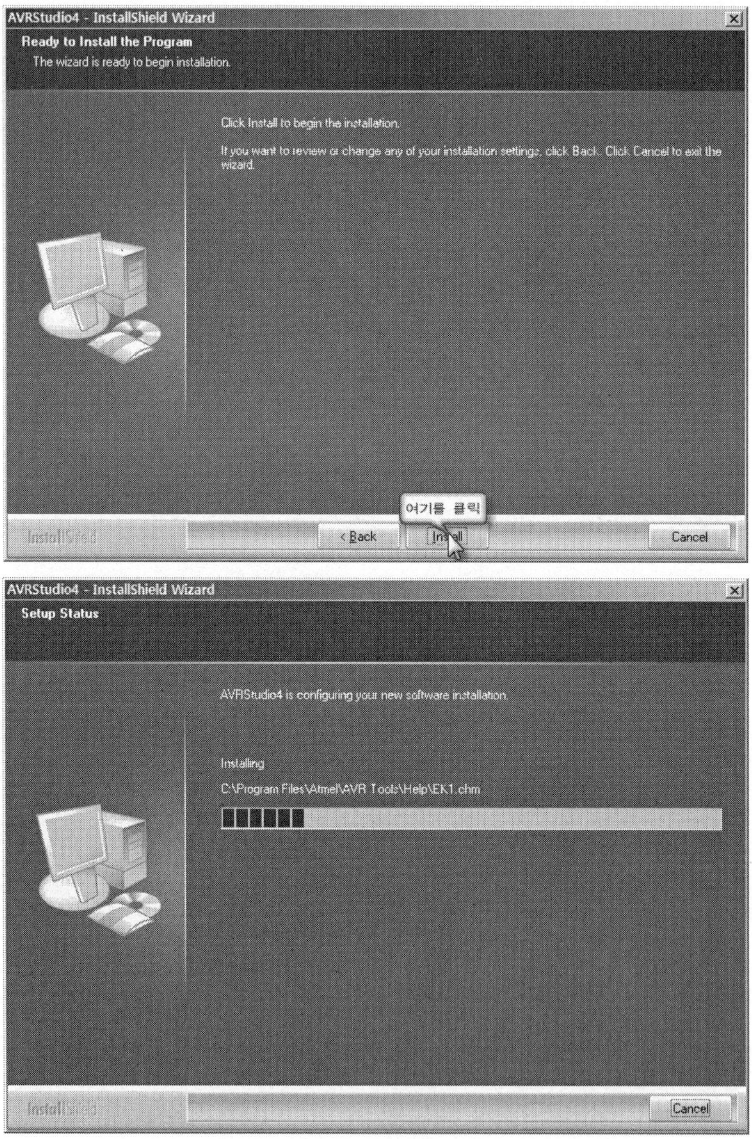

〈그림 3-9〉 AVR Studio Install Step 3

모든 설치가 완료되었음을 알리는 화면이 표시된다. 종료 버튼을 선택하면 설치 프로그램이 종료된다.

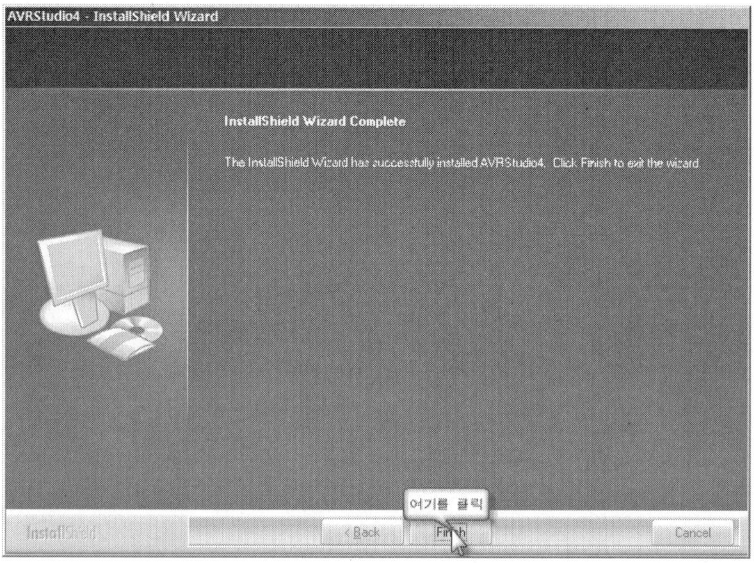

〈그림 3-10〉 AVR Studio Install Step 4

3.2.4 WinAVR 설치하기

위의 다운로드 과정에서 준비한 WinAVR 설치 프로그램을 실행한다. 초기 설치 화면에서 설치 시 표시될 언어를 선택하는 화면이 표시된다. Korean을 선택하고 확인 버튼을 누르고 이제 WinAVR 의 설치를 시작한다는 화면이 표시되면 다음을 선택한다.

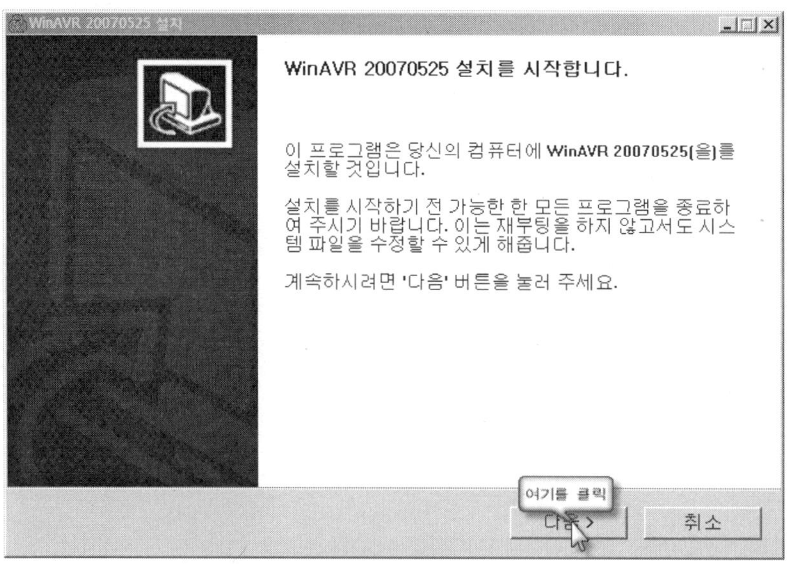

〈그림 3-11〉 WinAVR Install Step 1

WinAVR에 대한 라이센스와 관련된 내용을 소개하는 화면이 표시되는데 GNU(GNU is Not UNIX)라이센스에 동의를 구하는 화면으로 동의를 선택한다. 설치 경로를 지정하는 화면이 나타나는데 특별한 경우를 제외하고 기본 설치 경로를 사용한다.

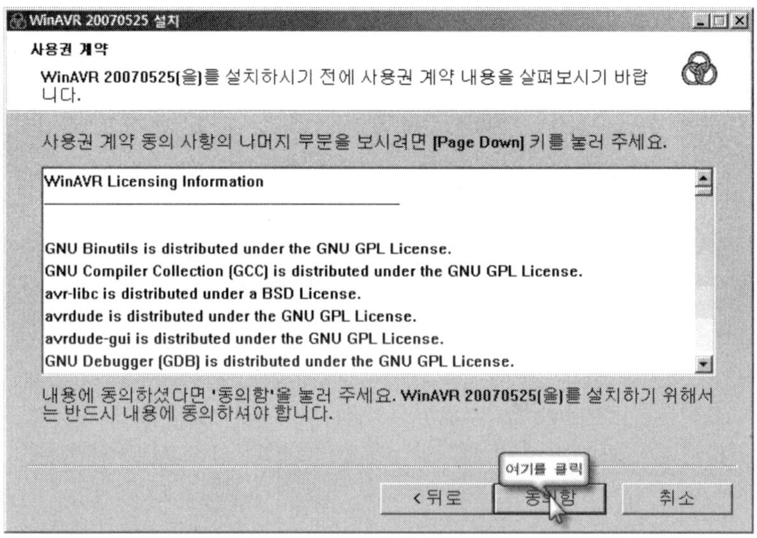

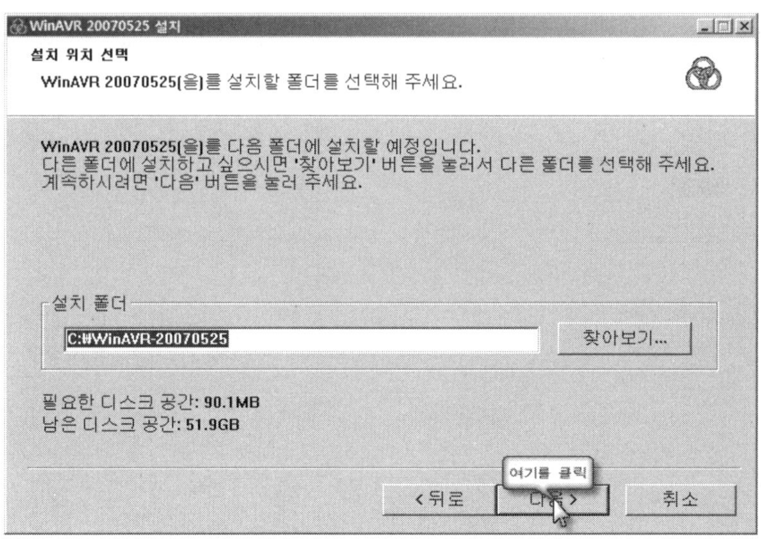

〈그림 3-12〉 WinAVR Install Step 2

다음 단계는 설치한 구성요소를 지정하는 화면으로, 기본으로 설정된 것과 같이 모든 항목을 선택한다. 설치를 선택하면 프로그램이 설치되는 과정을 볼 수 있고 설치는 수분의 시간이 소요 된다.

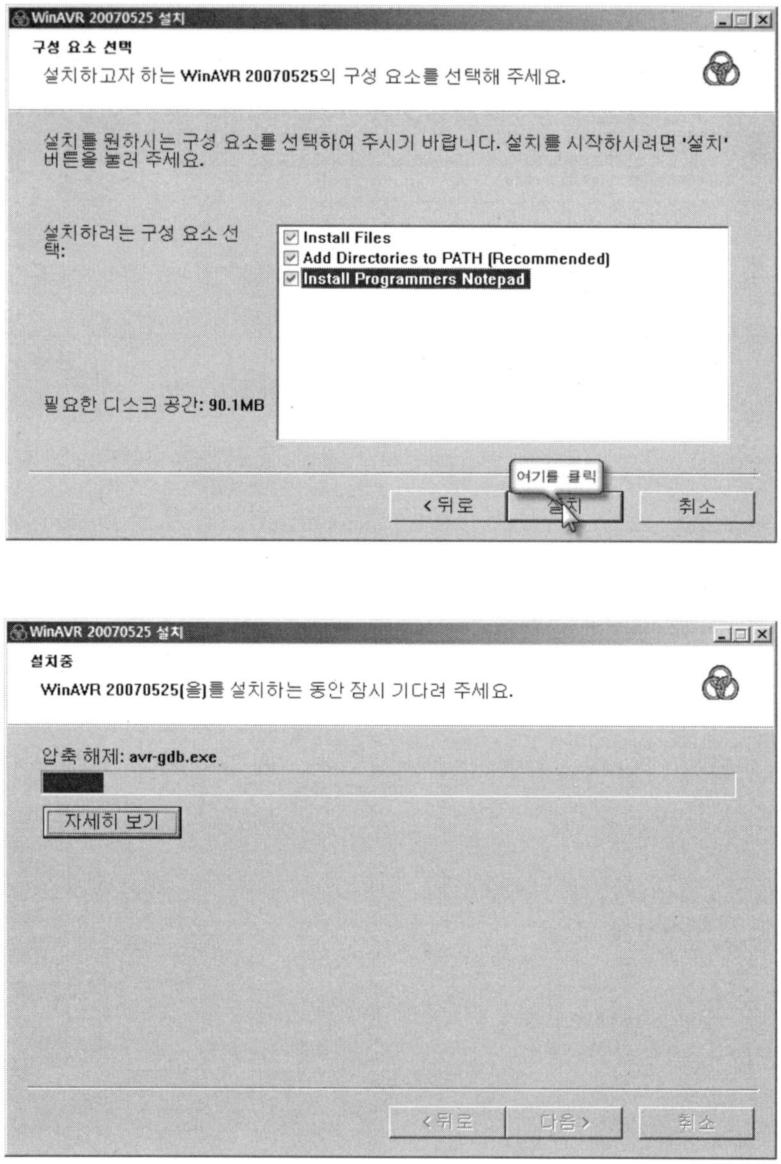

〈그림 3-13〉 WinAVR Install Step 2

모든 프로그램 설치가 완료되는 화면에 설치가 종료되었음을 알리는 화면이 표시되는데 마침을 선택하여 설치 프로그램을 종료한다. 윈도우의 시작 메뉴의 프로그램 메뉴에서 Atmel AVR Studio 와 WinAVR 프로그램 메뉴가 추가된 것을 확인하여 프로그램이 정상적으로 설치된 것을 확인한다.

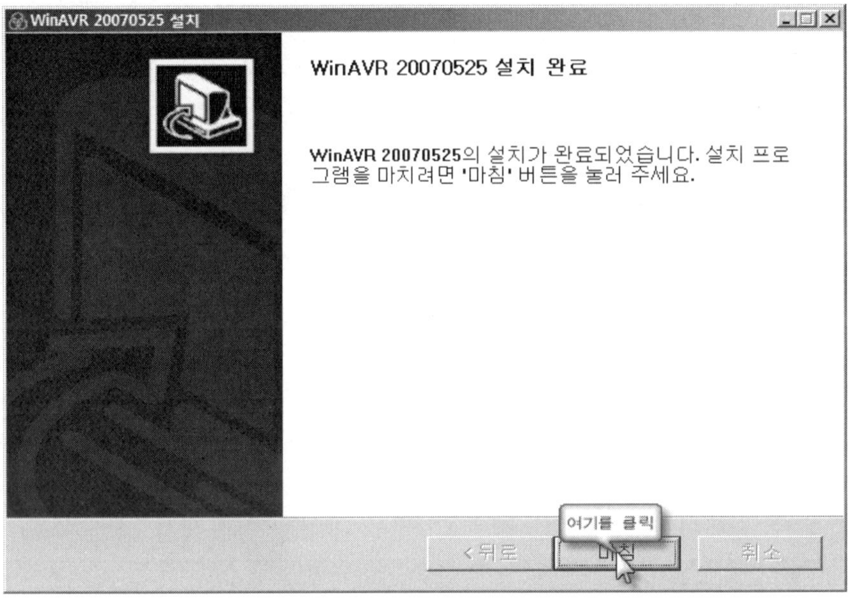

〈그림 3-14〉 WinAVR Install Step 4

AVR 설계를 위한 프로그램의 설치가 완료되었으며 설치한 프로그램을 실행하여 프로그램 사용법을 따라 해 본다.

3.2.5 USB ISP 프로그래머 설치

앞에서 AVR Studio, WinAVR의 설치 및 실행 방법에 대해 살펴 보았다. 이제는 장비를 사용하여 프로그램 다운로딩을 하기 위한 드라이버 설치를 살펴 보겠다. 작성된 프로그램을 컴파일 하면 AVR 마이크로컨트롤러에서 동작을 시킬 수 있는 실행 파일이 만들어지게 되는데, 프로그램 다운로딩이란 이 실행파일을 AVR 마이크로컨트롤러의 프로그램 메모리, 즉 플래쉬 메모리로 옮겨 적재시키는 작업을 말한다.

장비에 USB Connector A to B Type이 있다. 이것을 이용하여 컴퓨터의 USB Port에 연결을 하고 AVR ISP Programmer라고 쓰여 있는 장치를 Connector와 연결한다. 처음 장비와 연결을 하면 드라이버 설치에 대한 메시지가 보일 것이다. 이때 드라이버는 다음과 같이 사이트를 방문하여 아래와 같은 절차대로 실시한다. 이 프로그램은 AVR 칩(ATmega128)의 ISP 기능을 이용하여 프로그램을 다운로딩 할 수 있도록 도와준다.

❑ VCP의 설치

VCP를 설치하기 위해서는 해당 사이트 http://www.ftdichip.com/Drivers/VCP.htm 로부터 드라이버를 다운로드 하여 압축을 해제한다. 또는 CD안의 Driver폴더를 복사해서 사용해도 된다.(홈페이지가 갱신된 경우, CD에서 파일을 복사해서 사용한다.)

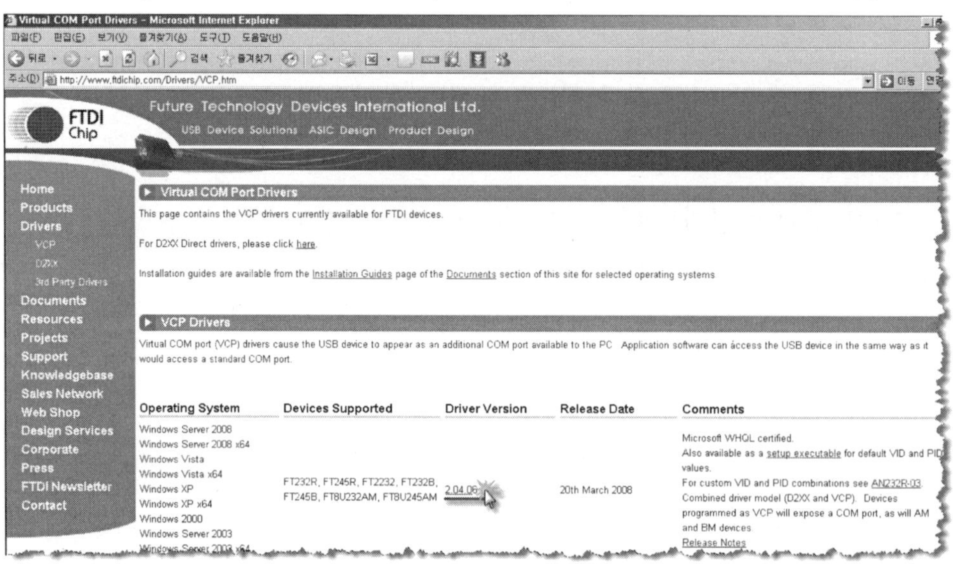

〈그림 3-15〉 VCP 프로그램 다운로드

VCP 드라이버를 사용자가 편리한 폴더에 다운로딩 받았으면, HBE-Green-LED의 AVR ISP 포트를 USB확장 커넥터를 이용하여 PC의 USB포트에 연결한다. 연결 후 새 하드웨어 검색 마법사에서 다음과 같은 설치 절차를 거친다.

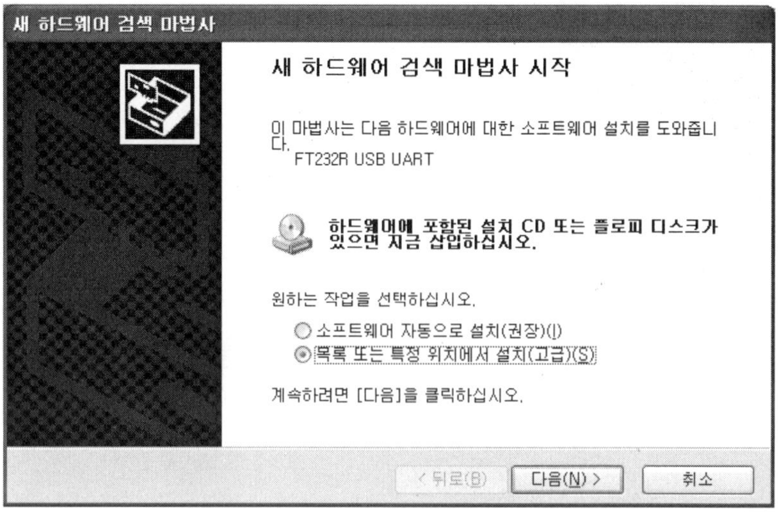

〈그림 3-16〉 VCP 프로그램 설치

그림과 같이 "목록 또는 특정 위치에서 설치(고급)"을 선택한 후 "다음"버튼을 클릭한다. 이제 대화창에서 "찾아보기"버튼을 클릭하여 다운로드 한 폴더 또는 CD안의 Driver\FTDI_Driver를 찾아서 선택한다.

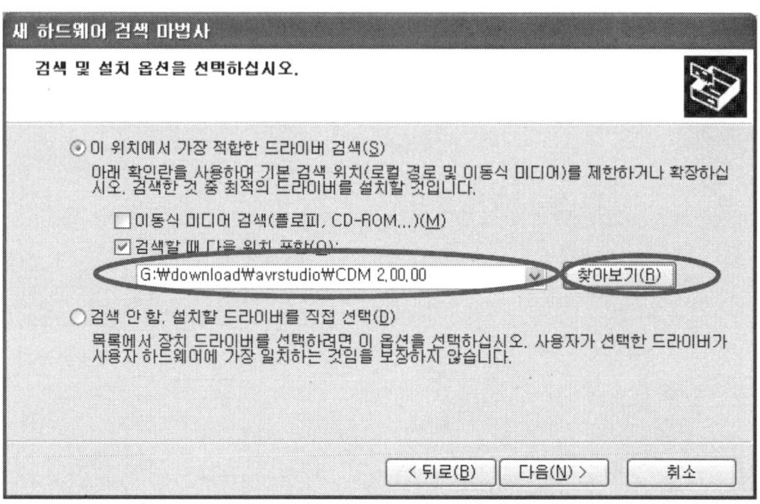

〈그림 3-17〉 VCP 프로그램 설치

"다음" 버튼을 클릭한다.

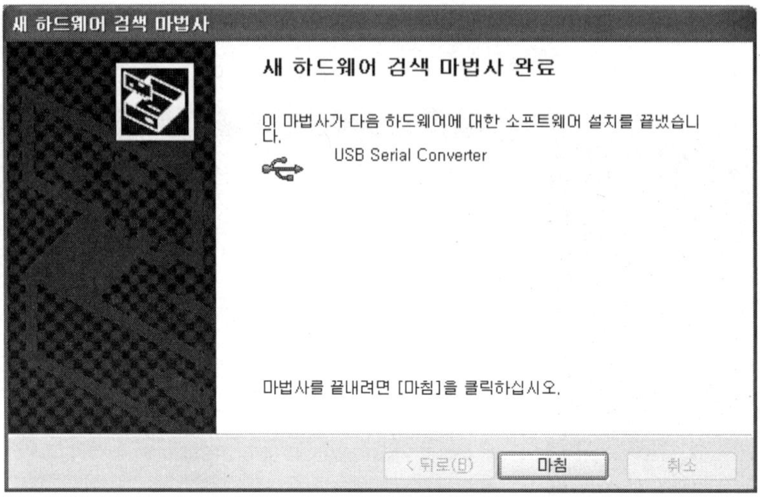

〈그림 3-18〉 VCP 프로그램 설치

마침"버튼을 클릭하여 드라이버 설치를 종료한다. ISP설치는 2번 진행되므로, 한번 더 이 과정을 진행한다.

3.3 AVR Studio 처음 실행

이 절에서는 Atmel사의 AVR Studio를 처음 사용하는 사용자를 위해 간단한 예제를 이용하여 작성한 코드를 컴파일하고 이를 장비에 프로그램 하는 과정을 진행한다.

시작메뉴의 프로그램 메뉴에서 Atmel AVR Tools에서 AVR Studio4를 선택하여 프로그램을 실행한다. 프로그램 초기화면에는 AVR Project를 생성하거나 이미 만들어진 프로젝트를 오픈 하는 화면이 표시되는데 New Project를 선택하여 다음 과정으로 진행한다.

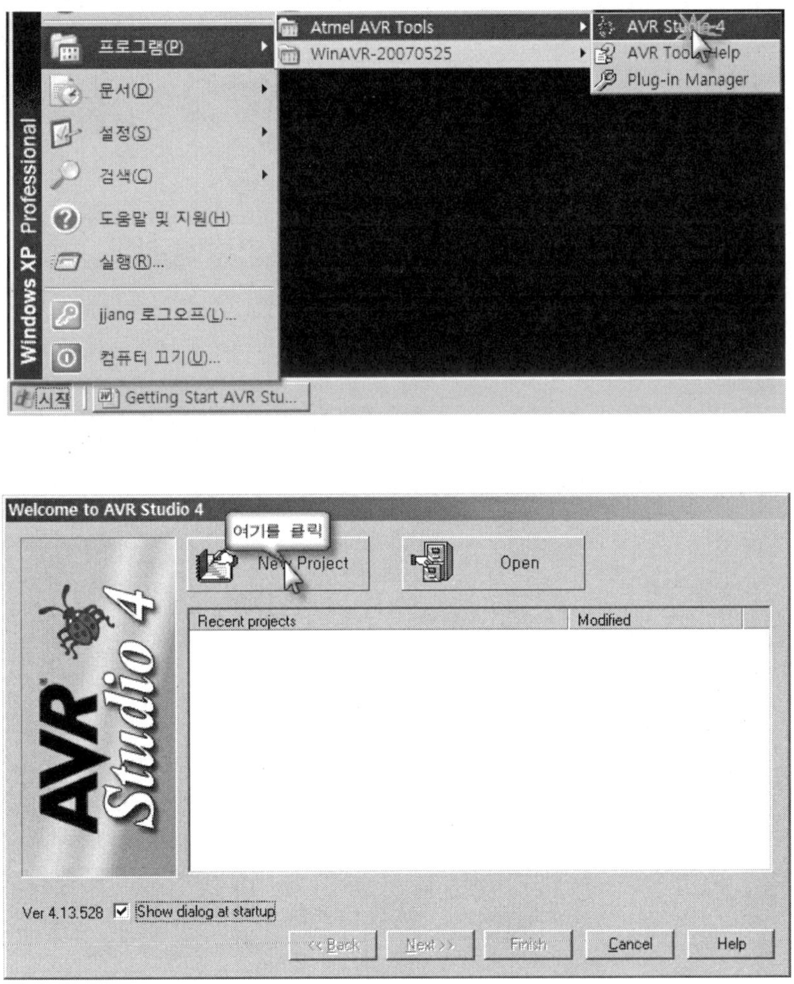

〈그림 3-19〉 AVR Studio 실행

다음 과정에서는 Project 생성에 필요한 항목을 지정하는 화면으로 AVR Studio에서는 Atmel AVR Assembler만을 기본 코드로 지원한다. 설치 과정에서 WinAVR을 설치할 경우 AVR GCC라고 하는 C 코드를 지원하는 컴파일러를 사용할 수 있게 되며, 이 책에서는 AVR GCC를 사용하도록 하겠다. Project name을 입력하고 생성할 프로젝트를 별도의 폴더에 저장하기 위해 Create folder를 선택한다. Initial file의 이름을 입력하고 프로젝트를 저장할 폴더를 Location에 입력한다. 다음 항목에서는 디버깅에 사용할 하드웨어와 디바이스를 선택하는 화면에서 JTAG ICE와 디바이스는 ATmega128을 선택한다.

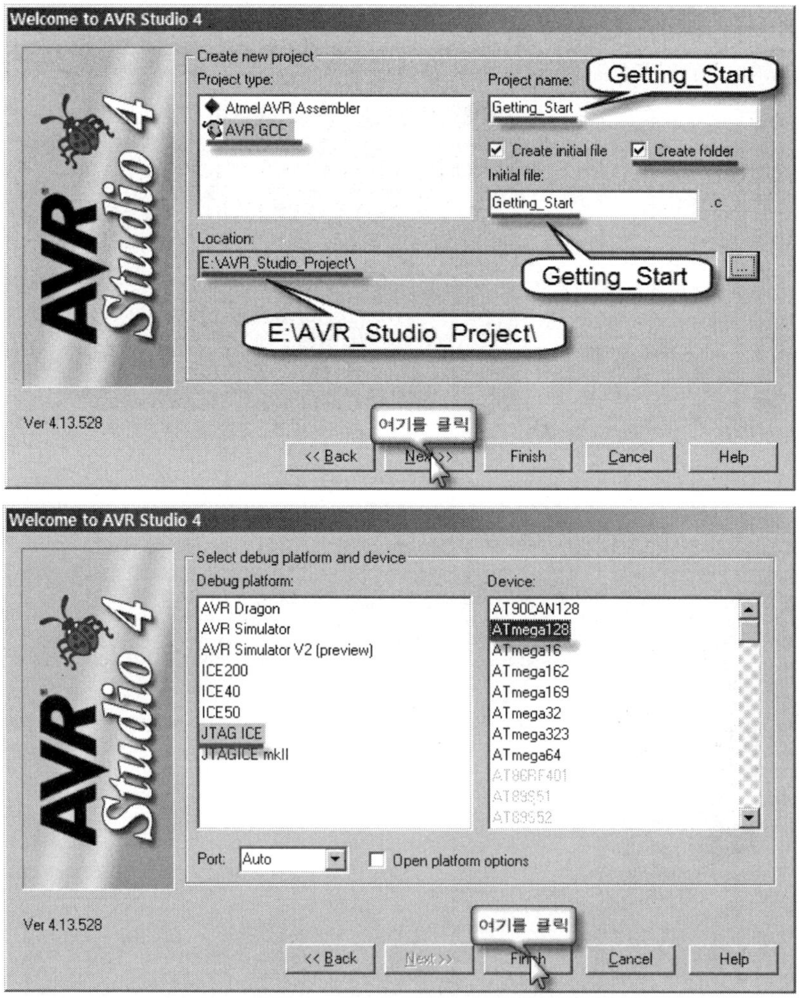

〈그림 3-20〉 AVR Studio 프로젝트 생성

기본 프로젝트 생성을 완료하면 AVR Studio 메인 화면이 표시된다. 화면에는 공란의 Getting_Start.c 파일이 표시된다. 코드를 작성하기 전에 Project 메뉴에서 Configuration Option 을 선택해서 프로젝트 옵션을 실행한다. 프로젝트 옵션 창이 나타나면, 아래 그림과 같이, Device를 atmega128로 설정하고, Frequency와 Optimization을 16000000Hz, -O0로 설정한다. 이 설정을 앞으로 진행할 모든 예제에 적용되는 사항이므로, 만약 예제 프로그램이나 개발 프로그램이 제대로 동작하지 않는다면, 이 설정을 확인해야 한다.

Output File을 보면 default 폴더로 설정되어 있는데, 이는 컴파일 후 생성되는 파일이 프로젝트 폴더 안의 default폴더에 생성된다는 의미이다.

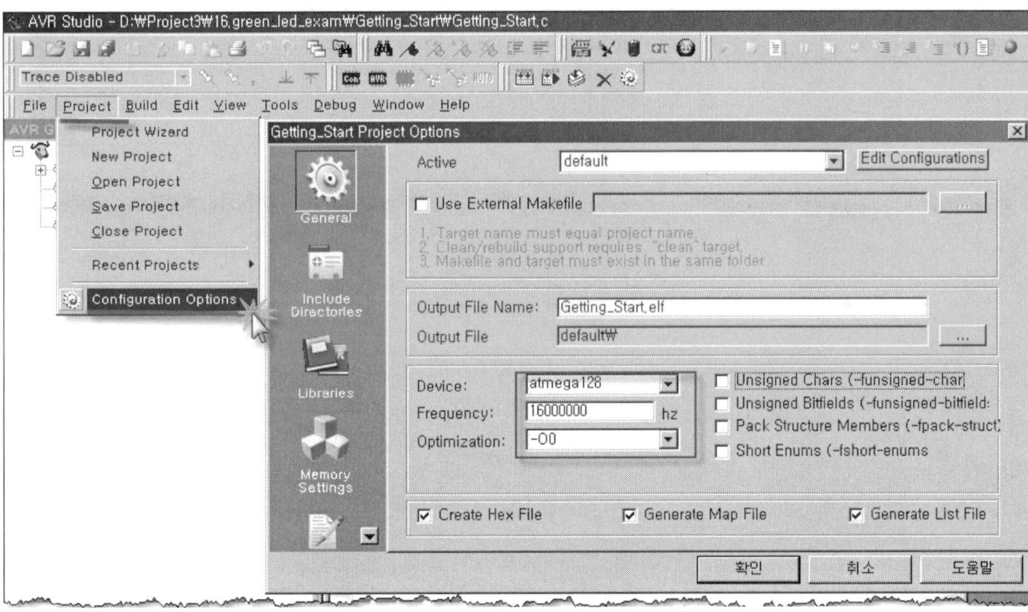

〈그림 3-21〉 프로젝트 옵션 설정

이제 설정을 다 마쳤으면, Getting_Start.c 에 아래와 같은 코드를 입력한다.

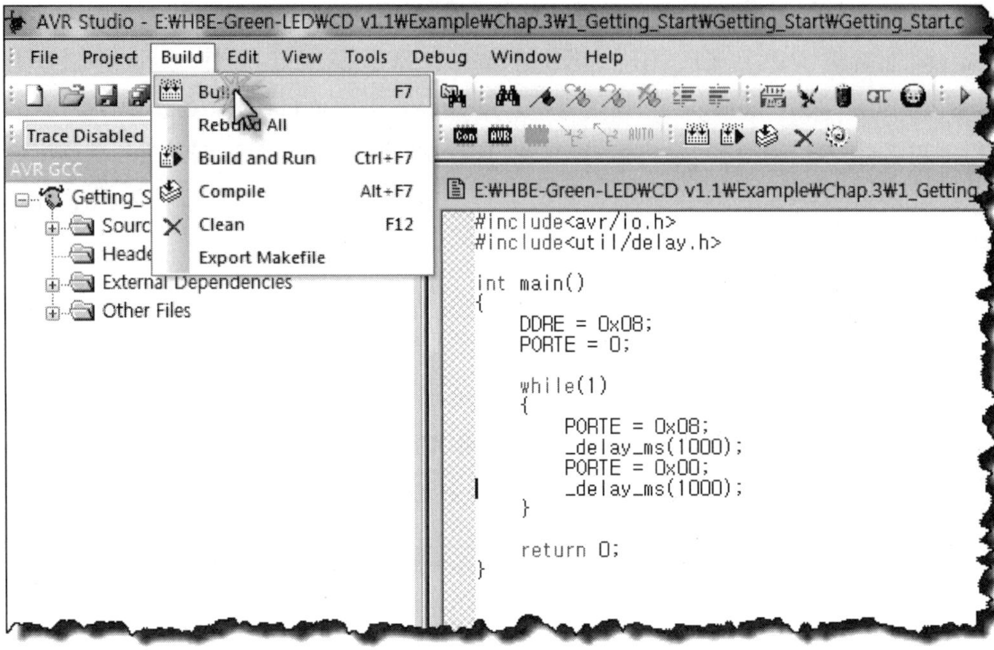

〈그림 3-22〉 Getting_Start.c

코드 입력이 끝났다면 Build 메뉴의 Build 항목을 선택하여 코드를 컴파일 및 프로그램 파일을 생성하는 과정을 수행하도록 한다. 코드 중에 틀린 부분이 있을 경우 아래의 메시지 창에 에러를 표시하게 되는데, 해당 에러를 더블 클릭할 경우 해당 에러 위치로 이동하므로 이를 참고하여 코드를 수정한다.

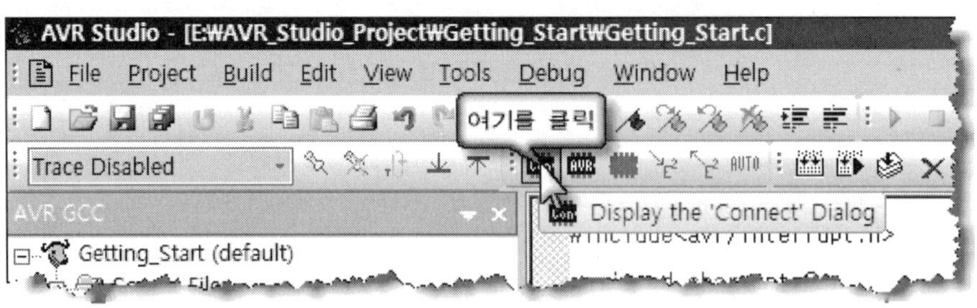

〈그림 3-23〉 AVR Programmer Connect1

Build가 정상적으로 수행되었다면 이제 만들어진 프로그램 코드를 다운로드 하는 과정을 진행한다. 우선 HBE-Green-LED 장비의 우측에 위치한 ISP SEL 딥스위치를 변경해야 한다. 아래 그림과 같이 "1010"으로 변경하자. ISP LED가 켜진 것을 확인할 수 있다. 그리고 USB케이블을 PC와 연결하자. 스위치 설정에 대해서는 "표 3-2 ISP SEL 스위치 설정"을 참조하도록 한다.

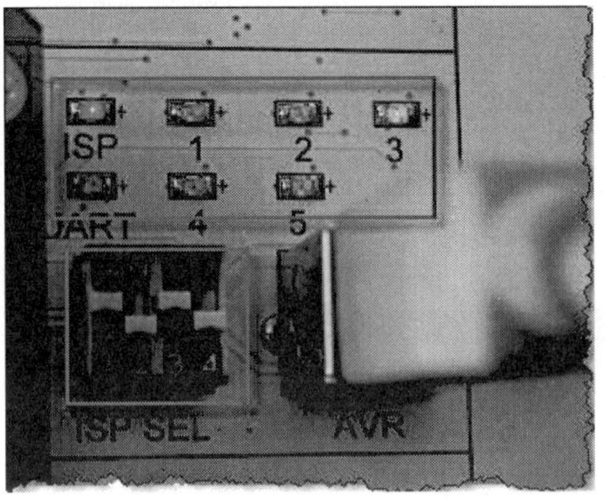

〈그림 3-24〉 USB 케이블 연결

그림과 같이 Con이라고 표시된 아이콘을 선택하면 AVR 디바이스를 프로그램 하기 위해 사용할 프로그래머를 선택하는 화면이 나타난다.

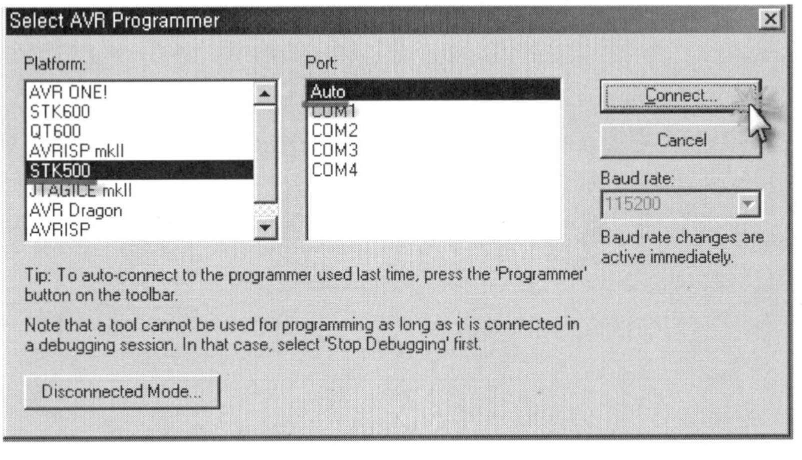

〈그림 3-25〉 AVR Programmer Connect2

그림과 같이 Plaform으로 STK500 or AVRISP를 선택하고 프로그래머가 연결된 포트는 Auto를 선택하고 Connect를 선택한다

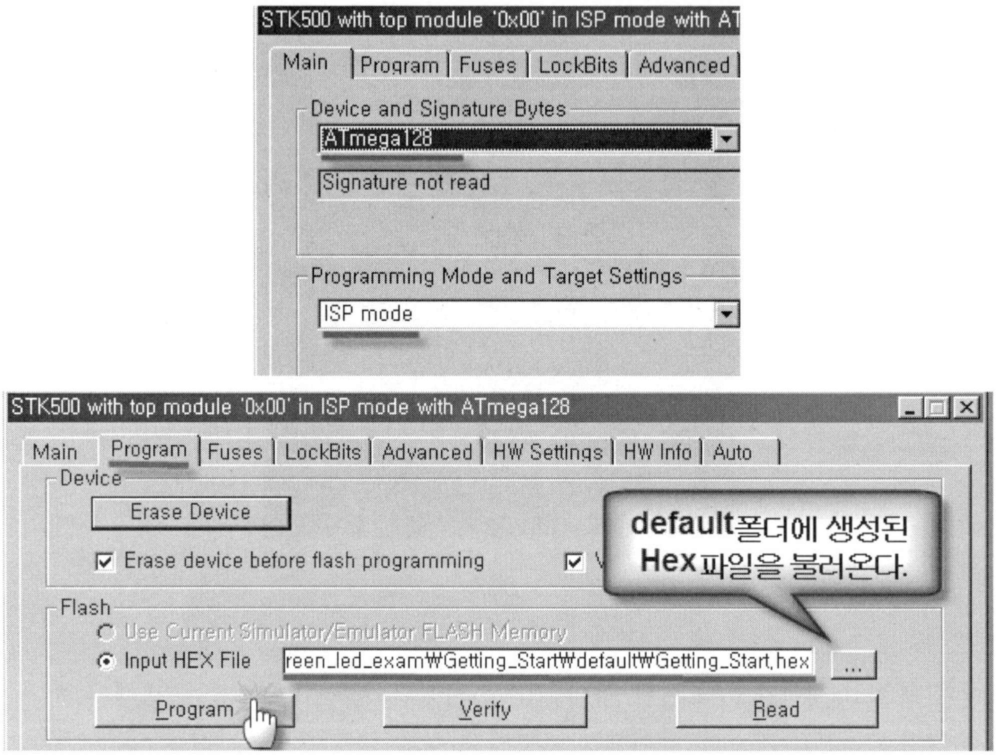

〈그림 3-26〉 Program Download

Main탭의 Device를 ATmega128로 선택하며 Programming mode를 ISP mode로 선택한다. 앞의 Build 과정에서 프로그램 다운로드에 필요한 HEX파일이 생성되었는데 이 파일은 프로젝트 폴더에 있는 default라는 폴더에 만들어 진다. 이를 다운로드 하기 위해서는 Program탭으로 이동한 후, 이 파일을 Flash 항목에 입력하고 프로그램 버튼을 누르면 프로그램 다운로드가 진행된다. 프로그램 다운로드가 완료되면 아래의 메시지 창에 다운로드가 정상적으로 완료되었음을 알린다.

이제 동작을 확인하자. 장비를 보면 Red, Blue, Green의 LED들이 1초마다 점등되는 것을 볼 수 있을 것이다.

LED 불빛이 잘 안 보인다면, LED Brightness 스위치를 우측으로 돌려보자,

3.4 HBE-Green-LED 제어 프로그램

3.4.1 HBE-Green-LED 제어 프로그램

HBE-Green-LED와 함께 제공되는 HBE-Green-LED 제어 프로그램은 제품의 각 구성요소에 대한 기능을 확인하고 응용할 수 있도록 제공되는 프로그램이다.

제어프로그램의 구성은 장비와 동일한 구성형태를 가지므로 제어대상을 직관적으로 확인할 수 있다.

제어프로그램은 별도의 설치과정없이 단독 실행파일로 제공된다.

제어프로그램 실행을 위해서 제품에 동봉된 CD의 다음 경로에 있다.

"\Application Program\HBE_Green_LED.exe"

운용 편이에 따라 PC의 바탕화면에 복사하여 이용하여도 된다.

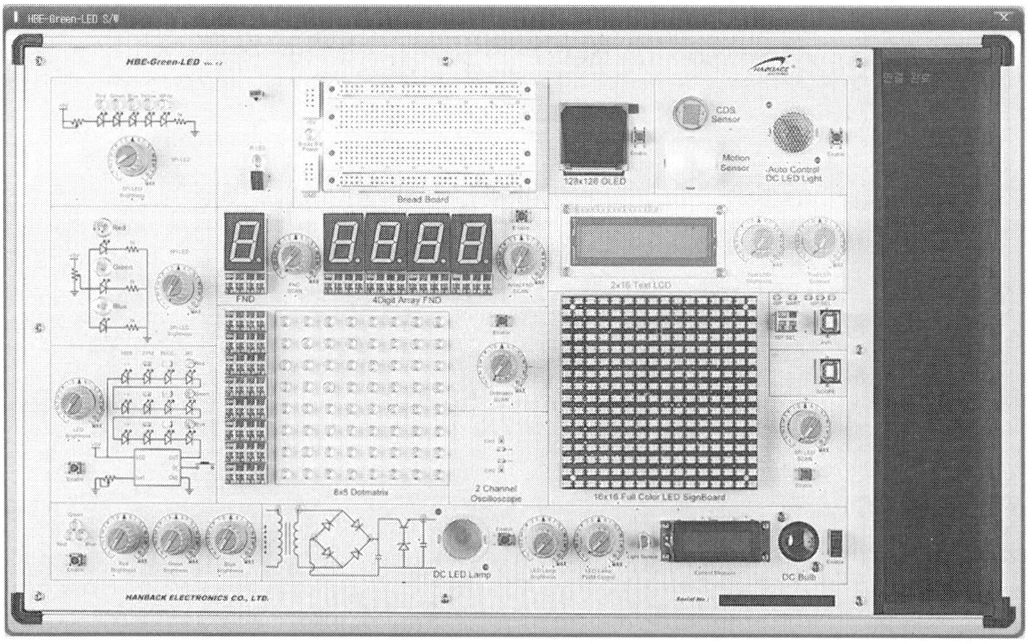

〈그림 3-27〉 HBE-Green-LED SW

그림 3-27은 HBE-Green-LED Application Program을 실행한 화면이다. 이 프로그램은 HBE-Green-LED 제품에서 제공하는 각 장치의 동작을 컴퓨터를 통해 다양하게 제어할 수 있도록 하여 준다.

예를 들어 4개의 숫자나 문자를 표시하는 Array FND에 시간을 표시하여 Array FND가 어떻게 실제 사용되는지를 보기 위해서는 복잡한 제어 코드를 작성하여야 하나 이 Application Program을 통해 손쉽게 원하는 숫자와 문자를 표시할 수 있게 된다.
다음의 과정을 통해 원하는 장치의 동작을 손쉽게 제어해 볼 수 있을 것이다.

단계 1.

HBE-Green-LED의 전원 단자에 전원 케이블을 연결하여 전원을 인가한다.

〈그림 3-28〉 전원 케이블 연결

단계 2.

그림 3-28과 같이 제품 우측에 있는 AVR이라 적혀 있는 USB 단자에 USB 케이블을 연결하고 반대편 케이블 단자를 컴퓨터의 USB 단자에 연결한다.

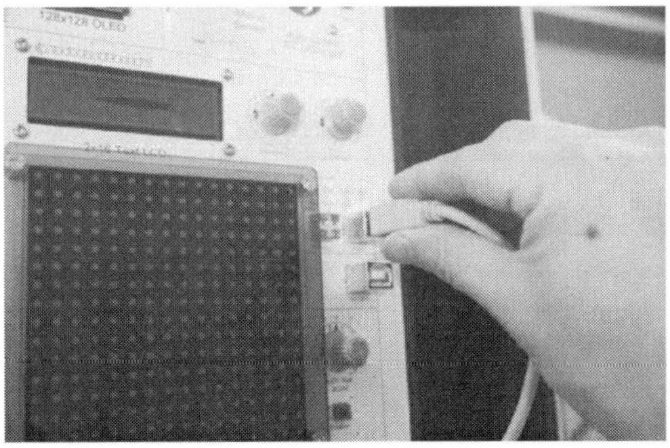

〈그림 3-29〉 USB 케이블 연결

단계 3.

ISP SEL 스위치를 원하는 기능에 맞게 설정한다. ISP SEL 스위치는 크게 두 가지의 설정을 제공하는데 제품에 구성된 AVR 디바이스의 프로그램을 다운로드 하거나 혹은 UART 통신을 할 것인지를 선택하고 제품에 구성된 AVR은 총 5개가 있는데 이 가운데 어떤 AVR을 사용할 것인지를 선택할 수 있다. 1번 스위치를 켜는 것은 AVR에 프로그램 하기 위한 설정이며 끄는 것은 AVR과 UART 통신을 하기 위한 설정이다. 표 3-1은 스위치의 설정에 따른 동작 모드이다.

〈표 3-3 〉 ISP SEL 스위치 설정

SW(ISP SEL)	기능
0000	AVR1(Dotmatrix)와 UART 통신 모드
0001	AVR2(FND)와 UART 통신 모드
0010	AVR3(OLED, LED 소자)와 UART 통신 모드
0011	AVR4(LED 전구, 센서)와 UART 통신 모드
0100	AVR5(LED 전광판)와 UART 통신 모드
0101	사용하지 않음
0110	사용하지 않음
0111	사용하지 않음
1000	AVR1(Dotmatrix)와 ISP 프로그램 모드
1001	AVR2(FND)와 ISP 프로그램 모드
1010	AVR3(OLED, LED 소자)와 ISP 프로그램 모드
1011	AVR4(LED 전구, 센서)와 ISP 프로그램 모드
1100	AVR5(LED 전광판)와 ISP 프로그램 모드
1101	사용하지 않음
1110	사용하지 않음
1111	사용하지 않음

그림 3-30과 같이 ISP SEL 스위치를 설정에 따라 선택한 사항은 LED에 표시된다. 1번 스위치를 끌 경우 UART LED에 불이 켜진다. 그리고 2,3,4번 스위치의 설정에 따라 1~5번 LED에 불이 들어온다.

- ❑ 각 파트별로 해당되는 AVR의 번호가 실습단 우측에 표시되어 있다.

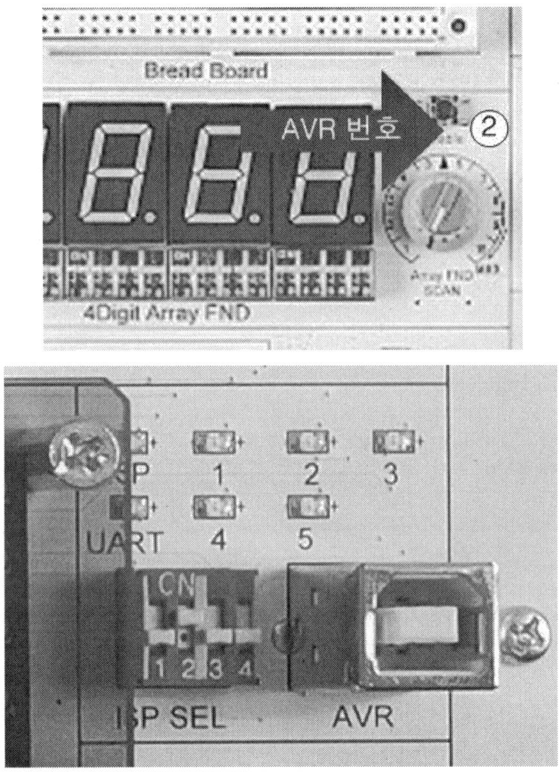

〈그림 3-30〉 ISP SEL SW & LED

본 과정에서는 FND를 사용할 것이다. ISP SEL 스위치를 '1001'로 선택하여 AVR2(FND)을 프로그램 할 수 있도록 선택한다.

단계 4.

앞장 3.3의 AVR Studio 처음 실행을 확인하여 제품 시디의 \Application Program\AVR Data\avr2.hex를 프로그램 한다.

단계 5.

ISP SEL 스위치를 '0001'로 선택하여 AVR2(FND)와 UART 통신을 할 수 있도록 선택한다.

단계 6.

제품 시디의 \Application Program\HBE-Green-LED v1.1.exe를 실행한다. 프로그램이 실행되면서 HBE-Green-LED 제품을 검색하여 연결하게 되는데 정상적으로 연결이 완료되면 프로그램 우측 상단에 "연결 완료"라는 문자가 표시된다.

연결이 제대로 되지 않을 경우 아래 그림과 같이 운용 프로그램 하단 메시지 창에 표시되므로 이럴 경우 USB 케이블의 연결 상태를 확인하기 바란다.

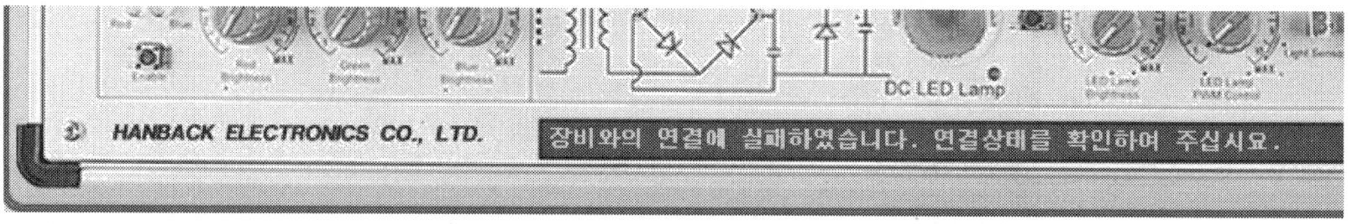

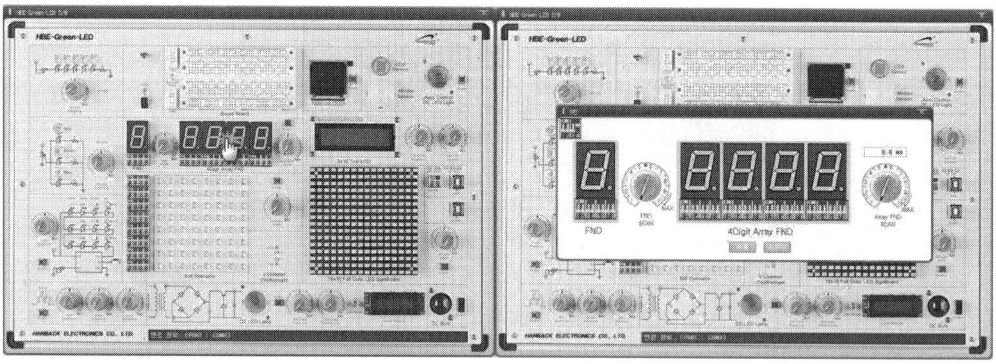

〈그림 3-31〉 FND Application Program 실행

단계 7.

그림 3.31 과 같이 프로그램 화면 가운데 FND 부분으로 마우스 커서를 이동하여 클릭하면 FND를 제어하기 위한 프로그램이 실행된다.

단계 8.

그림 3-32와 같이 프로그램이 실행되면 그림상에 표시하고자 하는 숫자를 그림과 같이 마우스를 이용하여 클릭할 수 있다. 원하는 문자나 숫자를 클릭하면 HBE-Green-LED 상의 FND에도 동일한 문자나 숫자가 표시된다. 프로그램 아래에 있는 시계를 선택하면 현재 컴퓨터의 시간이 FND에 표시된다. 이 프로그램을 통해 우리는 FND의 동작과 FND를 사용하는 목적을 확인 할 수 있을 것이다.

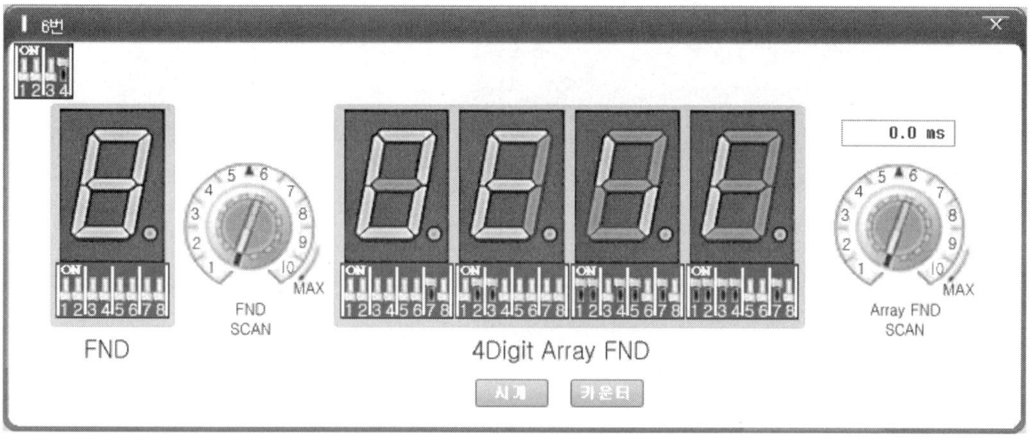

〈그림 3-32〉 FND 제어 프로그램

이후 각 장에서는 해당 장에 맞는 응용프로그램을 이용하여 해당 장치의 동작 원리와 응용 방법을 확인 할 것이다.

3.5 Scope 사용법

HBE-Green-LED는 장비 내 출력 전압 및 신호를 측정하기 위한 USB 타입의 2ch 오실로스코프를 제공하고 있다.

대부분의 기능이 디지털 오실로스코프의 기능을 따르고 있다.

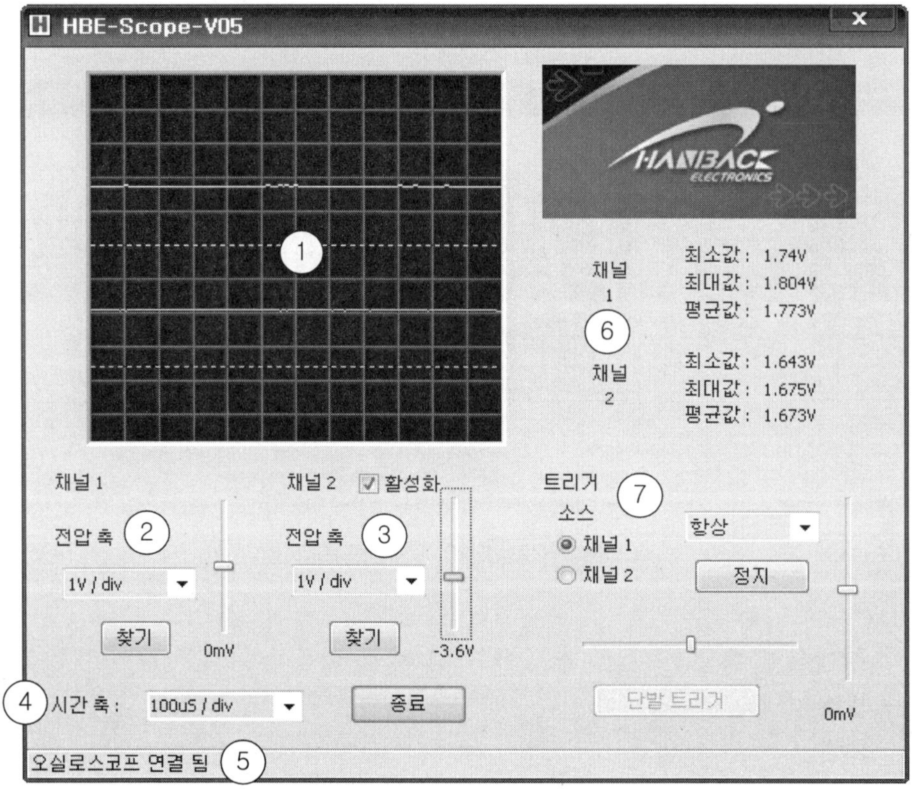

1) 파형 모니터창

2) **Ch1 (Y축) 설정**

- 노란색의 파형이 Ch1의 출력파형이다.
- 찾기버튼을 클릭하면 자동으로 전압 모니터 스케일이 바뀌면서 출력 옵셋을 설정한다.

- 우측 슬라이드 바를 통해 Gnd 위치를 조정한다.

3) Ch2 (Y축) 설정

- 활성화 체크창에 체크를 하면 Ch2가 활성화 된다.
- 보라색 파형이 ch2의 출력파형이다.

4) 시간축(x축) 설정

- 시간축의 모니터 스케일을 설정한다.

5) 장비와의 연결 상태를 알려주는 메시지창

6) Ch1과 Ch2의 출력 전압 표시창

- 최소값, 최대값, 평균값을 표시한다.

7) 트리거 설정창

- 선택된 소스를 기준으로 트리거링한다.
- 우측 슬라이드 바를 통해 트리거링할 수 있다.
- 아래 슬라이드바를 통해 파형 위치가 좌우로 조정된다.

3.5.2 스코프의 사용법

스코프 프로그램의 사용법을 알아본다.

단계1

Computer에 USB Cable을 연결한다.

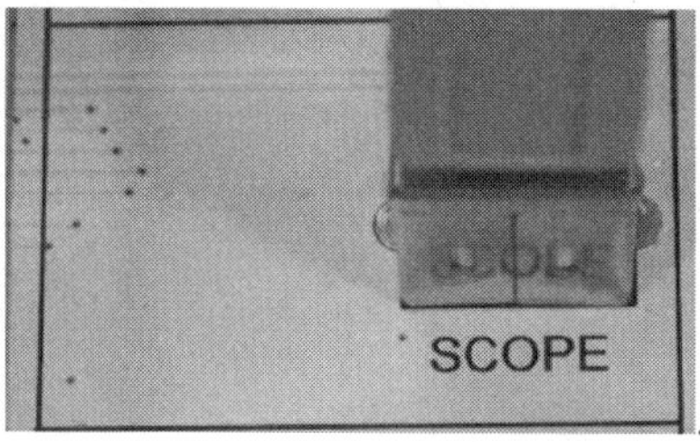

단계2

새 하드웨어 검색 드라이브를 설치하라는 창이 열린다.

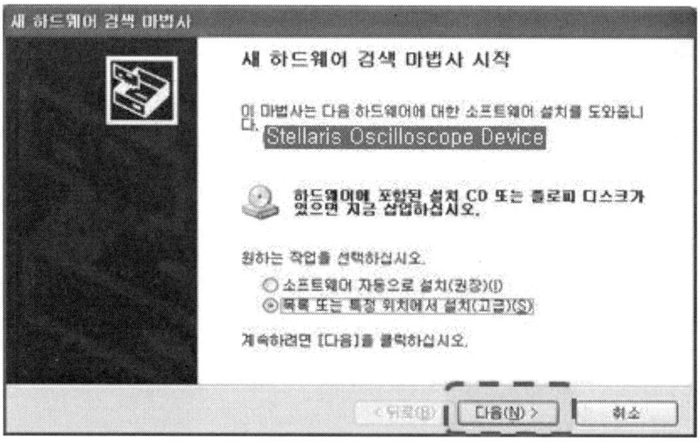

목록 찾기에서 CD안에 \CD v1.1\HBE-Scope-V05\drivers\driver_x86 폴더를 선택 한후 드라이브를 설치 하도록 한다.

단계3

제품에 동봉된 CD에서 \HBE-Scope-V05폴더에 Imscope.exe 파일을 실행 시킨다.

IMscope는 별도의 설치가 필요없는 독립 실행 파일형태로 공급되므로 사용 편이상 PC로 복사하여 사용하도록 한다.

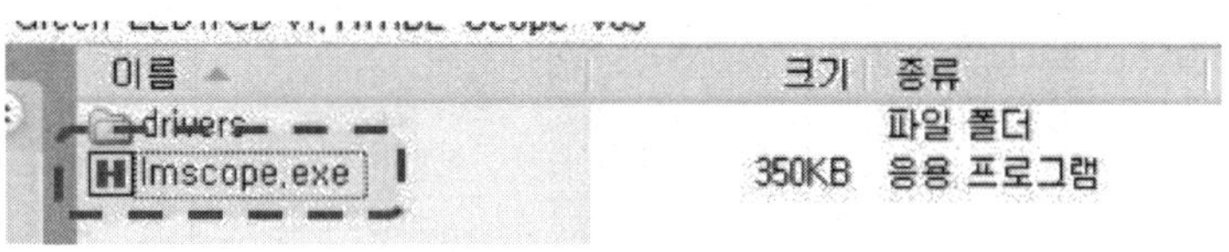

단계4

HBE-Scope-V05 프로그램이 실행된다. 화면 하단에 “오실로스코프 검색 중”이라는 메시지가 표시되면서 Scope를 위한 포트를 찾는다.
만약 인식이 안 될 경우에는 HBE-Green-LED와 PC를 연결한 USB포트를 다시 연결하도록 한다.

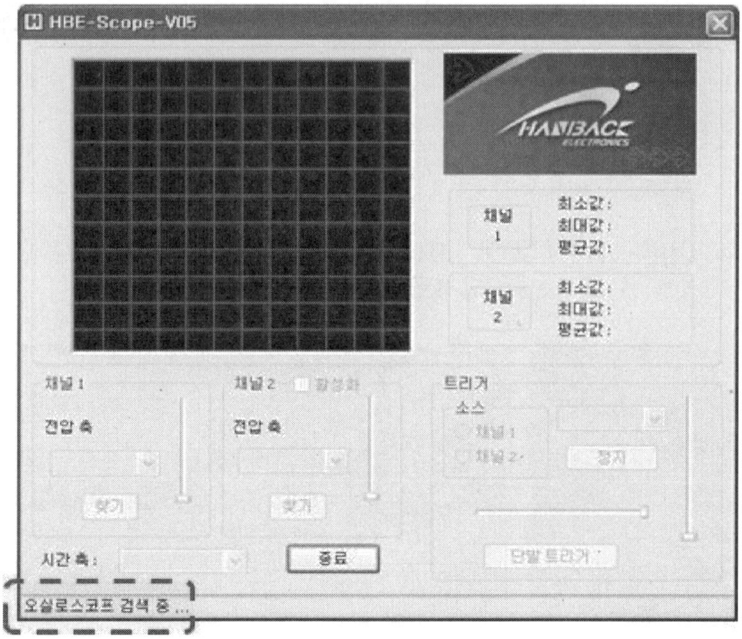

단계5

오실로스코프가 연결되면 하단에 “오실로스코프 연결 됨”이란 메시지와 함께 파형이 표시된다.

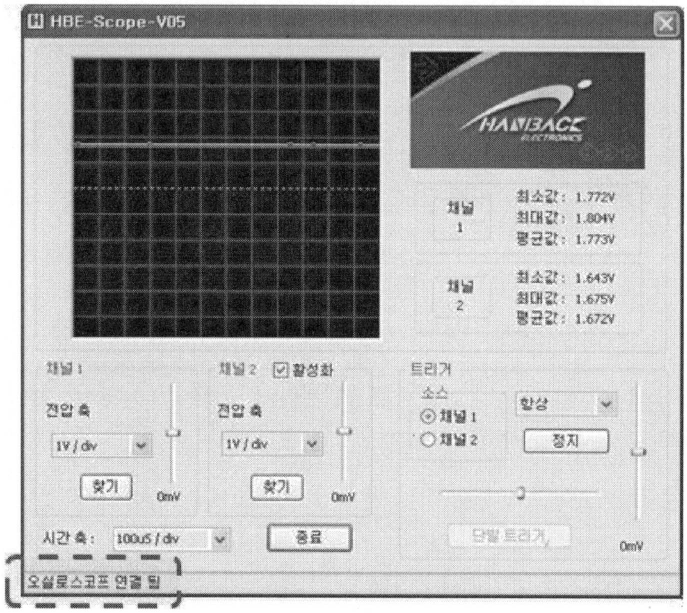

단계6.
오실로스코프를 HBE-Green-LED에 CH1이나 CH2에 연결을 하여 테스트 하도록 한다. (아래의 사진은 CH1에 프로브를 연결한 상태이다.)

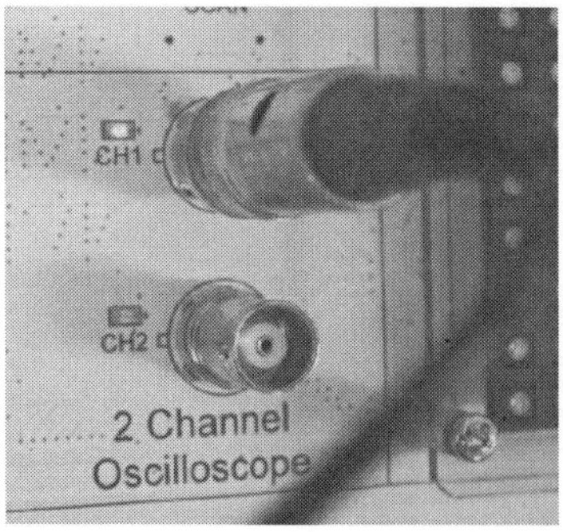

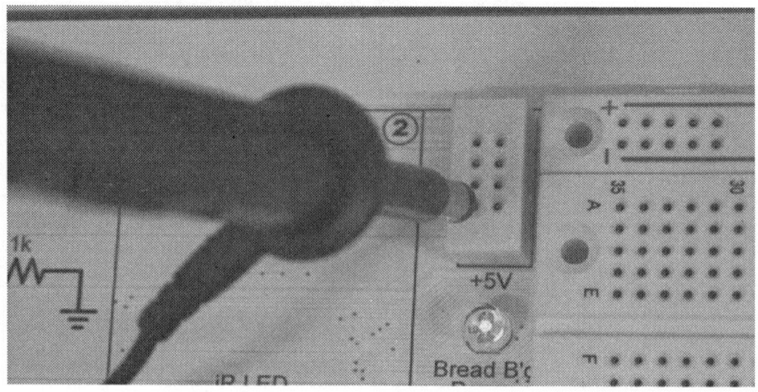

단계7.

테스트 결과는 HBE-Green-LED에 +5V의 전압이 흐르기 때문에 HBE-Scope상에서는 연결한 채널이나 최소값, 최대값, 평균값을 표시가 된다.

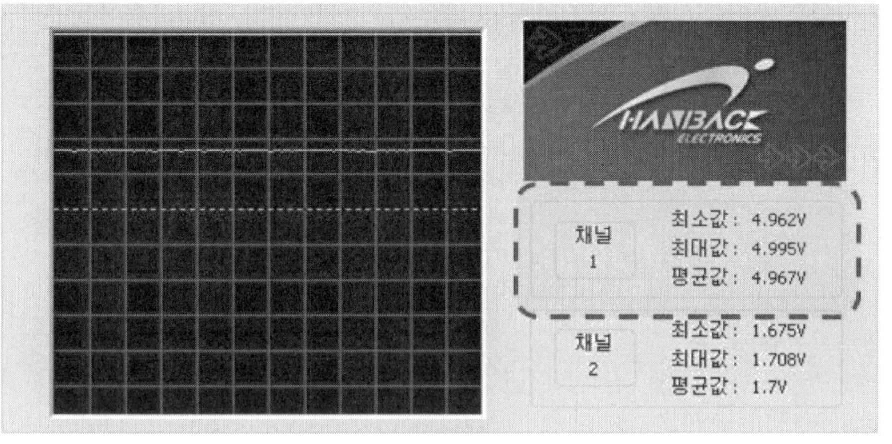

Chapter 4
마이크로컨트롤러(AVR)

본 교재에서 LED 소자를 제어하고 동작하는 모든 제어의 주 역할을 하고 있는 것은 마이크로 컨트롤러 가운데 최근 가장 많은 사용자를 확보하고 있는 AVR 마이크로 컨트롤러를 이용하고 있다. 이번 장에서는 AVR 마이크로 컨트롤러에 대해 좀더 자세히 알아보자.

4. 마이크로 컨트롤러(AVR)

4.1 마이크로 컨트롤러의 정의

최근 마이크로 프로세서(Micro-Processor)의 급격한 기술발전에 따라 전자 및 IT 제품들이 고기능화, 다양화하고 있다. 처음 인텔이 마이크로 프로세서를 만든 이후, 마이크로 프로세서들이 여러 가지 형태로 발전해가면서 마이크로 프로세서를 표현하는 용어도 그 성격과 성능에 따라 다양화되고 있다.

일반적으로 마이크로 프로세서라는 용어는 프로세서를 하나의 칩 안에 집적하여 넣어 소형화한 형태를 의미한다. 마이크로 프로세서는 컴퓨터의 발전과 함께 고성능의 프로세서로 발전했으며, 최근에는 64비트의 고성능 프로세서들이 출시되고 있다. 반면 가전 및 IT 제품들의 지능화와 소형화를 위하여 마이크로 프로세서에 메모리와 각종 주변장치들을 함께 집적하여 넣은 칩들이 개발되었는데, 이 칩들을 보통 마이크로 컨트롤러(Micro-Controller) 혹은 MCU(Micro Controller Unit)라고 부르고 있다. 마이크로 컨트롤러는 마이크로 프로세서 코어와 함께 여러 가지 크기와 다양한 종류의 메모리, 그리고 여러 종류의 주변장치 및 여러 종류의 입출력 포트를 하나의 칩에

집적한 것으로서, 여러 응용분야에 필요한 주변기기들을 한 칩 내에서 모두 제공하고 있다. 마이크로 컨트롤러는 시스템 내부의 칩 개수를 줄여줌으로써, 가볍고 작은 시스템을 만들 수 있게 해준다. 또한, 가격을 최적화할 수 있으며, 제품의 개발기간을 줄여주게 된다.

최근에는 마이크로 컨트롤러의 이러한 장점을 가지면서 고성능을 자랑하는 칩들이 많이 출시되고 있다. 이들은 보통 임베디드 시스템에 사용한다 하여, 임베디드 프로세서(Embedded Processor)라고 불리우거나, 시스템 전체가 하나의 칩에 들어 있다 하여 SoC(System On Chip)이라고 불리고 있다. 마이크로 컨트롤러들도 기존에 가장 널리 사용되던 8비트 마이크로 컨트롤러를 탈피하여 고속화된 32비트 마이크로 컨트롤러들이 속속 등장하고 있다.

위에서 열거한 많은 용어들은 칩 기술이 발전되면서 다양한 형태와 다양한 성능으로 출시되고 있는 칩들을 적절히 표현하기 위해 만들어지고 있는 것이니, 너무 어려워하거나 혼란스러워 할 필요는 없겠다. 결국 비슷한 의미인 것이며, 이 용어들이 서로 혼용되기도 한다. 이 책에서는 마이크로컨트롤러, 그 중에서도 현재 가장 널리 쓰이는 8비트 마이크로컨트롤러를 설명할 것이다. 이 책에서 설명할 8비트 마이크로컨트롤러는 ATMEL 사의 AVR 마이크로컨트롤러이다. 이 책의 이후에는 이 칩을 마이크로 컨트롤러라는 용어로 통일하여 사용하기로 한다.

4.2 AVR 마이크로컨트롤러 개요

이 책에서 배우는 ATmega128 칩은 ATMEL사에서 개발된 RISC(Reduced Instruction Set Computer) 구조의 저진력 CMOS 8-Bit 마이크로컨트롤러인 AVR 시리즈 마이크로컨트롤러 중 하나이다. AVR 마이크로컨트롤러는 1997년에 처음 발표한 8비트 제어용 마이크로프로세서로서, Alf-Egil Bogen과 Vegard Wollan의 진보된 RISC 기술을 기반되었다고 하여 첫 글자를 따서 AVR이라고 명명한 것이다. AVR 마이크로컨트롤러는 대부분의 명령이 단일 클럭으로 실행되어 동작 속도를 혁신적으로 개선하였으며, 임베디드 환경에 적합한 저전력 소모의 칩이다. AVR은 데이터 메모리와 프로그램 메모리가 분리된 하버드 아키텍쳐를 따르고 있어, CPU의 데이터 처리 속도를 높일 수 있다는 장점을 가지고 있다. AVR RISC 구조는 CISC 마이크로컨트롤러보다 10배 이상의 빠른 속도로 프로그램 실행이 이루어지는 보다 편리한 코드 체계를 가진다. 또한,

ATMEL사의 장점인 플래시 메모리 기술과 접목시켜 칩 내에 프로그램 코드용으로 플래시 메모리를 내장하고 여기에 사용자 프로그램을 쉽게 다운로드 할 수 있는 ISP(In-System Programming) 방식을 적용하고 있다. 이와 같은 많은 장점 때문에 상대적으로 늦게 출시되었음에도 불구하고 인해 8051이나 PIC을 능가하는 인기를 단시간 내에 얻게 되었다. 현재 AVR 마이크로컨트롤러는 ATtiny 및 ATmega 패밀리의 2가지 기본 모델이 널리 사용되고 있으며, 그 외 LCD 구동, 배터리관리, 조명제어, 모터제어 등과 같은 특수 응용분야의 모델이 점차로 강화되는 추세이다.

4.2.1 AVR 마이크로컨트롤러의 특징

AVR은 저가의 고기능 마이크로컨트롤러로서 다음과 같은 특성을 갖고 있다.

- RISC (Reduced Instruction Set Code) 구조를 가지고 있으며, 대부분 단일 사이클 명령을 실행할 수 있다. AVR의 RISC 구조는 통상적인 RISC처럼 명령어와 주소지정 방식이 작지 않아 어셈블리어 프로그램 작성에서 불리하지 않으면서도 통상적인 RISC처럼 속도가 매우 빠른 유사 RISC의 특성을 갖고 있다.
- 연산과 데이터 저장을 한 번에 할 수 있는 하버드 아키텍처(Harvard Architecture)를 가지고 있다. 프로그램 메모리와 데이터 메모리가 구분되지 않은 폰노이만(von Neumann) 방식이 아니고, 프로그램 메모리와 데이터 메모리가 분리되어 있는 하바드 구조를 채택하였다.
- 32개의 8비트 범용 레지스터를 가지는 레지스터 중심형 구조이며, 단순한 어드레싱 모드와 간결한 프로그램 코드 사이즈를 가지도록 하는 등 C언어 프로그램에 매우 유리하도록 설계되어 있다.
- CMOS 기술을 채택하고 있어, 소비전력이 매우 적고 동작전압이 1.8-5.5V로 큰 장점이 있다. 다양한 동작 모드를 제공해 저전력 동작을 지원한다.
- CMOS 기술을 채택하고 있어, 잡음여유와 입력 임피던스가 큰 장점이 있으나 정전기 및 과전압에 의한 파손 위험이 큰 단점도 있다.
- CMOS기술에 의해 1K-256Kbyte 플래시롬 메모리와 변수 저장을 위한 EEPROM 및 SRAM이 작은 칩 하나에 내장되어 있다.
- 유사 RISC 구조와 32개의 레지스터 사용과 고집적으로 대부분 1기계사이클에 명령어가 실행되어 보통 1MHz당 1MIPS의 처리속도를 보인다.

- 8핀에서 100핀의 외형과 이에 상응하는 메모리와 기능을 갖는 다양한 시리즈의 제품이 존재하여 적절한 응용에 대응하여 제어기를 개발할 수 있다. 모델에 따라 병렬 I/O포트, 내장 시스템 클럭 발진기, 8비트 타이머/카운터, 16비트 타이머/카운터, 워치독 타이머, UART 또는 USART, SPI, TWI(I^2C), 아날로그 비교기, 10비트 ADC, PWM출력, RTC, Brown Out Detector 등 매우 다양한 I/O 기능을 가지고 있다.
- 외부에 버스를 가지는 모델에서는 이 외부 시스템 버스를 이용하여 데이터 메모리 또는 I/O 디바이스를 확장할 수 있다.
- 다양한 인터럽트 소스와 처리 기능을 가지고 있다.
- 여러 가지 파워절약 모드를 가지고 있다.
- 무료 개발 도구인 AVR Studio등, 다양하고 값싼 개발 도구가 이용 가능하다.
- 내부에 롬 라이터와 같은 기능을 하는 부분이 내장되어 있어, 내부 플래시롬을 롬 라이터 없이 읽고 쓸 수 있다. 따로 값 비싼 롬라이터를 이용하지 않고도 PCB 기판 상에 마이컴을 실장하고 전원과 클럭이 공급되는 상태에서 프로그래밍이 가능한 ISP(In System Program) 기능이 제공된다.

4.2.2 AVR 마이크컨트롤러의 종류

AVR은 크게 Tiny, AT90, Mega시리즈로 나뉠 수 있다. 다음에 간단히 특징을 기술한다. 이 책에서 배우는 ATmega128은 고기능의 Mega 시리즈 중에서도 가장 고성능 대용량의 마이크로컨트롤러이다.

Tiny시리즈 : 핀 수가 8-24핀 정도의 작은 외형으로 대부분 외부 시스템버스가 없고 내부에 1K-2K byte 정도의 플래시 메모리를 가지고 있어 용량도 작은 편이다. UART를 지원하지 않고 RTC 타이머가 없으며 16비트 타이머가 없고 8비트 타이머만 1-2개 있는 등 기능이나 성능이 비교적 낮지만 가격이 저렴하여 소형제어기에 적당하다.

Mega시리즈 : 28-100핀 정도의 외형을 갖고 내부에 8K-256Kbyte 정도의 플래시 메모리와 256-4K byte정도의 EEPROM과 512-4K byte의 SRAM을 내장하고 있다. 20MHz의 클럭에서 20MIPS의 속도를 갖는 등 성능과 기능이 높으나 가격도 높다.

AT90시리즈 : 중간 정도 사양을 가진 시리즈로 현재는 널리 사용되지 않고 있다.

4.3 ATmega128 마이크로컨트롤러

〈그림 4-1〉 ATmega128 프로세서

ATmega128L은 Atmel사의 8-bit 마이크로컨트롤러로 다양한 분야에서 널리 사용되고 있으며, 128Kb의 플래시 메모리와 4Kb의 SRAM을 가지고 있다. 또한 전력 소모를 줄이기 위해서 여섯 개의 Sleep mode(Idle, ADC Noise Reduction, Power Down, Power save, Standby, Extended Standby)를 지원한다. 인터페이스로 8채널의 10bit ADC를 지원하며, JTAG인터페이스도 가지고 있다. 프로그램 메모리의 명령어는 하나의 파이프라인을 통해 실행되어 데이터 처리 속도가 빠르며, 하나의 명령어가 실행되고 다음 명령어가 미리 프로그램 메모리로 실행 되므로 각 클럭 주기마다 명령어가 실행된다. 이것이 RISC 프로세서가 지니는 가장 큰 장점이다. 또한, 프로그램을 위한 버스와 데이터를 위한 버스가 독립적으로 분리가 되어 있기 때문에 프로그램 메모리와 데이터 메모리를 동시에 접근할 수 있다. 다음에 ATmega128의 특징을 정리하였다.

4.3.1 ATmega128 특징

가. 사양

- 고성능 저전력 AVR 8bit Microcontroller
- 향상된 RISC 아키텍처(16MIPS @ 16Mhz)
- 133종 명령세트 (in 1 cycle)
- 32 x 8bit 범용 레지스터 + 주변 컨트롤 레지스터/Multiplie (in 2 cycle)

- 16MHz에서 16MIPS progress
- 비 휘발성 프로그램과 데이터 메모리
- 128K Byte 내부 프로그램 가능한 ISP Flash memory
- 선택적인 Boot code section (used In-System Programming by On-chip Boot Program)
- ISP (In System Programming)를 통해 어플리케이션 영역과 부트영역에 있어 F/W 다운로드 가능
- 4K Byte EEPROM
- 4K Byte 내부 SRAM
- 외부 최대 64K 메모리공간
- 프로그램 Lock-ISP을 위한 SPI 인터페이스

나. JTAG 인터페이스

내장 메모리의 Programing과 On-Chip Debug를 위한 JTAG (IEEE Standard 1149.1) 지원

다. 주변장치 특징

- 2개의 8비트 타이머/카운터(Timer/Counter)(0,2), 2개의 16비트 타이머/카운터(1,3)
- 2개의 8bit PWM 채널
- 6개의 프로그램 가능한 2~16bit PWM 채널
- 분리된 프리스케일러와 비교모드, 캡쳐모드를 가진 두 개의 확장 16비트 타이머/카운터
- 분리된 오실레이터에 의한 Real Time Count
- Output Compare Modulator
- 8 채널, 10bit ADC
- Two-wire Serial 인터페이스
- 두 개의 시리얼 UART
- Master/Slave SPI 시리얼 인터페이스

- 프로그램 가능한 워치독(Watchdog) 타이머
- 아날로그 비교기

라. 마이크로컨트롤러 코어(Core)의 특징

- Power-on Reset, 안정된 전원공급을 위한 Programmable Brown-out Detection
- 내부 RC 오실레이터
- 외부와 내부의 인터럽트 소스
- 6개의 Sleep 모드
- 소프트웨어적으로 선택 가능한 클럭 주파수
- 전체 풀업 Disable* I/O 와 Package
- 프로그램 가능한 53개의 I/O
- 64-lead TQF / 64-pad MLF* Operation Voltage
- 2.7 ~ 5.5V : ATmega128L* 속도- 0 ~ 8 MHz : ATmega128L

다음의 그림 4-2는 ATMega128의 내부 구조를 보인 것이다.

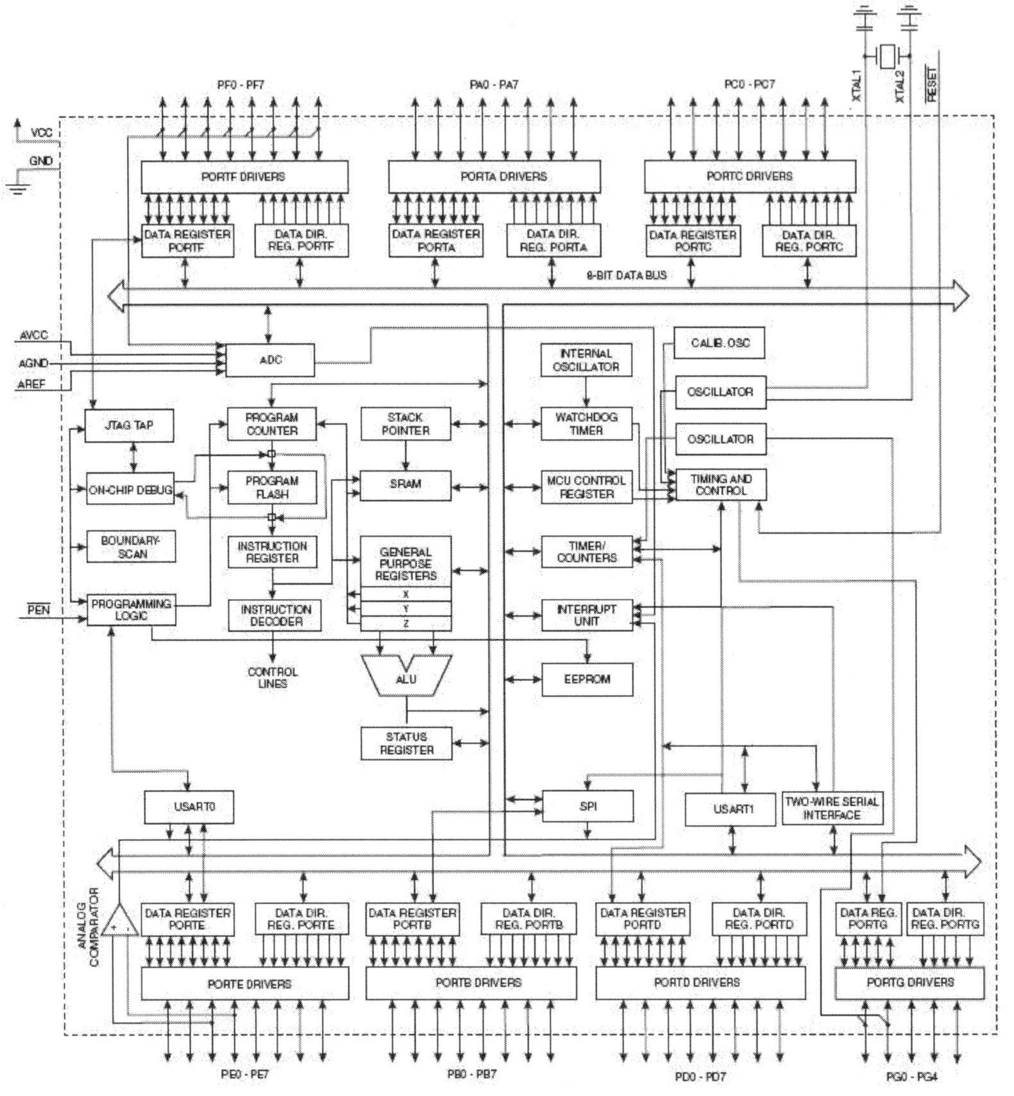

〈그림 4-2〉 ATMega128 프로세서 내부구조

4.3.2 ATMega128 외형과 핀 기능

ATmega128은 그림 4-3과 같이 64핀을 갖는 TQFP(Thin Quad Flat Pack)형 또는 MLF(Micro Lead Frame)형이 있다. 다음에 각 핀에 대한 설명을 한다.

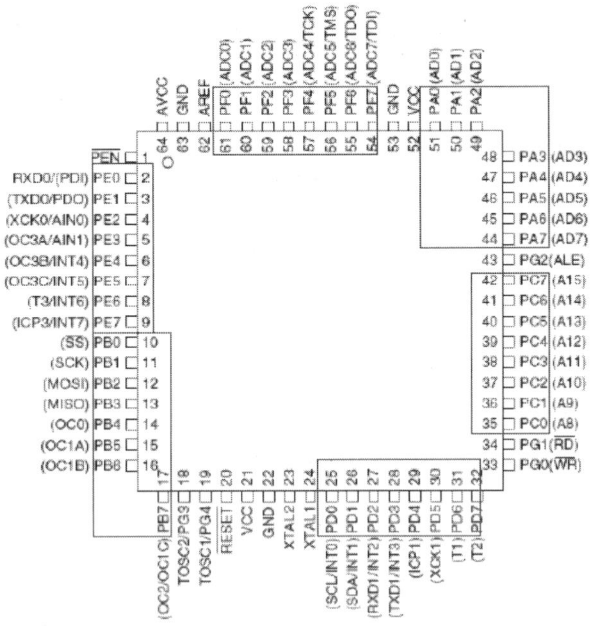

〈그림 4-3〉 Atmega 128 외형과 핀 기능

RESET(핀20) : 입력단자로 '0' 레벨이 입력되면 리셋되어 PC(Program Counter)는 일반적으로 0번지를 가리키고 0번지부터 프로그램이 시작된다. 리셋시 대부분의 레지스터는 초기화된다.

XTAL1, XTAL2(핀24,23) : 발진용 증폭기 입력 및 출력 단자.

Vcc(핀21,51) : 전원 입력 단자.

GND (핀22,53,63) : 그라운드 입력 단자.

AVCC(핀64) : AD변환기 및 포트 F에 대한 공급 전압

AREF(핀62) : ADC 참조 전압(Reference Voltage)

PEN(핀1) : SPI를 활성화시키는 단자로 일반적인 동작모드에서는 사용하지 않고 파워온 리셋시 0상태로 유지해 SPI를 허용하게 한다

포트A (PA7~PA0:핀44-51) : 내부 풀업 저항이 있는 8비트 양방향 입출력 단자. 외부메모리를 둘 경우에는 주소버스(A7-A0)와 데이터버스(D7-D0)로 사용.

포트B (PB7~PB0:핀10-17) : 내부 풀업 저항이 있는 8비트 양방향 입출력 단자. SPI용 단자 혹은 PWM 단자로도 사용된다

포트C (PC7~PC0:핀35-42) : 내부 풀업 저항이 있는 8비트 양방향 입출력 단자. 외부메모리를 둘 경우에는 주소버스(A15-A8)로 사용된다.

포트D (PD7~PD0:핀25-32) : 내부 풀업 저항이 있는 8비트 양방향 입출력 단자. 타이머용 단자 혹은 외부인터럽트용 단자로도 사용된다

포트E (PE7~PE0:핀2-9) : 내부 풀업 저항이 있는 8비트 양방향 입출력 단자. 타이머용 단자, 외부인터럽트, 아날로그 비교기, USART용 단자로도 사용된다.

포트F (PF7~PF0:핀54-61) : 내부 풀업 저항이 있는 8비트 양방향 입출력 단자. AD변환기 혹은 JTAG 인터페이스용 단자로도 사용된다.

포트G (PG4~PG0:핀19, 18, 43, 34, 33) : 내부 풀업 저항이 있는 5비트 양방향 입출력 단자. 외부 메모리 접속을 위한 스트로브 신호용, RTC(Real Time Counter) 타이머용 발진기 단자로도 사용된다.

다음은 ATMega128 칩의 포트와 핀을 정리한 것이다.

〈표 4-1〉 ATmega128 포트와 핀 : 입출력 포트(I/O) 별 설명

기능구분	핀이름	핀번호	핀명칭	기능
I/O 또는 Address	PA0(AD0) ~ PA7(AD7)	51~44	PortA	[PA0~PA7 으로 사용] 일반 범용 I/O 로 사용시 신호 방향(DDRA), 출력될 데이터 저장(PORTA), 입력된 데이터 저장(PINA) 3 개의 레지스터 설정을 통해 제어되는 양방향 범용 I/O (GPIO) 포트로 사용 [AD0~AD7 으로 사용] 외부 메모리를 접근하기 위해 사용 될 때는 하위 어드레스 버스로 사용, ALE 신호에 위해 상위 어드레스와 분리
I/O	PB0 ~ PB7	10~17	PortB	[PB0~PB7 으로 사용] Port A 와 마찬가지로 DDRB, PORTB, PINB 레지스터들에 의해 제어되는 양방향 범용 I/O 포트로 사용

				[다른 용도로 사용될 때] Port A 와는 달리 각 핀마다 서로 다른 용도(PWM 출력, SPI)로 사용
I/O 또는 Address	PC0(A8) ~ PC7(A15)	35~42	PortC	[PC0~PC7 으로 사용] DDEC, PORTC, PINC 레지스터들에 의해 제어되는 양방향 범용 I/O 포트로 사용 [A8~A15 으로사용] 외부 메모리를 접근하기 위해 사용될 수 있으며, Port A 가 하위 어드레스버스로 사용된 것과 달리 PortC 는 상위 어드레스버스로 사용됨
I/O	PD0 ~ PD7	25~32	PortD	[PD0~PD7 으로사용] DDRD PORTD, PIND 레지스터들에 의해 제어되는 양방향 범용 I/O 포트로 사용 [다른 용도로 사용될 때] 각 핀마다 서로 다른 용도(Timer, USART, TWI)로 사용
I/O	PE0 ~ PE7	2~9	PortE	[PE0~PE7 으로사용] DDRE, PORTE, PINE 레지스터들에 의해 제어되는 양방향 범용 I/O 포트로 사용 [다른 용도로 사용될 때] 각 핀마다 서로 다른 용도(Timer, USART)로 사용
I/O 또는 ADC	PF0(AD C0) ~ PF7(ADC 7)	61~54	PortF	[PF0~PF7 으로 사용] DDRF, PORTF, PINF 레지스터들에 의해 제어되는 양방향 범용 I/O 포트로 사용 [ADC0~ADC7 으로 사용] ATmega128 내부에 있는 8 채널(0~7)의 10-bit ADC 의 아날로그 입력으로 사용
I/O	PG0 ~ PG4	33,34,43 ,18,19	PortG	[PG0~PG7 으로 사용될 때] DDRG, PORTG, PING 레지스터들에 의해 제어되는 양방향 범용 I/O 포트로 사용 [다른 용도로 사용될 때] 각 핀마다 서로 다른 용도(Timer, 외부 메모리 I/F 제어신호)로 사용

〈표 4-2〉 ATmega128 포트와 핀 : 핀 특성 별 설명

기능구분	핀이름	핀번호	핀명칭	기능

<table>
<tr><td>프로세서 프로그래밍</td><td>#PEN</td><td>1</td><td>Programing Enable</td><td>Power-On Reset 모드, 즉, 전원이 인가되면서 시스템이 Reset 될 때 이 핀의 상태가 Low 일 경우 ATmega128 이 SPI 시리얼 프로그래밍 모드(SPI 시리얼 통신을 통해 ATmega128 내부 프로그램 메모리에 프로그램 코드를 저장하는 모드)로 들어갈 수 있도록 하는데 사용, 평상시엔 아무런 기능이 없음</td></tr>
<tr><td rowspan="2">시리얼 통신</td><td>RXD0, TXD0, RXD1, TXD2</td><td>2,3,27,28</td><td>USART0, USART1 Transmit/Receive Data</td><td>동기와 비동기 방식을 모두 지원하는 시리얼 통신 포트 USART0, USART1 포트에서 데이터를 송수신할 때 사용</td></tr>
<tr><td>XCK0,XCK1</td><td>4,30</td><td>USART0, USART1 External Clock Input/Output</td><td>시리얼 통신이 동기 모드일 경우 데이터를 송, 수신 하기 위해 필요한 클럭 신호용</td></tr>
<tr><td rowspan="4">타이머/카운터</td><td>OC3A, B, C, OC2, OC1A, B, C, OC0</td><td>5,6,7,17,15,16,17,14</td><td>Timer/Counter0,1,2,3 Output Compare Match and PWM Output</td><td>ATmega128 내부에 있는 타이머/카운터 0,1,2,3 의 출력을 비교하기 위해 사용되는 핀으로 사용, PWM 신호 출력용으로도 사용</td></tr>
<tr><td>T3, T2, T1</td><td>8, 32, 31</td><td>Timer/Counter1,2,3 Clock Input</td><td>ATmega128 내부에 있는 타이머/카운터 1,2,3 의 클럭 신호 입력용으로 사용</td></tr>
<tr><td>IC3, IC1</td><td>9,29</td><td>Timer/Counter1,3 Input capture Trigger</td><td>ATmega128 내부에 있는 타이머/카운터 1,3 이 캡처 모드로 동작할 때 트리거 신호용으로 사용</td></tr>
<tr><td>TOSC2, TOSC1</td><td>18,19</td><td>Timer/counter0 RTC Oscillator</td><td>ATmega128 내부에 있는 타이머/카운터 0 가 RTC(Real Time Clock) 모드로 동작 시 외부 발진자를 연결하기 위한 단자로 사용</td></tr>
<tr><td rowspan="4">SPI</td><td>#SS</td><td>10</td><td>SPI Slave Select Input</td><td>SPI 채널에서 슬레이브(slave)를 선택할 때 사용</td></tr>
<tr><td>SCK</td><td>11</td><td>SPI Serial Clock</td><td>SPI 채널에서 마스터의 경우 클럭 출력용으로, 슬레이브의 경우 클럭 입력용으로 사용</td></tr>
<tr><td>MOSI</td><td>12</td><td>SPI Master Output, Slave Input</td><td>SPI 채널에서 마스터의 경우 데이터 출력용으로, 슬레이브의 경우엔 데이터 입력용으로 사용</td></tr>
<tr><td>MISO</td><td>13</td><td>SPI Master Input, Slave Output</td><td>SPI 채널에서 마스터의 경우엔 데이터 입력용으로, 슬레이브의 경우엔 데이터 출력용으로 사용</td></tr>
<tr><td>Reset</td><td>#RESET</td><td>20</td><td>Reset</td><td>ATmega128 을 리셋(reset)하기 위해 사용</td></tr>
</table>

디지털 전원	VCC	21,52	Digital Supply Voltage	ATmega128 회로의 디지털 전원 입력용, ATmega128 과 ATmega128L 에 따라 달리 사용
	GND	22,53	Circuit Ground	전원의 그라운드(접지) 단자로 사용
아날로그 전원	AVCC	64	Analog Supply Voltage	ATmega128 이 내장된 회로의 아날로그 전원 입력용으로 사용, ADC 의 입력 전원으로 사용
	GND	63	Analog Ground	AVCC 의 접지용 단자로 디지털 전원의 GND 와 연결됨
	AREF	62	Analog Reference Voltage	ADC 에서 기준으로 사용되는 전압
클럭	XTAL2, XTAL1	23,24	Oscillator	외부 발진자(Oscillator)와 연결될 때 사용
TWI(I^2C)	SCL	25	TWI serial Clock	TWI(I2C) 채널의 클럭 신호용으로 사용
	SDA	26	TWI serial Clock	TWI(I2C) 채널의 데이터 송, 수신용으로 사용
인터럽트	INT0 ~ INT3, INT4 ~ INT7	25~28 6~9	External Interrupt	주변 하드웨어의(외부) 인터럽트 신호용으로 사용
외부 데이터 메모리 입, 출력	#WR	33	Write Strobe	외부 데이터 메모리에 데이터를 쓸 때 신호로 알리기 위해 사용
	#RD	34	Read Strobe	외부 데이터 메모리에서 데이터를 읽어 올 때 신호로 알리기 위해 사용되는 핀
ISP	PDI	2	Programing Data Input	ATmega128 이 ISP (In-system Programing) 을 수행하는 PC(마스터)로 보내는 데이터 신호용으로 사용
	PDO	3	Programing Data output	ISP(In-System Programing)을 수행하는 프로그램에 의해 PC(마스터)가 ATmega128(슬레이브)로 보내는 데이터 신호용으로 사용되는 핀
	SCK	11	Serial Clock	ISP(In-System Programing)을 수행하는 프로그램에 의해 PC(마스터)가 ATmega128(슬레이브)로 보내는 클럭 신호용으로 사용
ADC	AIN0	4	Analog Compate Positive Input	ADC 의 양(+)극성 입력으로 연결
	AIN1	5	Analog Compate	ADC 의 음(-)극성 입력으로 연결

			Negative Input	

(*'#'은 Active Low를 뜻함)

4.3.3 ATmega128의 메모리 구조

ATmega128의 메모리는 프로그램 메모리와 데이터 메모리가 분리된 하버드구조를 가지고 있다. 그 중 프로그램 코드를 저장하고 실행시키기 위해 필요한 메모리를 프로그램 메모리라 하며, ATmega128의 경우 128K바이트의 크기로 ISP가 가능한 내부 플래시 메모리가 이에 해당된다. 반면 프로그램 코드가 실행되는 도중 발생되는 데이터를 전원이 켜 있는 동안 일시적으로 저장하거나 전원이 나가더라도 지속적으로 유지되어야 할 별도의 데이터를 저장하기 위해 마련된 읽고(Read) 쓰기(Write)가 가능한 메모리를 데이터 메모리라 하며 ATmega128의 경우엔 SRAM과 EEPROM이 이에 해당된다.

그림 4-4는 ATmega128의 프로그램 메모리와 데이터 메모리 맵 구조를 보여준다.

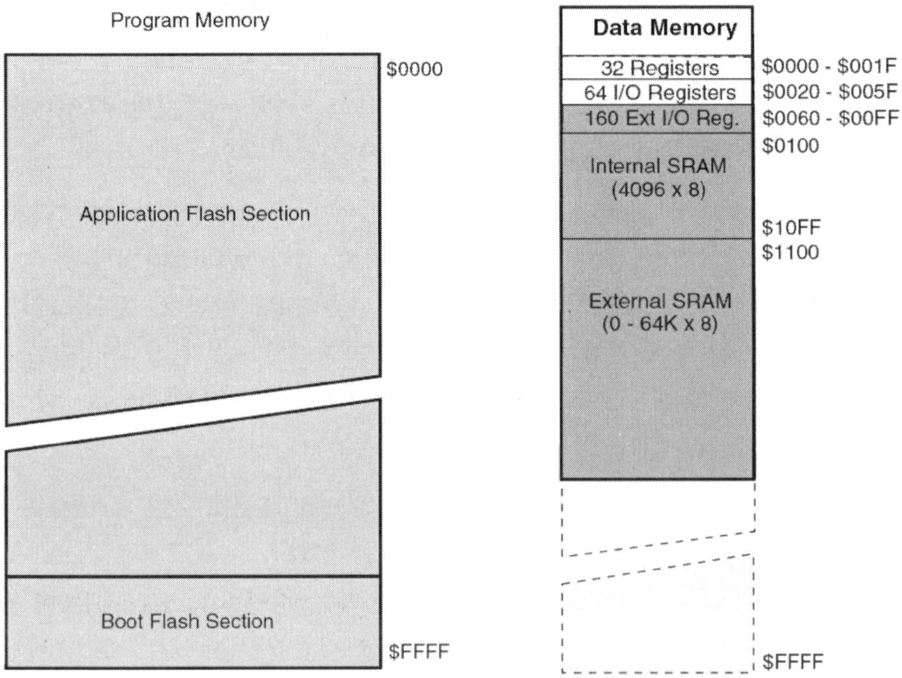

〈그림 4-4〉 마이크로 프로세서 플래시 메모리와 데이터 메모리 구조

플래시 프로그램 메모리는 그림 4-4의 좌측에 보여진 것처럼 16비트 단위로 접근 가능한 64K바이트의 주소공간(0000번지에서 FFFF번지)을 갖는 플래시롬이 프로그램 메모리로 내장되어 있다.

데이터 메모리는 크게 램과 롬으로 나뉠 수 있고 램은 그림의 우측에 보여진 것처럼 32바이트의 범용레지스터(0000번지에서 001F번지), 64바이트의 I/O레지스터, 그리고 4K의 SRAM이 내장되어 있고, 롬은 EEPROM으로 10만번 쓰기가 가능한 4K바이트가 내장되어 있다. 또한, 60K바이트까지 외부 램의 연결이 가능하다.

가. 프로그램 메모리

프로그램 메모리는 128K바이트의 10000번까지 쓰기가 가능한 플래시롬으로 그림 4-4의 좌측에 보여진 것처럼 16비트 단위로 접근 가능한 64K바이트의 주소공간(0000번지에서 FFFF번지)을 갖는다. 부트로더 섹션과 응용프로그램 섹션으로 나뉠 수 있다.

이 프로그램 메모리에는 칩에서 구동될 프로그램을 담게 되는데, 16비트 또는 32비트 구조로 되어 있는 각 명령어가 프로그램 메모리에 1~2개의 번지를 차지하며 저장된다. 프로그래밍 통신방식을 이용한 ISP에 의하여 프로그램을 쓰거나, JTAG 에뮬레이터를 사용하거나, 병렬 프로그래밍 모드를 이용하여 프로그램을 쓸 수 있다.

ATmega128은 프로그램 코드를 저장하고 실행하기 위해 필요한 메모리로 내부 128KB(byte)에 해당되는 플래시 메모리를 내장하고 있다. ATmega128의 프로그램 메모리에 해당되는 내부 플래시 메모리는 각 번지가 16bit씩 이뤄져 있다. 그러한 메모리 번지가 $0000(십진수로 환산하면 '0')부터 $FFFF(십진수로 환산하면 65535 = 64K)까지 있으므로 내부 플래시 메모리의 총 용량은 16bit X 64 =128KB(byte) 이 됨을 알 수 있다.

프로세서를 공부하다 보면 항상 프로세서 별로 각각의 메모리 구조가 메모리 번지의 형태로 표시됨을 쉽게 볼 수 있다. 이러한 메모리 번지가 프로세서에 따라 비트수가 달리 계산됨을 알 수 있는데 각 프로세서가 사용하는 명령어(Instruction)들이 서로 다른 비트 수로 구성되어 있기 때문이다. 예를 들어 대표적인 32비트 프로세서인 ARM의 경우엔 명령어가 모두 32비트로 구성되기 때문에 메모리 번지가 32비트로 구성되어 있으며, AVR의 경우엔 모든 명령어가 16비트 혹은 32비트로 구성되어 있기 때문에 각 메모리 번지가 16비트로 구성되는 것이다.

또한, 내부 플래시 메모리 그림에서 보면 프로그램 메모리, 즉, 내부 플래시 메모리 영역이 Boot flash Section과 Application flash Section으로 나뉘어져 있음을 알 수 있는데, 이는 AVR이 지원하는 Self-Programing과 관련이 있다.

우리가 ATmega128을 제어하기 위한 프로그램 코드를 개발하여 컴파일 하면 최종적으로 HEX 포맷 코드가 생성되는데, 이 코드가 저장되는 공간이 바로 Application Flash Section영역이다. 이렇게 PC에 있는 HEX코드를 ATmega128의 내부 플래시 메모리에 저장하기 위해선 ISP(In-System Programing) 포트를 이용하여 하드웨어 적으로 처리하는 방법이 있다.

Boot Flash Section 영역은 ISP 포트를 이용하지 않고도 HEX 코드를 ATmega128 내부 플래시 메모리에 저장할 수 있는 방법을 제공하기 위해 존재하는 영역이다. 최초로 이 영역에 ATMEL사에서 설명되어 있는 형태의 Boot Loader HEX코드를 ISP 포트를 통해 Boot Flash Section 영역에 저장시켜 놓으면, 이후부터는 이 영역에 저장된 Boot Loader를 통해 ISP 포트를 통하지 않고도 PC에 있는 HEX코드를 ATmega128 내부 플래시 메모리(Application Flash Section)에 저장할 수 있으며 이러한 방식을 Self-Programing이라고 한다. 이러한 Self-Programing 방식은 주로 ATmega128 기반으로 개발된 제품의 내부 프로그램 코드(Firmware)를 소프트웨어적으로 업그레이드 할 경우 주로 사용된다.

나. 데이터 메모리 : 레지스터

특정 목적을 위해 개발되는 임베디드 시스템 상에서 주로 많이 사용되는 프로세서, 즉, 마이크로 컨트롤러(MCU)를 이해하기 위해선 마이크로 컨트롤러 내부에 내장되어 있는 레지스터(Register)에 대해 이해해야만 한다. 마이크로컨트롤러 외부에 달려있는 핀(Pin)들을 제어하려고 해도 이 핀이 입력(Input)용으로 쓰일 것인지, 혹은 출력(Output)용으로 쓰일 것인지부터, 실제 해당 핀으로 보내거나 받을 데이터, 즉, 신호의 값(Signal Value)을 읽거나 쓰려해도 모두 다 해당되는 레지스터를 제어해야만 처리할 수 있기 때문이다. 이러한 레지스터는 종류에 따라 크게 2가지로 나뉘어진다. 실제 ALU 연산에 필요한 데이터들을 임시로 저장하는데 사용되는 범용 레지스터(General Purpose Register)와 칩의 I/O 제어나 상태보고 등의 특별 기능들을 수행하는 특별기능 레지스터(Special Function Register)가 그것이다.

1) 범용레지스터

ATMega128은 연산처리 속도를 높이기 위해 R0~R31까지 32개의 범용레지스터를 가지고 있다. 그림 4-5와 같이 32바이트로 내부메모리의 00번지에서 1F번지를 차지한다. 8051의 A레지스터와 같은 ALU가 따로 있지 않고 32개가 모두 ALU역할을 하여 기본적인 사칙연산을 수행하고 일부의 상수 데이터를 사용하는 연산명령은 R16-R31에서 수행한다. 이중 R26부터 R31까지 총 6개의 범용레지스터들은 각각 2개씩 합쳐져서 데이터 메모리의 16비트 주소를 간접 지정하는 포인터(Address Pointer)값을 나타내기 위해 사용되며, 다음 그림과 같이 X-register, Y-register, Z-register 라 불리기도 한다.

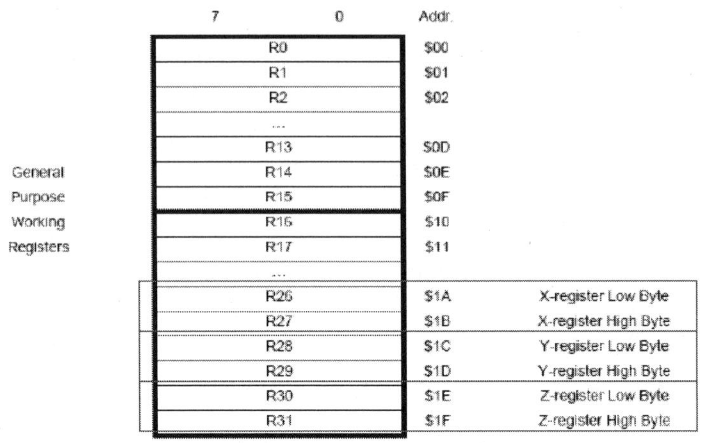

〈그림 4-5〉 ATmega128 범용 레지스터

2) 특수기능 레지스터

ATMega128의 특수 기능 레지스터는 I/O 레지스터와 확장 I/O 레지스터로 나누어진다. I/O 레지스터는 64바이트로 구성되며 내장된 각종 I/O 장치를 제어하기 위한 레지스터로 IN, OUT 명령을 사용하여 입출력 장치에 접근한다. 이들은 0x20번지에서 0x5F번지까지 존재하지만 IN, OUT 명령을 사용할 때는 0x00에서 0x3F로 지칭해야 한다. 0x00(0x20)번지에서 0x1F(0x3F)번지에 위치하는 32개의 레지스터는 CBI, SBI, SBIC, SBIS 명령을 사용하여 비트 어드레싱이 가능하다. 중요한 I/O 레지스터들을 정리하면 다음과 같다.

상태레지스터(SREG) : 상태레지스터(SREG:Status REGister)는 ALU의 연산 후 상태와 결과를 표시하는 레지스터이다.

스택 포인터 (SP) : 서브루틴이나 인터럽트 호출 시 이들을 처리하고 다시 본래 위치로 되돌아오기 위한 복귀주소인 프로그램카운터(PC)값의 SRAM내의 스택 위치, push 또는 pop할 SRAM내의 스택 위치를 표시한다. C프로그램에서 지역변수를 저장하거나 어셈블리 프로그램에서 임시 데이터를 저장하는 용도로도 사용한다.

한편 확장 I/O 레지스터는 ATmega128에 추가된 각종 I/O를 제어하기 위한 레지스터로서, 160바이트(0x60에서 0xff번지)로 I/O레지스터처럼 IN, OUT 명령을 사용할 수 없고 LD, LDS, LDD, ST, STS, STD 명령어로 접근해야 한다.

다. 데이터 메모리 : 내부 SRAM

ATmega128은 4K의 SRAM이 내장되어 있으며, 프로그램에서 사용되는 사용자 변수의 저장영역이나 스택영역으로 사용된다. AVR은 각 프로세서들 간의 호환성이 좋은 특성이 있는데 ATmega128의 경우엔 ATmega103과 뛰어난 호환성을 가지고 있다. 즉, ATmega128용으로 개발된 프로그램 코드를 소스의 수정 작업 없이 그대로 ATmega103에서도 사용할 수 있다는 것이다. 이럴 경우 ATmega128의 내부 SRAM모드가 달라진다. ATmega128은 보통의 일반 모드(Normal Mode)로 동작할 경우와 ATmega103과의 호환성을 위한 모드(ATmega103 Compatibility Mode)로 동작할 경우의 SRAM 영역이 다른데, 일반 모드와 ATmega103호환 모드가 있다. 일반 모드를 기준으로 했을 때 ATmega128의 내부 SRAM 메모리 번지는 $0100~$10FF까지 포함된다. 즉, $10FF-$0100 = $0FFF이며 이를 십진수로 환산하면 4K가 된다. ATmega128은 8비트 마이크로컨트롤러이므로 데이터 메모리의 각 번지가 8비트로 구성되어 있으므로, ATmega128의 내부 SRAM 총 용량은 8bit 4K = 4KB(byte) 가 됨을 알 수 있으며 외부적으로 64KB(byte)까지 확장할 수 있다.

SRAM 영역은 LS, LDS, LDD 또는 ST, STS, STD의 명령을 사용하여 16비트 직접 데이터에 의한 번지 값을 지정하여 접근하거나 X,Y,Z 레지스터를 사용하여 간접지정으로 접근할 수 있다.

라. 데이터 메모리 : EEPROM

전원이 켜있는 동안, 즉, 프로세서가 동작하는 동안 내부 프로그램 코드에 의해 발생되는 데이터를 일시적으로 저장하기 위해 필요한 SRAM 과는 다르게 전원이 꺼지더라도 지속적으로 그 값을 유지해야 할 필요가 있는 별도의 데이터를 저장하기 위해 사용되는 메모리이다. 총 용량 4KB(byte)로 구성되어 있는 ATmega128의 내부 EEPROM영역을 접근하기 위해서는 ATmega128 내부의 별도 레지스터, 즉 EEPROM

용 주소 레지스터(EEARH, EEARL), 데이터 레지스터(EEDR), 제어 레지스터(EECR)들을 제어함으로써 가능하다.

마. 외부 데이터 메모리

ATmega128은 0x1100-0xffff번지에 외부 데이터 메모리를 연결하여 사용이 가능하며, 이들은 외부 램, 외부 플래쉬 롬 또는 LCD나 AD변환기와 같은 주변장치의 인터페이스용으로 사용할 수 있다. 이를 위해 다음과 같은 기능이 제공된다.

주변장치와 적절한 인터페이스를 위한 0-3의 대기 사이클을 지정할 수 있다.

2개의 섹터로 외부 데이터 메모리를 분할하고 이들에 독립적인 대기 사이클을 지정할 수 있다.

16비트 주소의 상위바이트 중에서 필요한 개수의 비트만을 주소 버스로 동작하게 할 수 있다.

데이터 버스의 신호들이 동작할 때 전류 소비량이 감소되도록 BUS-keeper 기능을 설정할 수 있다.

4.3.4 ATMega128 클럭

ATmega128은 다양한 소스에 의해 클럭을 발생시키고 분배가 가능하다. 또한 내부의 각 부분은 모두 동시에 클럭이 필요치 않기 때문에, 소비 전력을 절약시키기 위해 개별적으로 공급을 차단할 수도 있다.

CPU 클럭 : 범용레지스터, 상태레지스터, 데이터 메모리와 같은 AVR의 핵심적인 동작과 관련된 클럭으로서 공급을 차단하면 이들의 동작을 멈추게 한다.

I/O 클럭 : 타이머, SPI, USART 등 I/O모듈 대부분에서 사용되는 클럭이다. 외부인터럽트 모듈에서도 사용되나 일부 외부 인터럽트는 I/O 클럭의 공급이 차단되어도 인터럽트 처리가 된다.

플래쉬 클럭 : 플래쉬 롬과의 인터페이스를 제어하며 보통 CPU 클럭과 동시에 사용된다.

비동기 타이머 클럭 : 외부 32kHz 수정 발진기를 소스로 하는 비동기 타이머용 클럭이다.

AD변환기 클럭 : AD변환기용의 클럭으로 CPU와 I/O클록을 정지시키고 AD변환을 이루어지도록 하여 노이즈를 줄일 수 있도록 한다.

ATmega128은 5가지의 클럭발생원이 존재하며 CKSEL3~0와 SUT1~0, XDIV레지스터를 이용하여 클럭발생원과 주파수를 설정한다. 다음에 다섯 가지 클럭 발생원을 간단히 설명한다.

내부 RC(디폴트 클럭) 발진기 : 내장된 RC 발진기를 사용하는 경우로서, 공장 출하시 내부클럭 1MHz로 설정되어 있음.

외부 RC 발진기 : 정밀한 타이밍이 요구되지 않는 용도로 외부에 RC 소자를 접속한 발진회로를 사용.

외부 수정 발진기 : 외부에 크리스탈 또는 세라믹 레조네이터를 사용하는 경우 XTAL1 입력단자 및 XTAL2 출력단자에 접속.

저주파 수정 발진기 : 외부에 32.768kHz의 낮은 주파수 크리스탈을 사용하는 경우

외부 클럭 : 외부 다른 보드(8051보드, PIC보드)등의 클럭을 가져와 XTAL1단자에 연결. 단, 이때는 두 보드간 GND단자는 연결하며 XTAL2는 사용하지 않음

4.3.5 ATmega128 Sleep 모드

ATmega128은 전원을 절약할 수 있는 6가지의 다양한 슬립모드가 제공된다. MCUCR(MCU Control Register)레지스터를 설정하여 모드를 선택하고, SLEEP 명령을 실행하여 슬립모드에 돌입하도록 한다.

1) Idle모드

CPU의 동작은 멈추지만 SPI, USART, 아날로그 비교기, ADC, TWI, 타이머, 워치독, 인터럽트의 동작은 유지된다. CPU 클럭과 Flash 클럭은 차단되지만 나머지 클럭은 공급된다.

2) ADC noise reduction 모드

CPU의 동작은 멈추지만 ADC, TWI, 타이머 0, 워치독, 인터럽트의 동작은 유지된다. CPU 클럭과 Flash 클럭, 그리고 I/O 클럭은 차단되지만 나머지 클럭은 공급된다. ADC가 잡음의 영향을 덜 받아서 정밀하게 동작할 수 있도록 하는 모드로 ADC의 동작이 활성화된 경우 ADC noise reduction모드로의 돌입은 ADC 변환이 자동으로 시작된다.

3) Power-down 모드

외부 수정 발진기 또는 세라믹 resonator의 동작이 정지되며 TWI, 워치독, 인터럽트의 동작은 유지된다. 모든 클럭이 차단되어 비동기 모듈의 동작만이 가능하다. 이 모드가 해제될 때는 클럭이 안정적으로 되기 위해 충분한 여유 기동시간이 필요한데 이를 사용자가 지정할 수 있다.

4) Power-save 모드

Power-down모드와 유사하나 ASSR 레지스터의 AS0비트를 1로 설정하여 타이머 0을 TOSC1, TOSC2 단자로 입력되는 외부 클럭에 의하여 비동기로 동작시킬 때 사용하는 것이 다른 점이다. 비동기 타이머 클럭을 제외한 모든 클럭이 차단된다.

5) Standby 모드

외부 수정 발진기 또는 세라믹 resonator을 클럭 발생원으로 한 경우에만 가능한 슬립모드로 Power-down모드와 유사하나 발진기가 동작하는 것이 다르다. 해제되어 정상동작이 개시되는데 6개의 클럭 사이클만이 소요된다.

6) Extended Standby 모드

외부 수정 발진기 또는 세라믹 resonator을 클럭 발생원으로 한 경우에만 가능한 슬립모드로 Power-save모드와 유사하나 발진기가 동작하는 것이 다르다. 해제되어 정상 동작이 개시되는데 6개의 클럭 사이클만이 소요된다.

Sleep모드의 해제는 다음과 같은 과정에 따른다.

인터럽트에 의한 해제 : 슬립모드 안에서 인터럽트를 만나면 MCU가 동작을 시작하고 슬립모드가 해제되는데 기동시간 이외에 4사이클이 더 경과한 후에 동작이 개시되고 인터럽트 서비스를 모두 실행하고 슬립모드에 돌입하도록 한 이전의 SLEEP 명령의 바로 뒤에 이어지는 명령으로 복귀된다. 해제된 모든 레지스터와 메모리에 있는 내용은 슬립모드 이전의 값이 보존된다.

리셋에 의한 해제 : 슬립모드에서 리셋이 발생하면 슬립모드가 해제되고 리셋동작이 수행된다.

4.3.6 ATMega128의 리셋모드

정상적으로 동작하고 있는 마이크로컨트롤러가 리셋 되면 모든 I/O레지스터값이 디폴트 값으로 초기화되고, 프로그램은 리셋벡터에서 시작된다. 리셋은 5가지의 발생원이 존재한다.

1) **Power-on Reset**

전원전압 VCC가 Power-on Reset Threshold(VPOT) 이하일 때 MCU가 리셋 된다.

2) **External Reset**

/RESET 핀에 지정된 최소 폭(1.5 us) 이상의 L레벨('0') 펄스가 입력되어 MCU가 리셋된다.

3) **Watchdog Reset**

워치독 타이머에서 지정된 주기 이상이 경과되어 워치독 기능이 동작함으로써 MCU 가 리셋 된다.

4) Brown-out Reset

전원전압 VCC가 지정된 시간(2 us) 이상 동안 Brown-out Reset Threshold(VBOT) 이하로 떨어져 Brown-out Detector가 동작함으로써 MCU가 리셋 된다.

5) JTAG AVR Reset

JTAG 시스템에서 리셋 레지스터에 논리값 1을 저장시키고 이에 관련된 하드웨어가 동작함으로써 MCU가 리셋 된다.

4.4 마이크로컨트롤러와 GPIO

임베디드 시스템과 마이크로컨트롤러 등 IT관련 장비를 접하다 보면 GPIO라는 용어를 자주 만나게 된다. GPIO는 General Purpose Input Output의 약자로 말 그대로 범용으로 사용되는 입출력 포트를 의미한다.

즉, 여러 가지 다양한 용도로 사용될 수 있다는 것이다. 임베디드 시스템에는 MCU 외에 여러 가지 다양한 일을 하기 위한 주변장치 및 소자들이 존재한다.

이 주변 소자들은 MCU의 미리 정해진 인터페이스에 연결되어 동작하는 것들도 있지만, 그렇지 않은 경우가 더 많다.

이러한 다양한 주변 소자들을 동작시키기 위해서는 그 주변 소자들이 원하는 방식으로 인터페이스를 하여 원하는 신호를 보내주어야 한다.

예를 들어 LED를 켠다든지, 버저를 울린다든지 하기 위해서는 그 소자에 0 혹은 1의 신호를 보내주어야 하고, TEXT-LCD에 글자를 출력하기 위해서는 좀 더 복잡한 병렬 신호들을 보내 주어야 한다.

또한, 키패드나 버튼 스위치 입력을 받기 위해서는 그 소자들로부터 나오는 신호를 받아들일 수 있는 통로를 가져야 한다.

이와 같이 임베디드 시스템들에서 일어나는 여러 가지 다양한 일들을 처리하기 위해 설계자가 마음대로 변형하면서 제어할 수 있도록 제공해 주는 I/O(입출력) 포트를 바로 GPIO라고 하는 것이다.

GPIO는 일반적으로 입력과 출력을 마음대로 선택할 수 있고, 0과 1의 출력 신호를 임의로 만들어줄 수 있는 구조를 가지게 된다. 그리고, 입력으로 사용할 때는 외부 인터럽트를 처리할 수 있도록 하는 경우가 많다.

이러한 기능을 부여해 주기 위해서 입출력 방향 전환용 레지스터와 출력용/입력용 데이터 레지스터등이 필요하게 된다.

AVR 마이크로컨트롤러도 많은 수의 GPIO 포트를 보유하고 있다. 사실 특수한 용도로 사용하는 몇몇 핀을 제외하고는 거의 모든 핀들이 GPIO로 사용할 수 있다고 보아도 무방하다. 그만큼 마이크로컨트롤러에서 GPIO의 중요성은 매우 크다고 할 수 있으며, 최근 고성능 임베디드 프로세서나 SoC에서도 이러한 경향은 마찬가지이다.

이제, AVR 마이크로컨트롤러의 GPIO 포트를 살펴보기로 한다.

4.5 AVR 마이크로컨트롤러의 입출력 포트

AVR Atmega128의 입출력 포트는 6개의 8비트 I/O포트와 1개의 5비트 I/O포트로 구성되어 있으며, 각각의 포트는 범용의 I/O신호(GPIO)와 특수 기능 신호로써 동작하게 된다. 먼저 범용의 I/O 신호는 AVR ATmega128 마이크로 컨트롤러에서 주변 회로 사이에 데이터 송 수신에 의해 읽기, 감시, 상태 출력, 시스템 구성, 제어신호 형성, 시리얼 통신 등을 제공하게 된다. 반면에 특수 기능은 주변 상태 및 시스템 구성요소에 따라 달라 질 수 있다. 입출력 포트가 일반적 디지털 I/O로 동작할 경우에는 Read-Modify-Write기능을 가지고 있어서 비트 단위로 포트 핀들을 제어할 수 있다. 다음은 AVR 마이크로컨트롤러의 입출력 포트의 특징을 정리한 것이다.

4.5.1 AVR 마이크로컨트롤러 입출력 포트 특징

- 6개의 8비트 I/O포트와 1개의 5비트 I/O포트로 구성되어 있다.
- 출력포트의 버퍼는 많은 유입전류와 유출전류를 사용(최대 40mA)할 수 있다.
- 모든 포트 핀은 개별적으로 내부 풀업 저항을 사용할 수 있다.
- 모든 I/O핀은 VCC와 GND사이에 다이오드를 접속하여 포트를 보호한다.
- Read-Modify-Write기능을 가지고 있어, 비트 단위의 포트 설정이 자유롭다.
- 각 포트에 대한 데이터 출력용 레지스터(PORTx)와 데이터 입출력 방향 지정용 레지스터(Data Direction Register: DDRx), 그리고 데이터 입력용 레지스터(PINx)를 가지고 있다.

4.5.2 AVR 마이크로 컨트롤러 입출력 포트 제어 레지스터

AVR 마이크로컨트롤러는 입출력 포트를 제어하기 위해서, DDRxn, PORTxn, PINxn의 3개의 레지스터를 사용한다. 다음에 이 세 개의 입출력 포트 제어용 레지스터들을 간단히 설명한다.

가. DDRx 레지스터

입출력의 방향설정을 하기 위한 레지스터이다. DDRA~DDRG레지스터의 입출력포트에 대응하는 해당 비트에 1을 쓰면 그 해당 핀이 출력으로, 0을 쓰면 입력으로 설정된다. 초기값은 0으로 설정되어 있다. 비트 별로 만약 포트 A의 비트3를 출력으로 설정하려면 DDRA = 0x08로 하면 되고, 포트 A를 전부 출력으로 설정하려면 DDRA = 0xff로 하면 된다.

나. PORTx 레지스터

데이터를 출력하기 위한 레지스터이다. DDRx의 값을 세팅하여 출력으로 설정된 경우 출력을 원하는 데이터 값을 PORTx 레지스터에 넣어주면 된다. PORTx 레지스터는 읽기와 쓰기가 모두 가능하다. 비트 별로 설정하려면 PORTx = 1의 형태로 하면 된다(x는 A~G). 만약 포트 B의 비트3에 1을 출력하려면 PORTB = 0x08로 하면 된다.

다. PINx 레지스터

데이터 입력용 레지스터이다. 입출력 핀이 입력으로 설정된 경우 PINx 레지스터에 해당하는 값을 읽으면 된다. 해당 핀의 값을 읽어 들인다. 읽기만 가능하며 쓰기는 금지되어 있다. 비트 별로 읽어 들이려면 PINx를 사용하면 된다 비트 별로 만약 포트 C의 비트3값을 읽어 들여 led3라는 비트 값에 할당하려면 led3 = (PINC & 0x08)로 하면 된다.

AVR 마이크로컨트롤러의 입출력 포트에는 각 핀마다 풀업 저항을 사용할 수 있도록 구성되어 있다. 이 풀업 저항은 필요에 따라 On/Off 할 수 있는데, 그를 제어하기 위한 레지스터가 SFIOR 이다. SFIOR(Special Function IO Register)는 AVR 입출력 포트의 특수 기능을 제어하기 위한 레지스터로서, 그 중 하나의 비트(비트 2: PUD 비트)를 이용하여 모든 입출력 핀의 풀업저항을 비활성화할 수 있다. DDRx.n의 값을 조절하여 입력으로 설정된 경우에는 해당하는 PORTx.n에 1을 쓰면 내부 풀업 저항을 사용할 수 있다. 단 이때, SFIOR의 비트 2(PUD 비트)가 0로 세팅되어 있어야 한다. 내부 풀업 저항을 사용하지 않기 위해서는 PORTx의 해당비트에 0을 쓰거나 해당 핀을 출력으로 설정하면 된다.

라. SFIOR 레지스터

SFIOR(Special Function IO Register)의 비트2(PUD: Pull-Up Disable)를 1로 세트하면 풀업 저항을 비활성화시킨다.

4.5.3 AVR 마이크로 컨트롤러 입출력 포트

앞에서 설명한 바와 같이, ATMega128 마이크로컨트롤러는 6개의 8비트 입출력 포트와 1개의 5비트 입출력 포트로 구성되어 있다. 입출력 포트들은 임베디드 시스템을 설계할 때 그 용도에 맞게 적절히 기능을 부여하게 된다. 시스템에서 요구되는 기능에 따라 내장할 주변 소자들과 외부 인터페이스를 결정하고, 그 주변 소자와 외부 인터페이스들을 마이크로컨트롤러의 각 입출력 포트에 적절히 배분하여 연결해 주어야 한다. 예를 들어 UART 인터페이스를 필요로 하는 외부 인터페이스는 포트 D나 포트 E의 UART 포트에 연결하면 되고, PWM 제어가 필요한 모터는 포트 B의 PWM

포트에, AD변환이 필요한 센서 등은 포트 F의 ADC 포트에 연결하면 된다. 만약 외부에 대용량의 메모리를 붙여야 한다면 포트 A, 포트 C, 포트 G에 있는 외부 메모리 연결 포트를 사용해야 한다. 입출력 포트의 특수 기능 사용에 대해서는 이 후 5장부터 순서대로 하나씩 실습을 할 것이다. 좀 더 자세한 사항은 각 장에서 설명하기로 한다. 다음에 각 입출력 포트의 기능을 정리하였다.

가. 포트 A (PA7~PA0:핀44-51)

내부 풀업 저항이 있는 8비트 양방향 입출력 단자로서, 외부메모리를 둘 경우에는 주소버스(A7-A0)와 데이터버스(D7-D0)로 사용된다. 이때 어드레스 버스와 데이터 버스를 구분하기 위해서는 ALE 신호를 사용한다. 다음은 외부 메모리를 둘 경우 각 핀 역할을 정리한 것이다.

〈표 4-3〉 포트 A의 부가기능

포트 핀	부가기능
PA7	AD7(외부 메모리 인터페이스 주소와 데이터 비트 7)
PA6	AD6(외부 메모리 인터페이스 주소와 데이터 비트 6)
PA5	AD5(외부 메모리 인터페이스 주소와 데이터 비트 5)
PA4	AD4(외부 메모리 인터페이스 주소와 데이터 비트 4)
PA3	AD3(외부 메모리 인터페이스 주소와 데이터 비트 3)
PA2	AD2(외부 메모리 인터페이스 주소와 데이트 비트 2)
PA1	AD1(외부 메모리 인터페이스 주소와 데이터 비트 1)
PA0	AD0(외부 메모리 인터페이스 주소와 데이터 비트 0)

나. 포트 B (PB7~PB0:핀10-17)

내부 풀업 저항이 있는 8비트 양방향 입출력 단자로서, GPIO로 사용되지 않을 경우에는 타이머/카운터나 SPI용 단자 혹은 PWM 단자로도 사용된다. 다음은 특수용도로 사용될 경우 포트 B의 각 핀의 기능을 정리한 것이다.

〈표 4-4〉 포트 B의 부가기능

포트 핀	부가기능
PB7	OC2/OC1C(출력비교 또는 타이머/카운터 2 의 PWM 출력, 또는 출력비교와 타이머/카운터 2 의 PWM 출력 C)
PB6	OC1B(출력비교 또는 타이머/카운터 1 의 PWM 출력 B)
PB5	OC1A(출력비교 또는 타이머/카운터 1 의 PWM 출력 A)
PB4	OC0(출력비교 또는 타이머/카운터 0 의 PWM 출력)
PB3	MISO(SPI 버스 마스터 입력/종속 출력)
PB2	MOSI(SPI 버스 마스터 출력/종속 입력)
PB1	SCK(SPI 버스 직렬 클럭)
PB0	/SS(SPI 종속 선택 입력)

다. 포트 C (PC7~PC0:핀35-42)

내부 풀업 저항이 있는 8비트 양방향 입출력 단자로서, 외부메모리를 둘 경우에는 주소버스(A15-A8)로 사용된다. 다음은 외부 메모리를 둘 경우 각 핀 역할을 정리한 것이다.

〈표 4-5〉 포트 C의 부가기능

포트 핀	부가기능
PC7	AD7(외부 메모리 인터페이스 주소 비트 15)
PC6	AD6(외부 메모리 인터페이스 주소 비트 14)
PC5	AD5(외부 메모리 인터페이스 주소 비트 13)
PC4	AD4(외부 메모리 인터페이스 주소 비트 12)
PC3	AD3(외부 메모리 인터페이스 주소 비트 11)
PC2	AD2(외부 메모리 인터페이스 주소 비트 10)
PC1	AD1(외부 메모리 인터페이스 주소 비트 9)
PC0	AD0(외부 메모리 인터페이스 주소 비트 8)

라. 포트 D (PD7~PD0:핀25-32)

내부 풀업 저항이 있는 8비트 양방향 입출력 단자로서, 타이머용 단자 혹은 외부인터럽트용 단자로도 사용된다. 다음은 특수용도로 사용될 경우 각 핀의 기능을 정리한 것이다.

〈표 4-6〉 포트 D의 부가기능

포트 핀	부가기능
PD7	T2(타이머/카운터 2 클럭 입력)
PD6	T1(타이머/카운터 1 클럭 입력)
PD5	XCK1(USART1 외부 클럭 입/출력)
PD4	IC1(타이머/카운터 1 입력 캡쳐 트리거)
PD3	INT3/TXD1(외부 인터럽트 3 입력 또는 USART1 전송 핀)
PD2	INT2/RXD1(외부 인터럽트 2 입력 또는 USART1 수신 핀)
PD1	INTI/SDA(외부 인터럽트 1 입력 또는 TWI 직렬 데이터)
PD0	INT0/SCL(외부 인터럽트 0 입력 또는 TWI 직렬 클럭)

마. 포트 E (PE7~PE0:핀2-9)

내부 풀업 저항이 있는 8비트 양방향 입출력 단자로서, 타이머용 단자, 외부인터럽트, 아날로그 비교기, USART용 단자로도 사용된다. 다음은 특수용도로 사용될 경우 각 핀의 기능을 정리한 것이다.

〈표 4-7〉 포트 E의 부가기능

포트핀	부가기능
PE7	INT7/IC3(외부 인터럽트 7 입력 또는 타이머/카운터 3 입력 캡쳐 트리거)
PE6	INT6/T3(외부 인터럽트 6 입력 또는 타이머/카운터 3 클럭입력)
PE5	INT5/OC3C(외부 인터럽트 5 입력 또는 타이머/카운터 3 의 출력 캡쳐와 PWM 출력 C)

PE4	INT4/OC3B(외부 인터럽트 4 입력 또는 타이머/카운터 3 의 출력 캡쳐와 PWM 출력 B)
PE3	AIN1/OC3A(아날로그 비교 반대입력 또는 타이머/카운터 3 의 출력 비교와 PWM 출력 A)
PE2	AIN0/XCK0(아날로그 비교 입력 또는 USART0 외부 클럭 입/출력)
PE1	PDO/TXD0(프로그램 데이터 출력 또는 UART0 전송 핀)
PE0	PDI/RXD0(프로그램 데이터 입력 또는 UART0 수신 핀)

바. 포트 F (PF7~PF0:핀54-61)

내부 풀업 저항이 있는 5비트 양방향 입출력 단자로서, AD변환기 혹은 JTAG 인터페이스용 단자로도 사용된다. 다음은 AD 변환이나, JTAG용도로 사용될 경우의 각 핀 역할을 정리한 것이다.

〈표 4-8〉 포트 F의 부가기능

포트핀	부가기능
PF7	ADC7/TDI(ADC 입력 채널 7 또는 JTAG Test Data Input)
PF6	ADC6/TDO(ADC 입력 채널 6 또는 JTAG Test Data Output)
PF5	ADC5/TMS(ADC 입력 채널 5 또는 JTAG Test Mode Select)
PF4	ADC4/TCK(ADC 입력 채널 4 또는 JTAG Test Clock)
PF3	ADC3 (ADC 입력 채널 3)
PF2	ADC2 (ADC 입력 채널 2)
PF1	ADC1 (ADC 입력 채널 1)
PF0	ADC0 (ADC 입력 채널 0)

사. 포트 G (PG4~PE0:핀19, 18, 43, 34, 33)

내부 풀업 저항이 있는 8비트 양방향 입출력 단자로서, 외부 메모리 접속을 위한 스트로브 신호용, RTC(Real Time Counter) 타이머용 발진기 단자로도 사용된다.

〈표 4-9〉 포트 G의 부가기능

포트 핀	부가기능
PG4	TOSC1(RTC 오실레이터 타이머/카운터 0)
PG3	TOSC2(RTC 오실레이터 타이머/카운터 0)
PG2	ALE(외부메모리에 주소 래치 인에이블)
PG1	RD(외부메모리에 스트로브 읽기)
PG0	WR(외부메모리에 스트로브 쓰기)

여기까지 이 책에서 배울 ATMega128 마이크로컨트롤러의 개략적인 특징과 내부 구조, 그리고 동작 모드 등을 설명하였다. 마이크로프로세서를 처음 접하는 이들에게는 다소 생소하고 어렵게 느껴졌으리라 생각된다. 그럼에도 불구하고 간단하게나마 내부구조를 설명한 것은 이 책의 이후에서 프로그래밍 실습을 할 때, 나오게 될 관련 내용에 대해서 너무 생소하게 느껴지지 않도록 하기 위한 것이다.

Chapter 5
LED 동작 원리와 구동회로

5. LED 동작 원리와 구동회로

우리는 앞 장에서 다양한 LED소자의 종류와 용도 그리고 제작 과정을 알아 보았다. 본 장에서는 기본 LED 소자의 동작원리와 이를 제어하기 위한 구동 회로에 대해 알아 보고자 한다. 또한 LED 회로 구성에서 발생할 수 있는 오류에 대해 확인 하는 방법에 대해서도 살펴 보기로 한다.

5.1 LED 동작 원리

5.1.1 LED 소자의 동작 파라메터

2. Absolute Maximum Ratings (T_a = 25°C)

Item	Symbol	Value	Unit
DC Forward Current	I_F	30	mA
Forward Peak Pulse Current	I_{FP} [1]	100	mA
Reverse Voltage	V_R	5	V

3. Electro-Optical Characteristics (T_a = 25°C, I_F=20mA)

Item	Symbol	Value			Unit
		Min.	Typ.	Max.	
Luminous Intensity [3]	I_V [4]	5000	7500	-	mcd
Luminous Flux	Φ_V	-	2.0	-	lm
Dominant Wavelength[5]	λ_d	619	625	631	nm
Forward Voltage [6]	V_F	-	2.0	2.6	V

5. Characteristic Diagrams

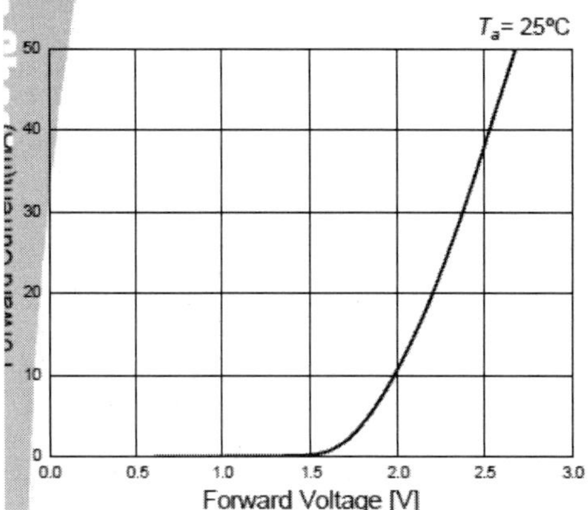

Forward Voltage vs. Forward Current

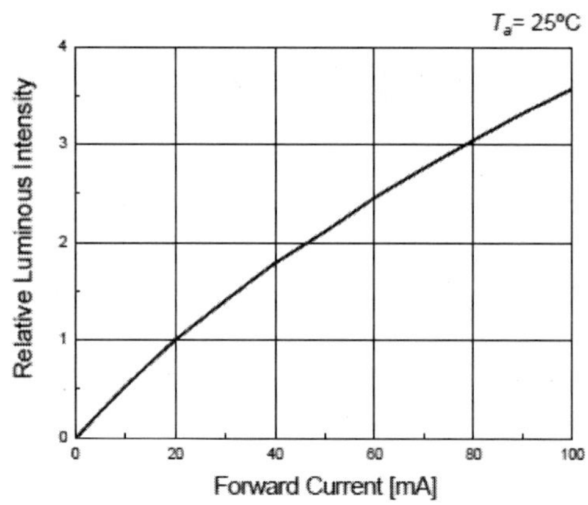

Forward Current vs. Relative Intensity

〈그림 5-1〉 LED 소자 특성 표 및 그래프

그림 5-1은 LED 소자 제조 회사에서 제공하는 데이터시트의 일부이다. LED 소자를 사용함에 있어 해당 소자의 정확한 동작 특성을 알아야 회로 구성 시 원하는 동작의 결과를 얻을 수 있다. 이를 위해 몇 가지 값을 확인해 보자

"2.Absolute Maximum ratings" 는 LED가 구동할 수 있는 최대 수치들이다. 이 이상의 값들이 인가될 때는 크게는 LED가 파손되며 작게는 LED의 수명이 단축된다.

DC Forward Current: LED 소자에서 최대 흐를 수 있는 전류의 값이다. 이 값 이상의 전류가 흐를 경우 LED 소자는 손상 될 수 있다. 데이터 시트상으로 100mA의 전류가 최대 인가 전류가 된다.

Reverse Voltage: 최대 허용 역전압이다. 이 값 이상의 전압이 역전압으로 인가 될 경우 LED는 소자는 손상 될 수 있다.

Forward Voltage: LED 소자의 순방향 전압을 걸어 주었을 때 발생하는 전압 강하로 LED가 구동하기 위한 최소 전압이라 할 수 있다. 이 이하의 전압이 인가 될 경우 LED는 동작 하지 않게 된다. 그림 5-1의 좌측 그래프를 살펴 보면 이를 좀 더 쉽게 이해 할 수 있다.

특성곡선을 통해 이 LED는 1.5V 이상의 순방향 전압을 인가하였을 때 빛을 발생하며 2.6V까지 인가하였을 때 순방향 전류가 50mA까지 인가되는 특성을 가지고 있다.

또한 인가되는 순방향 전류에 따라 밝기가 달라지며 발생할 수 있는 밝기는 3.5lm까지 빛을 발 할 수 있다.

이러한 특성을 알고 구동회로를 설계하도록 한다.

5.1.2 LED 기본 구동 회로

그림 5-2의 하나의 LED 소자를 구동하기 위한 기본 회로를 살펴 보자.

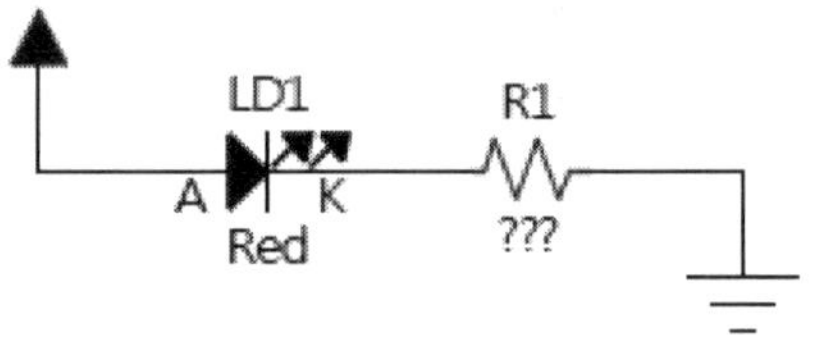

〈그림 5-2〉 LED 기본 구동 회로 1

위 회로에 얼마의 전압을 인가하고 얼마의 저항을 사용하여야 할지 결정 하여야 할 것이다.

우선 사용한 LED가 그림 5-1과 같은 변수 값을 가진다면 우선 전압은 최소 2V 이상을 연결하여야만 LED를 구동할 수 있을 것이다. 계산을 위해 전압을 5V 연결하였다고 가정하자. 그리고 LED를 구동하기 위한 전류를 10mA로 정한다.

이제 저항 값을 구할 차례이다. 만약 LED에서 발생하는 저항값을 무시하고 위 회로에서 LED를 통해 흐르는 전류를 구하기 위해 옴의 법칙인 다음의 공식을 적용하여 전류를 구하여 보자.

$$R = V / I$$

R = 5V / 10mA로 계산 식에 의해 저항은 500 옴을 필요로 하게 된다.

여기에 좀더 자세한 저항값을 구하기 위해 LED에서 발생하는 저항값을 계산해 보자. 위에서 구한 500옴의 값은 전체 회로의 저항값이다.

LED에서 발생하는 순방향 전압 강하는 2V이라고 할 때 LED에서 발생하는 저항은 R = 2V / 10mA로 LED는 200 옴의 저항값을 가지게 되므로 실제 연결할 저항 값은 300 옴의 값을 가지게 된다.

위에서 구한 값을 기준으로 회로를 다시 그리면 그림 5.3과 같이 된다.

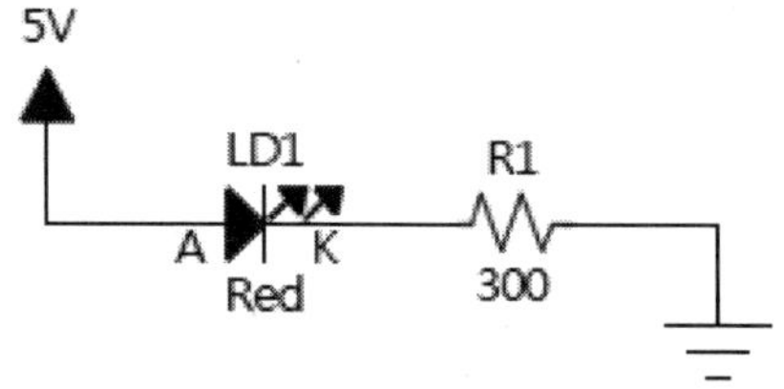

〈그림 5-3〉 LED 기본 구동 회로 2

즉 위의 회로는 5V로 구동시키는 LED 구동회로로 10mA의 순방향 전류로 순방향 전압 2V의 특성을 가진 LED를 구동하게 되는 회로가 된다.

5.1.3 LED 회로 실습1

제품에서 제공되는 Bread Board를 이용하여 실제 LED의 기본 동작을 알아 보자

준비물

- LED : 5Pi, 적색, 1개
- 전압 측정기
- 저항 : 330옴, 470옴, 560옴

준비물을 이용하여 Bread Board에 그림 5-4과 같이 회로를 구성하여 LED에 불이 정상적으로 들어 오는 것을 확인하자. 계산식에서는 300옴의 저항을 사용하도록 하였지만 일반 저항의 경우 300옴의 값을 찾기 쉽지 않으므로 330옴의 저항을 사용하도록 하자. 회로 구성 시 주의 할 것은 LED의 극성이 반대로 연결되지 않도록 주의한다. LED의 두 개의 다리 가운데 긴 다리가 + 단자 쪽으로 연결 되어야 한다.

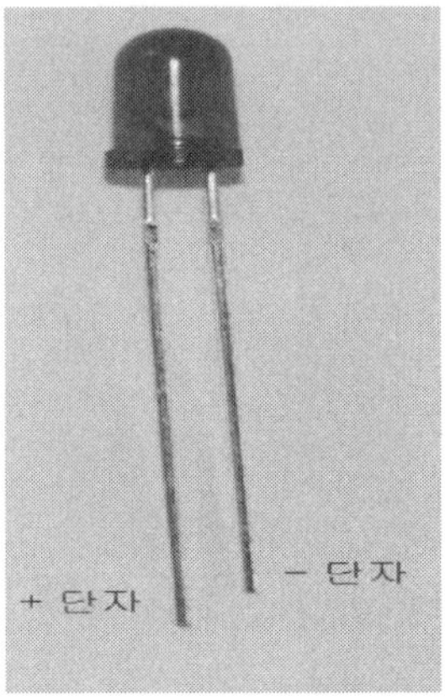

불이 정상적으로 들어 온다면 전압 측정기를 이용하여 LED 양단의 전압을 측정하여 보자 LED 소자에 따라 조금씩은 다르나 약 1.8V ~ 2.1V 정도의 순방향 전압 강하가 발생하는 것을 확인할 수 있을 것이다.

앞 장에서 설명한 것과 같이 LED에 흐르는 전류를 옴의 법칙을 이용하여 계산하면 I = (인가 전압 – LED 순방향 전압) / 저항 = (5 – 2)V/330Ω = 9mA 의 전류가 흐르게 된다.

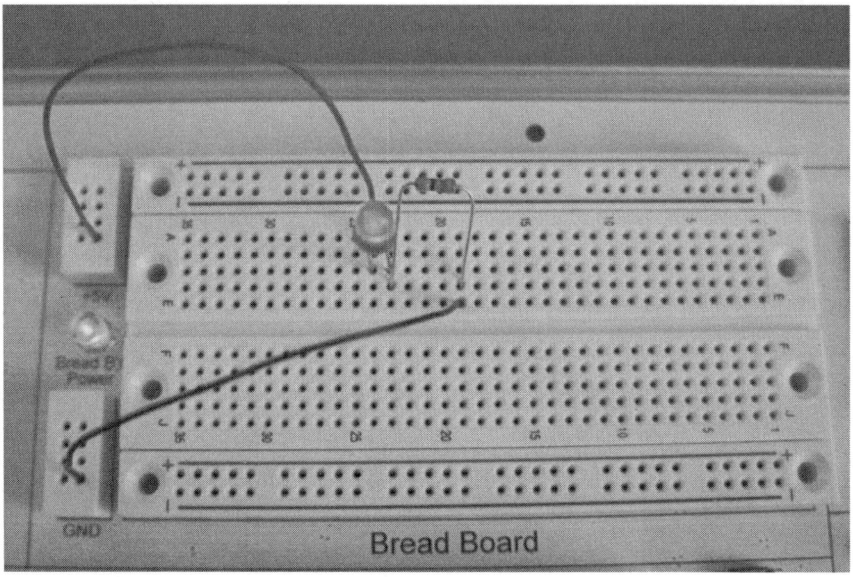

〈그림 5-4〉 LED 회로 실습 1

이제 저항 값을 변경하면서 해당 저항 값에서 LED의 불 밝기를 관찰하도록 하자. 또 이때 얼마의 전류가 흐르는지 계산하기 바란다.

- ❑ 저항값 470옴에 따른 인가전류를 계산하고 실제 회로에 적용하여 측정하도록 한다.
- ❑ 저항값 500옴에 따른 인가전류를 계산하고 실제 회로에 적용하여 측정하도록 한다.

5.2 LED 구동회로

5.2.1 LED 의 전압과 전류

LED는 일반적으로 10mA에서 50mA 사이의 전류에 대해 약 1.5V에서 2.5V의 전압강하가 일어난다. 정확한 전압강하는 LED의 전류, 색깔 그리고 오차 등에 따라 약간씩 다르다.

그러나 일반적으로 순방향전류 20mA 정도 인가하면 발광하며 역방향으로 전압을 걸면 3V정도의 낮은 전압에서도 파손 될 우려가 있다.

LED에 인가되는 전압과 전류를 제한하기 위한 부하 저항을 선택하기 위해서는 순방향 전압을 반드시 고려하여야 한다. 하지만 위에서 언급한 바와 같이 모든 LED 전압 강하의 값이 일정하지 않다.

이를 위해 LED의 종류에 따른 밝기를 최소화하고 안정적이고 균일한 밝기를 위해 높은 인가 전압과 큰 저항값의 저항을 사용하게 된다.

예를 들어 전원 전압으로 10V를 사용하고 400Ω의 저항을 사용할 경우 LED의 전압강하가 약 2V에서 3V 였다면 전류는 20mA에서 17.5mA로 변하게 된다.

이와 달리 5V 전원과 150Ω의 저항을 사용할 경우 전류는 20mA에서 13.3mA로 그 변화의 폭이 커지게 된다.

5.2.2 LED 구동회로

LED를 구동함에 있어 직류전원을 공급하는 구동 방법과 교류 전원으로 구동하는 방법, LED접속방식을 직렬 또는 병렬 접속하는 구동 방법 등 다양한 구동 방법이 있다. 이외에도 LED를 제어하기 위해 TTL, 트랜지스터, LED 전용 드라이브 IC를 이용하는 방법 등 다양한 방법을 통해 LED를 구동 및 제어 할 수 있다.

가. 직 병렬 구동회로

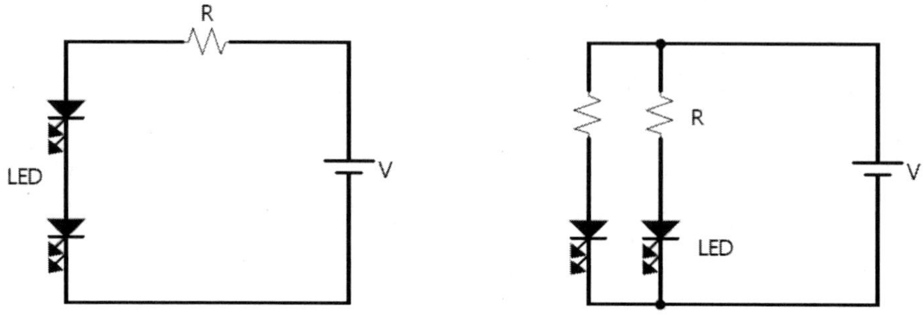

〈그림 5-5〉 LED 직렬 및 병렬 구동회로

직류 전원을 사용하는 회로에서의 기본 구동회로는 그림 5-4와 같이 직렬 및 병렬 회로를 구성할 수 있다. 이 두 회로는 저항 값을 선택에 의해 동일한 밝기를 구현할 수 있으나 각각의 장단점을 가지게 된다.

회로의 구성의 관점에서 보면 직렬 구동회로가 병렬 구동 방식에 비해 간단하므로 쉽게 회로를 구현할 수 있는 장점을 가지고 있으나 단점으로는 개별 소자의 불량에 의해 직렬 구동회로의 경우 전체 LED의 동작이 멈추는 현상이 발생하나 병렬 구동회로의 경우 해당 LED 소자의 동작만 멈추게 되어 전체 동작에 최소한의 영향을 미치게 되며 쉽게 불량 소자를 검출 할 수 있는 장점을 가지게 된다.

나. 교류 구동회로

교류 구동회로에서는 전류의 방향이 시간에 따라 변화하는데 LED의 경우 역전류에 의해 LED가 파손될 수 있으므로 이를 보호하기 위해 다이오드를 이용하여 LED의 정격 역전압 이상이 흐르지 못하도록 한다. 다이오드의 삽입의 그림 5-5와 같이 직렬 또는 병렬로 삽입할 수 있다.

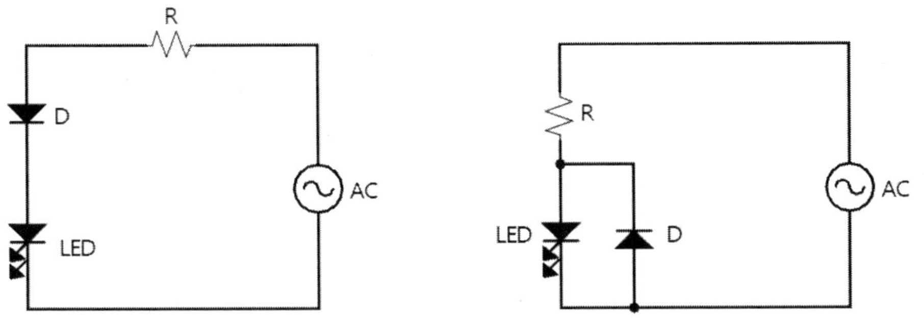

〈그림 5-6〉 LED 교류 구동회로

다. 펄스 구동회로

LED를 구동하는 또 다른 방식이 펄스 구동방식(다이나믹 구동)이 있다. 다이나믹 구동방식은 적은 수의 포트로 많은 LED를 이용한 표시를 제어할 수 있다는 장점이 있다. 이 방식의 특징은 사람의 눈이 가지는 잔상 효과를 이용한 것으로 LED의 조합으로 이루어 지는 매트릭스 LED의 구동이나 많은 양의 LED를 구동할 필요가 있을 경우 주로 이용된다.

5.2.3 LED 회로 실습2

제품에서 제공되는 Bread Board를 이용하여 실제 직류 직병렬 구동회로의 LED 동작을 알아 보자

준비물

- LED : 5Pi, 적색, 2개
- 전압 측정기
- 저항 : 330옴 2개

가. 직렬 구동회로

준비물을 이용하여 Bread Board에 그림 5-7과 같이 직렬 LED 구동 회로를 구성하여 LED에 불이 정상적으로 들어 오는 것을 확인하자. 불이 들어오면 각 LED의 단자위치에서의 전압을 전압 측정기를 이용하여 확인한다.

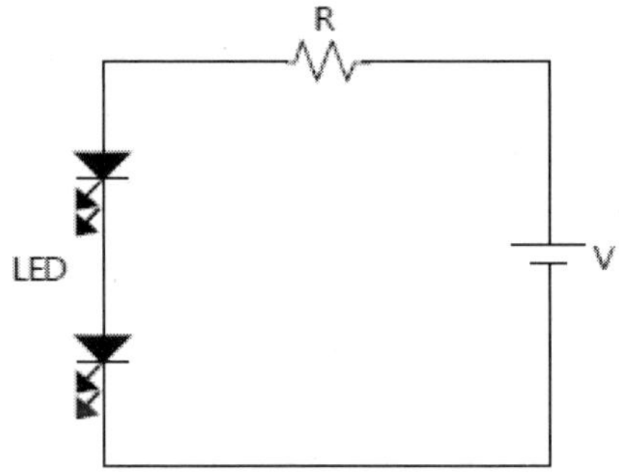

〈그림 5-7〉 직렬 LED 구동회로(V = 5V, R = 330Ω)

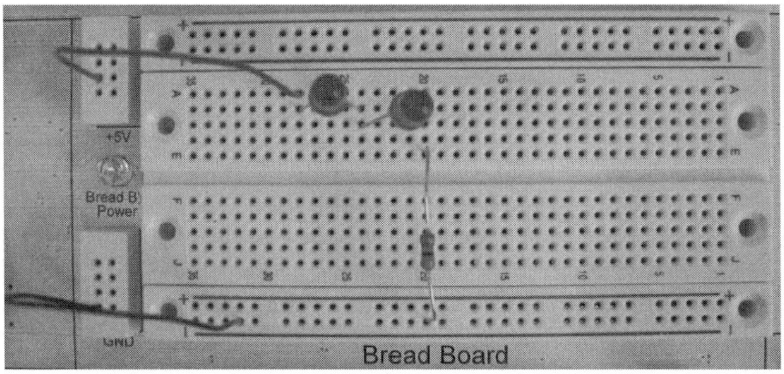

〈그림 5-8〉 LED 회로 실습 2(직렬 구동회로)

두개의 LED를 직렬로 연결한 회로의 경우 한 개의 LED를 연결하는 경우보다 불의 밝기가 어두워진다. 이는 LED로 흐르는 전류의 크기가 작아 지기 때문이다.

LED에 흐르는 전류를 계산하는 다음과 같다.

I = (인가 전압 – LED1 순방향 전압 – LED2 순방향 전압) / 저항 = (5 - 2 - 2)V/330Ω = 3mA 의 전류가 흐르게 된다.

- ❑ LED 1개를 연결하였을 때 순방향 전류를 구하자
- ❑ LED 2개를 직렬로 하였을 때 순방향 전류를 구하자
- ❑ LED 3개를 직렬로 하였을 때 순방향 전류를 구하자

나. 병렬구동회로

준비물을 이용하여 Bread Board에 그림 5-8과 같이 병렬 LED 구동 회로를 구성하여 LED에 불이 정상적으로 들어 오는 것을 확인하자. 불이 들어오면 각 LED의 단자위치에서의 전압을 전압 측정기를 이용하여 확인한다.

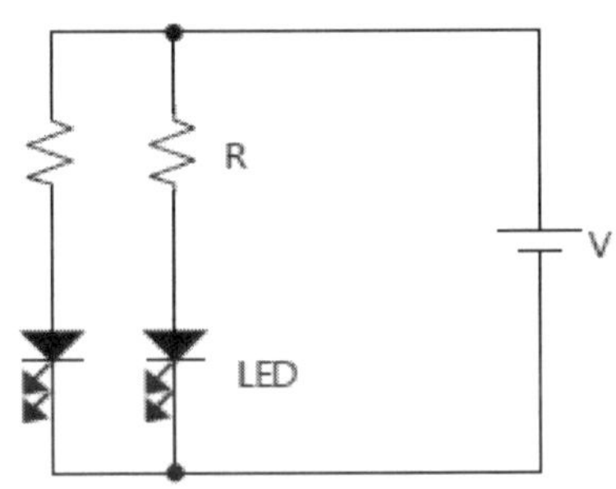

〈그림 5-9〉 병렬 LED 구동회로(V = 5V, R = 330Ω)

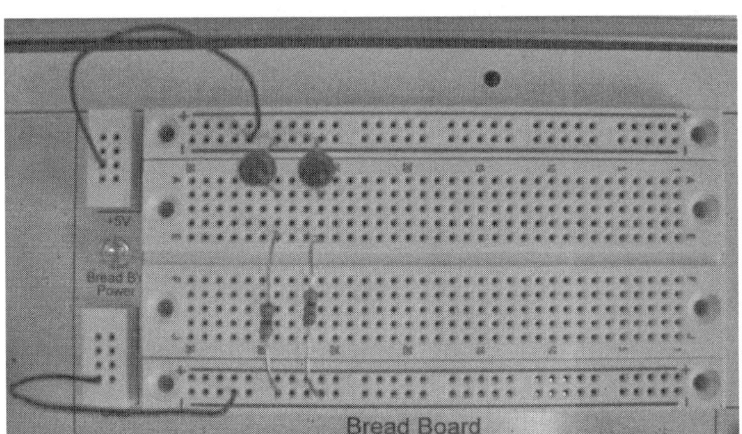

〈그림 5-10〉 LED 회로 실습 2(병렬 구동회로)

두개의 LED를 병렬로 연결한 회로의 경우 한 개의 LED를 연결하는 경우와 동일한 불의 밝기가 된다. 이는 LED로 흐르는 전류의 크기가 동일 하기 때문이다. LED에 흐르는 전류를 계산하는 다음과 같다.

I = (인가 전압 – LED1 순방향 전압) / 저항 = (5 - 2)V/330Ω = 9mA 의 전류가 흐르게 된다.

- ❑ LED 1개를 연결하였을 때 순방향 전류를 구하자
- ❑ LED 2개를 직렬로 하였을 때 순방향 전류를 구하자
- ❑ LED 3개를 직렬로 하였을 때 순방향 전류를 구하자

여러 개의 LED를 연결하여 동시에 제어하는 회로에서 직병렬 회로는 사용 환경에 따라 선택적으로 사용된다.

직렬 구동회로의 경우 LED를 연속으로 연결하여 회로를 구성하기 때문에 회로의 구성이 단순하여 주로 많이 사용하게 된다.

이때 고려해야할 사항은 LED의 구동 전압이 일정할 경우 LED의 연결 개수에 따라 불의 밝기가 변하기 때문에 이를 고려하여 구동 전압을 크기를 조정해야 한다. 예를 들어 1개를 연결할 때 구동 전압이 5V일 경우 2개의 LED를 연결하여 동일한 밝기의 구현하기 위해서는 한 개의 LED의 순방향 전압의 크기만큼을 더하여 LED 구동 전압을 인가하면 동일한 밝기로 LED를 켤 수 있다.

또는 LED의 전류 제한용으로 연결되는 저항의 값을 조정하여 전류량을 조절하여 불의 밝기를 원하는 크기로 조정할 수 있다.

예를 들어 5V의 구동 전원으로 순방향 전압이 2V인 LED를 11개 연결하였을 경우 1개를 연결했을 때와 동일한 밝기를 얻기 위해 얼마의 구동 전원을 연결해야 하는지 계산해 보기 바란다.

직렬 구동회로의 단점 가운데 하나는 연결된 LED 가운데 하나의 LED라도 동작이 되지 않을 경우 전체의 LED에 불이 들어오지 않게 된다는 것이다. 그리고 동작되지 않는 LED를 찾는것도 모든 LED를 시험해야 하므로 테스트에 많은 시간이 걸린다는 단점이 있다.

병렬 구동회로의 경우 모든 LED에 보호용 저항을 각각 연결해야 하고 또 구동 전원도 모든 LED에 동일하게 연결해야 하기 때문에 회로 구성이 복잡하게 된다. 그러나 직렬 구동회로와 달리 여러 개의 LED를 연결하더라도 동일한 밝기로 LED가 동작하므로 별도의 구동 전원을 고려하지 않아도 된다. 아울러 하나의 LED가 손상되더라도 해당 LED의 불만 꺼지고 다른 LED의 경우 정상 동작을 하므로 고장 LED를 확인하는 것이 용이하게 된다.

신호등을 예로 들어 보자. 기존 신호등의 경우 신호등 램프가 고장이 나면 신호가 표시되지 않으므로 바로 수리를 해야 정상적으로 신호등이 동작할 수 있게 된다. LED를 이용한 신호등의 장점 가운데 하나는 여러 개의 LED를 사용하므로 하나의 LED가 손상이 되더라도 신호를 표시하는데는 크게 영향을 주지 않기 때문에 바로 수리를 하지 않아도 크게 문제가 되지 않는다. 이때 LED의 구동 회로는 직렬 구동 회로가 아닌 병렬 구동회로를 사용해야 한다.

❑ LED 4개 이상을 직병렬회로로 구성하여 동일한 밝기를 위한 회로 구성하도록 하자

5.3 LED 밝기 실습

LED의 밝기를 제어하는 방법에는 전류를 제어하는 방법, 전압을 제어하는 방법 그리고 펄스를 이용하는 방법이 있다.

HBE-Green-LED에 구성된 회로를 이용하여 LED 밝기가 어떻게 제어되는지 실험해 보자

5.3.1 전류 제어를 이용한 LED 밝기 실습

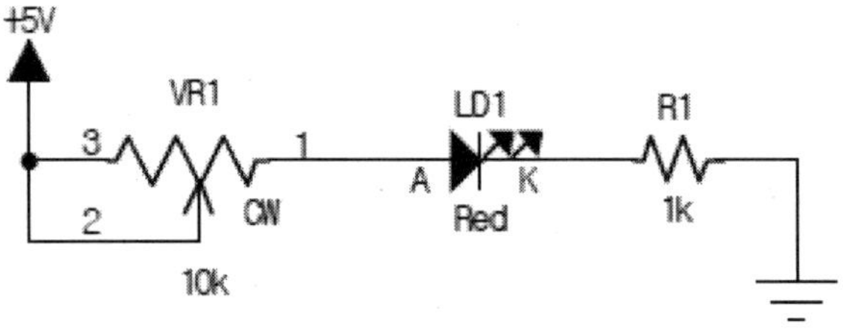

〈그림 5-11〉 가변저항을 이용한 LED 전류 제어

그림 5-11은 가변저항을 이용하여 LED의 전류를 제어하는 회로이다.

회로에서 가변저항은 LED와 직렬로 연결되어 있다. 연결되 가변저항의 값의 변화에 따라 LED로 흐르는 전류의 값이 변화하게 된다.

이에 따라 LED의 밝기는 LED에 흐르는 전류의 크기에 따라 그 밝기가 바뀌어 진다.

그림 5-12은 HBE-Green-LED에 구성되어 있는 전류 제어 실험을 위한 부분이다.

총 5개의 LED는 직렬로 연결되어 있고 연결된 LED에는 직렬로 가변저항이 연결되어 있다.

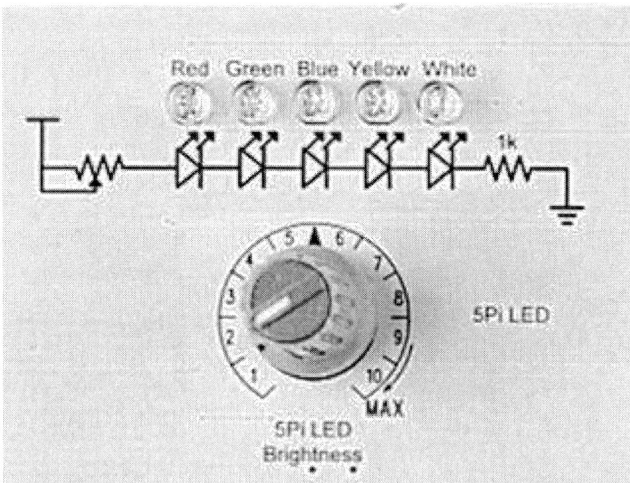

〈그림 5-12〉 전류제어를 이용한 LED 밝기 제어

연결되어 있는 가변저항은 이를 조정함에 따라 LED에 흐르는 전류가 변경된다. 회로에 연결된 전압은 12V로 고정되어 있으므로 가변 저항의 값이 작을 경우 LED로 흐르는 전류의 크기가 증가하여 LED의 밝기가 밝아 지고 가변 저항의 값이 커질 경우 LED로 흐르는 전류의 크기가 감소하여 LED의 밝기가 어두워 지는 것을 볼 수 있다.

그림 5-11의 저항 R1은 보호용 저항이다. R1이 없을 경우 가변저항의 값을 0옴과 같이 너무 작은 값으로 조정할 경우 LED로 과전류가 흐르게 되어 LED가 파괴될 수 있으므로 최대 전류를 제한하기 위해 사용한 저항이다.

직접 가변저항을 조정하여 LED의 밝기가 변하는 것을 관찰하기 바란다.

가. 제어 프로그램과 스코프를 활용한 실습

장비와 PC를 USB 케이블로 연결한다. 장비의 전원을 인가하고 제어프로그램을 실행한다. 운용소프트웨어 하단 메시지 창에 "연결 완료 (Port : com x)"를 확인하고 LED 구동블럭을 클릭한다.

장비에서 가변저항을 조정하면서 측정되는 전류값을 확인하도록 한다.

* LED 밝기 실습은 제어프로그램에서 제어가 되지 않으며 전류(전압)을 측정한다.

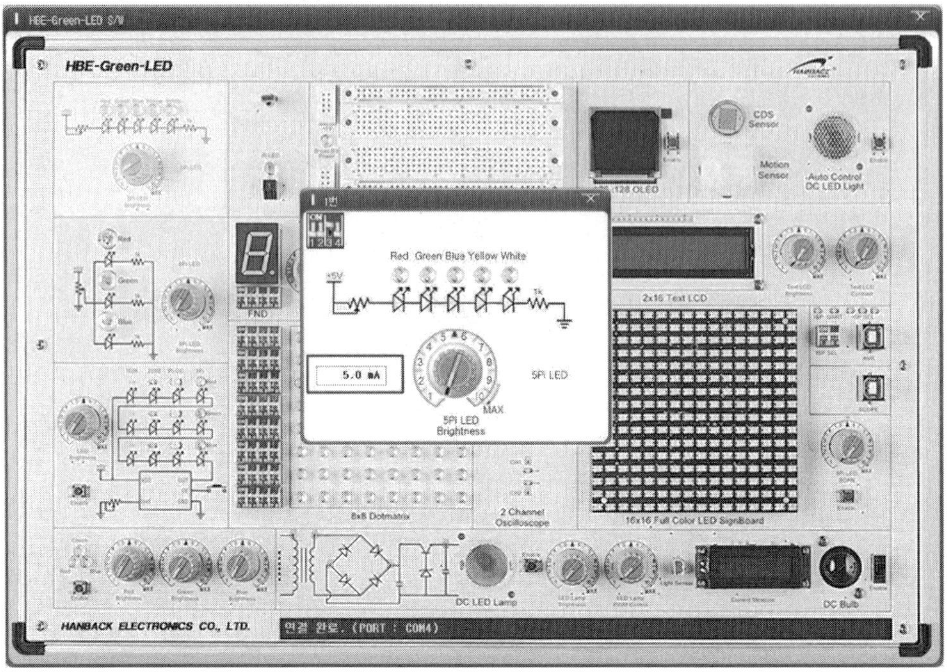

오실로스코프를 이용하여 이때 인가되는 전압을 확인하도록 하자.

제품에 동봉된 CD의 "\HBE-Scope\lmscope.exe"를 실행한다.

오실로스코프 프로그램 역시 독립 실행파일형태로 공급된다.

장비 중앙의 BNC 포트에 프로브를 연결하고 전압을 측정해보도록 하자.

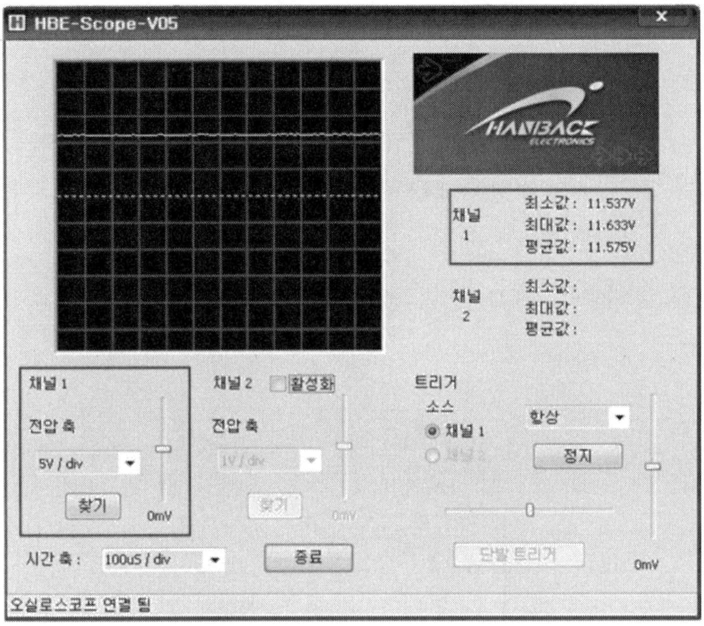

❑ 가변저항을 이용하여 인가전압을 조정하면서 오실로 스코프로 측정된 인가 전압과 제어 프로그램으로 측정된 인가 전류를 확인하도록 한다.

5.3.2 전압제어를 이용한 LED 밝기 실습

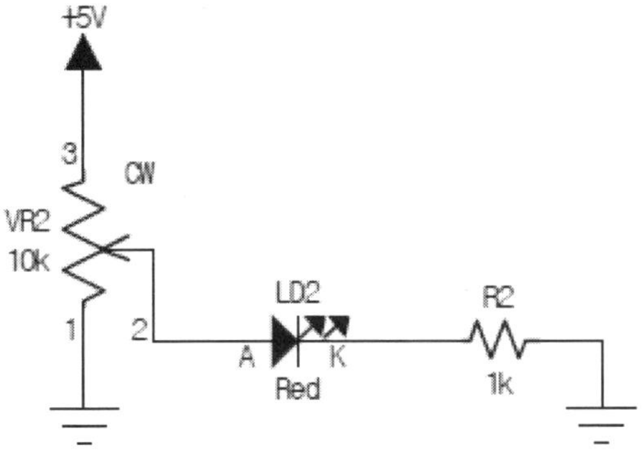

〈그림 5-13〉 가변저항을 이용한 LED 전압 제어

그림 5-13은 가변저항을 사용하여 LED에 인가되는 전압을 제어하는 회로이다. 가변저항을 통해 분주된 전압이 LED에 인가되므로 LED의 구동 전압을 제어할 수 있다.

LED의 구동 전압은 LED의 순방향 전압보다 커야 LED에 불이 켜지므로 가변저항을 조정하여 LED에 인가되는 전압을 LED의 순방향 전압 이상으로 인가할 때부터 LED에 불이 켜지기 시작한다.

인가되는 전압을 높일수록 LED에 흐르는 전류 또한 함께 증가하므로 LED의 밝기가 밝아 지게 된다.

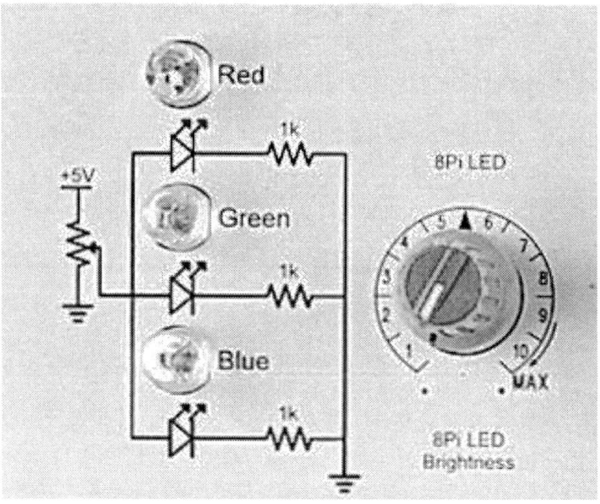

〈그림 5-14〉 전압제어를 이용한 LED 밝기 제어

그림 5-14는 HBE-Green-LED에 구성되어 있는 전압 제어를 이용한 LED 밝기 제어 실험을 부분이다. 가변저항을 조정함에 따라 LED에 인가되는 전원 전압이 변경되어 LED의 밝기가 변하는 것을 볼 수 있다.

가변저항을 회전하여 LED의 밝기가 변화하는 것을 확인해 보기 바란다.

그런데 여기서 한가지 더 확인할 것은 일정 이하로 전압이 연결될 경우 LED에 불이 들어 오지 않는 것을 볼 수 있는데 이것은 앞장에서 설명한 순방향 전압으로 기인한 것이다.

LED는 최소 순방향 전압 이상의 전압이 인가되어야 LED에 불이 들어오게 된다. 실험에서 가변저항을 회전하여 LED의 불이 켜지는 시점을 관찰하면 적색 LED가 제일 먼저 켜지는 것을 볼 수 있는데 이것은 적색 LED의 순방향 전압이 녹색이나 청색 LED에 비해 낮기 때문이다.

가. 제어 프로그램과 스코프를 활용한 실습

장비와 PC를 USB 케이블로 연결한다. 장비의 전원을 인가하고 제어프로그램을 실행한다.

운용소프트웨어 하단 메시지 창에 "연결 완료 (Port : com x)"를 확인하고 8phi LED 구동블럭을 클릭한다.

- ❑ 장비에서 가변저항을 조정하면서 각 8phi LED의 밝기와 측정되는 전압값을 확인하도록 한다.

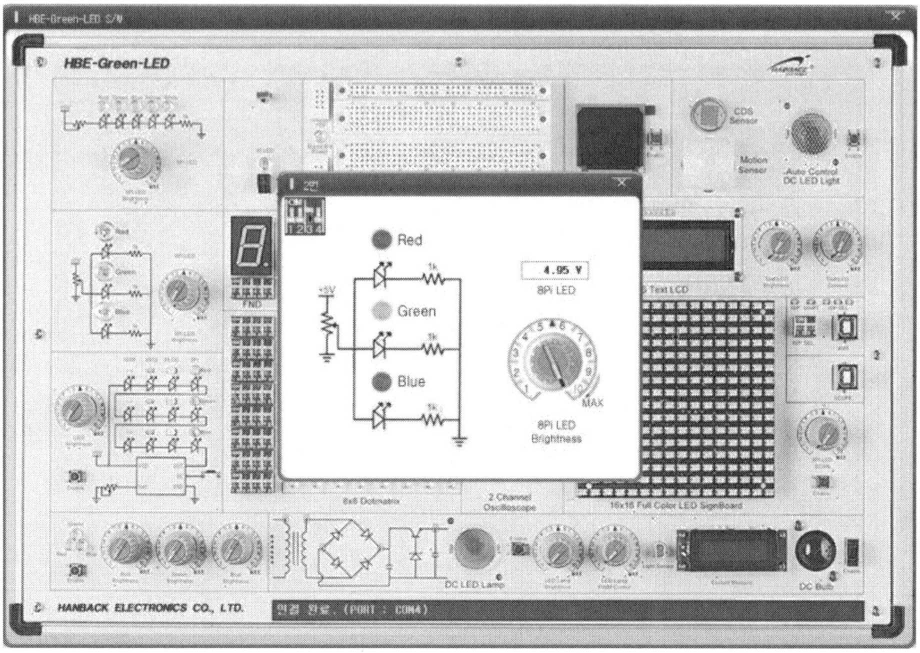

Oscillscope 를 이용하여 인가 전압을 측정한다. 이때는 인가 전압은 최대로 한다.

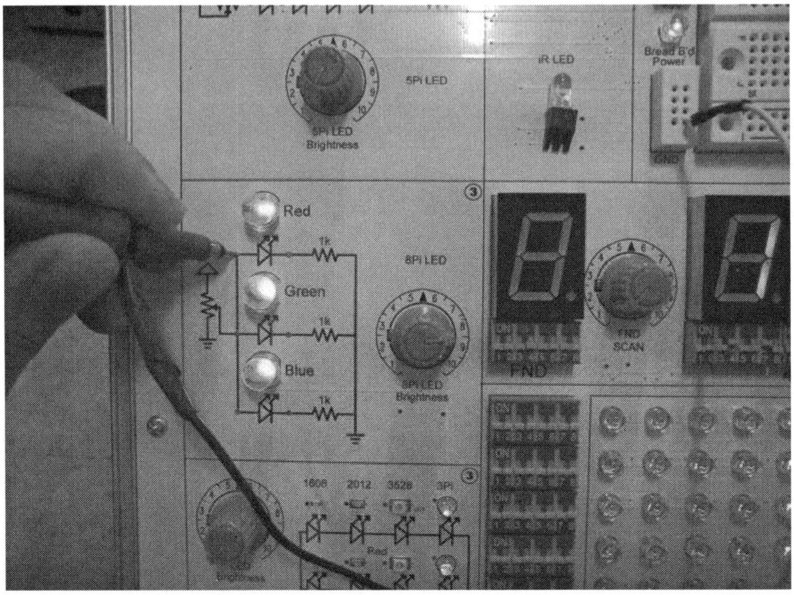

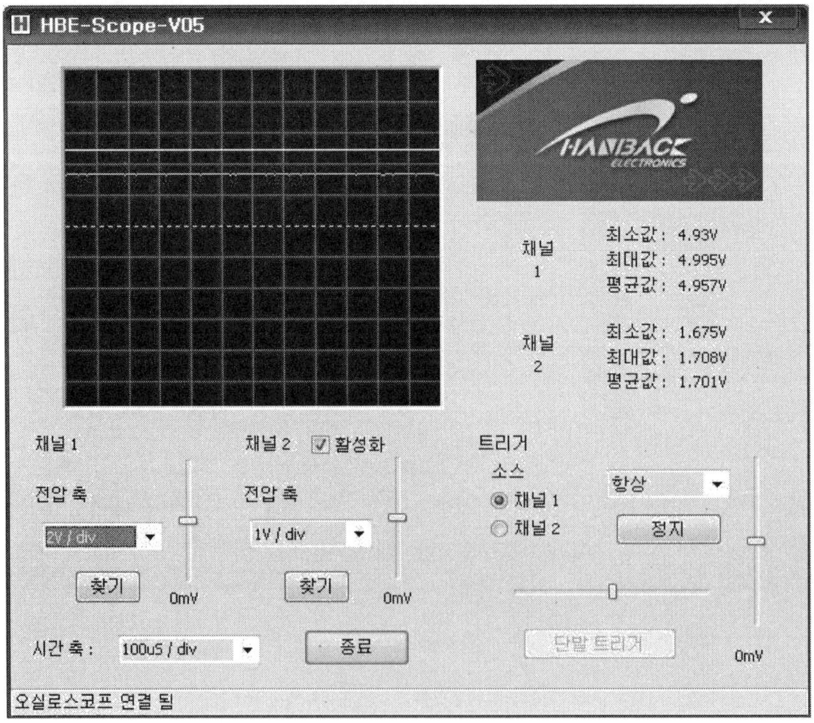

❑ 각 색상별 LED의 캐소드와 애노드의 측정전압을 통해 전압 강하를 확인하도록 한다.

❑ 측정된 캐소드와 애노드의 측정전압을 통해 소모전류를 계산하도록 한다.

(이때 부하저항 값은 1K ohm)

❑ 가변저항을 조정하여 적색 LED가 켜질 때의 각 색상별 LED의 인가전압을 비교하도록 하고 각 LED별로 소모전류를 계산한다.

5.3.3 LED 드라이버를 이용한 LED 회로 실습

앞절에서 직 병렬 LED 구동 회로에 대해 몇가지를 살펴보았다. 여러가지 LED 구동 회로의 가장 큰 주안점은 안정적인 LED 구동 전류를 공급하기 위해서이다.

요즘의 많은 제품에서는 많은 수의 LED를 안정적으로 동시 구동하기 위해 LED 드라이버 IC를 이용하기도 한다. 특히 자동차의 LED후미등이나 LED 신호등이 대표적인 예가 될 수 있다.

LED 드라이버 IC들은 안정적 전류 공급뿐 아니라 PWM을 이용하여 LED를 제어함으로 소모전류까지도 제어할 수 있게 되었다.

여기서는 LED 드라이버 IC를 이용한 LED 구동회로를 소개하도록 한다.

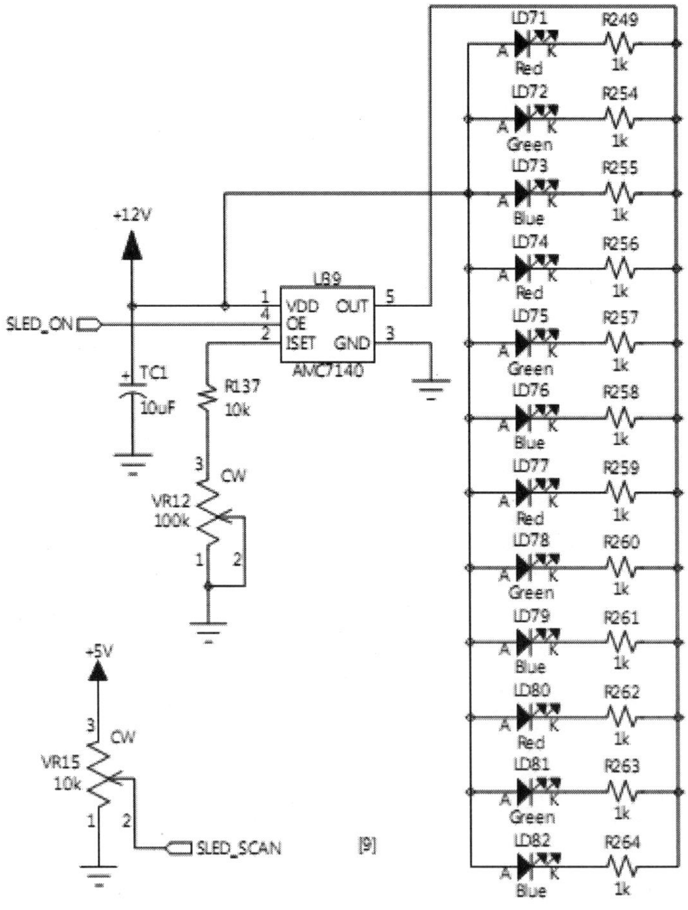

HBE-Green-LED에서 이용된 LED 드라이버 IC는 AMC7140으로 순간 드라이빙 전류가 700mA이며 입력전압의 범위가 5~30V까지이므로 상당히 넓은 구동 전압 범위를 가지고 있다.

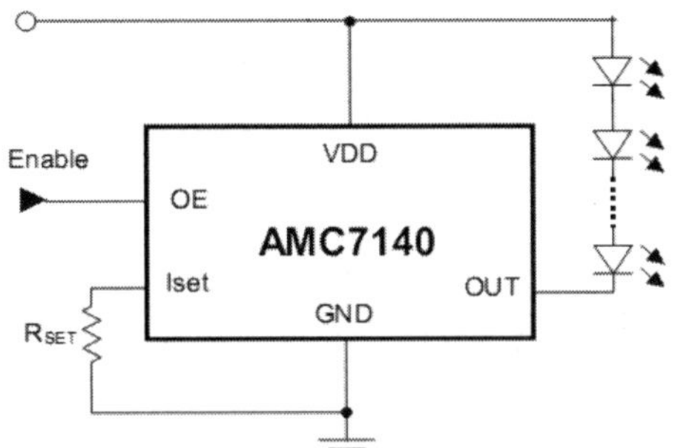

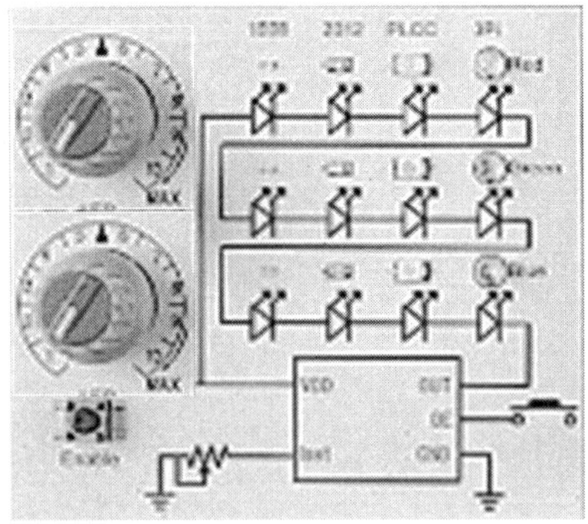

상단 가변저항(LED Brightness)은 AMC7140의 Iset 핀에 연결되어 출력전류량을 제한하는데 이용된다. 즉 이 가변저항을 이용하여 LED의 밝기를 제어할 수 있게되는 것이다. 또한 OE핀에 PWM 신호를 인가하여 밝기를 조정할 수 있게 된다.

(HBE-Green-LED에서는 LED에 구동전류가 인가되고 있을 때 하단 가변저항(PWM Control)을 이용하여 Duty가 변하는 PWM신호를 생성하도록 되어 있다).

LED 드라이버 IC는 MCU와 연결되어 다양하게 이용된다.

가. 제어 프로그램과 스코프를 활용한 실습

장비와 PC를 USB 케이블로 연결한다. 장비의 전원을 인가하고 제어프로그램을 실행한다.

운용소프트웨어 하단 메시지 창에 "연결 완료 (Port : com x)"를 확인하고 Chip LED 구동블럭을 클릭한다.

❑ 장비에서 상단 가변 (LED Brightness)를 우측으로 돌리고 하단 가변저항을 조정하면서 각 Chip LED의 밝기를 확인한다. 이 때 제어프로그램에서 각각의 밝기 단계를 확인하도록 한다.

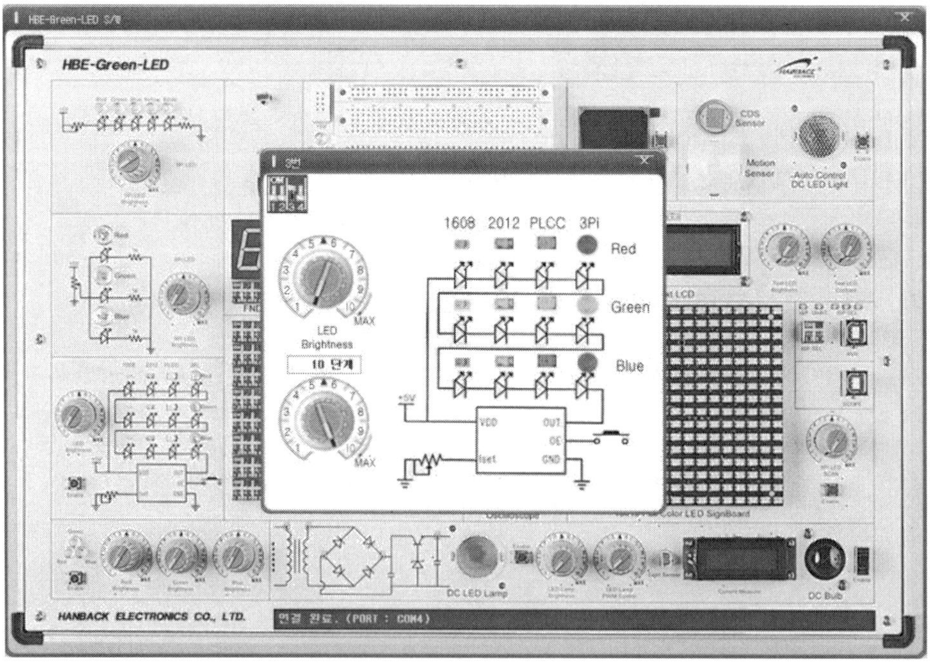

Chapter 6

MCU를 이용한 LED 켜기

6. MCU를 이용한 LED 켜기

이 절에서는 ATmega128 마이크로컨트롤러의 GPIO를 이용하여 LED를 켜는 가장 단순한 실습을 해보도록 한다. ATmega128의 입출력 포트를 출력으로 설정하고, 그 포트를 이용하여 LED에 신호를 보내 LED를 켤 것이다.

(MCU의 GPIO대해서는 “4장 마이크로 컨트롤러(AVR)”에 포함된 “4.4절 마이크로컨트롤러와 GPIO와 4.5절”을 참조하도록 한다.)

(한가지 주의 할 점은 프로그램을 다운로드 하게 되면 제어프로그램과는 연동되지 않으니 실습이 끝나면 반드시 제품 출하시 프로그램을 다운로드하여 다음 실습에 대비하도록 한다. 제품 출하시 hex파일은 다음과 같은 경로에 각 AVR별로 나누어져 있다. CD\Application Program\AVR data\AVR n.hex)

6.1 LED 켜기

이 실습에서는 이용하게 될 실습 블록은 LED 드라이버 IC를 이용한 “Chip LED” 블록이 된다.

6.1.1 구동 프로그램

프로그램을 작성하기 전에 몇 가지 확인하도록 하자.

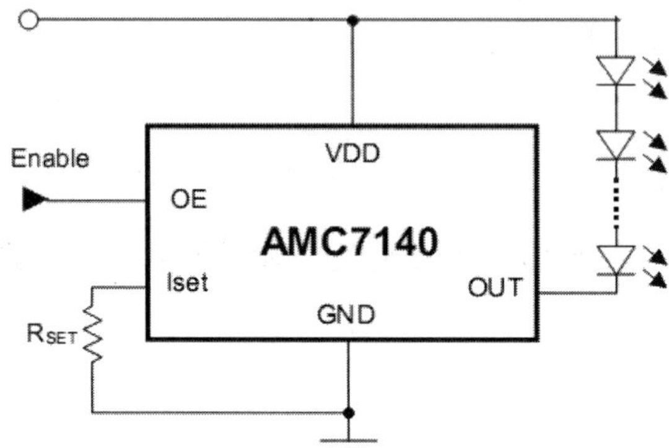

"Chip LED"들을 구동시키기 위해 AMC7140의 활성화 핀인 OE핀에 "enable"은 신호를 주어야 한다. 이 OE핀은 MCU E 포트에 연결되어 있다.

즉, LED 드라이버를 사용하여 LED를 점등하기 위해서는 MCU E포트에서 '1'을 출력하여 LED 드라이버를 구동할 수 있도록 해야 한다.

그렇게 하기 위해서는 입출력 포트 E의 GPIO 방향을 출력으로 만들어 주어야 한다.

입출력 포트를 출력으로 선언하려면 DDRx 레지스터(여기서는 E 포트를 사용하므로 DDRE 레지스터)에 '1'을 적어 주어야 한다. 또한, PORTx 레지스터(여기서는 PORTE 레지스터)에 '1'을 적어주어야 한다. 이제 실제 프로그램을 살펴보자.

- Chip LED 회로 구성 내용은 "5.3.3 LED 드라이버를 이용한 LED 회로 실습" 부분을 살펴보도록 하자
- MCU의 GPIO대해서는 "4장 마이크로 컨트롤러(AVR)"에 포함된 "4.4절 마이크로 컨트롤러와 GPIO와 4.5절"을 참조하도록 한다.

```
/***********************************************
        SLED 모듈 예제
```

```
        동작 :     LED를 점등한다.
                   (LED불빛이 잘 안보이면 LED Brightness
                   스위치를 우측으로 돌려본다.)


        ISP SEL 선택: 1010
**********************************************/


#include<avr/io.h>                        //           AVR 입출력헤더


int main()
{


        DDRE = 0x08;             //SLED enable 핀을 출력으로 선언한다.
        PORTE = 0x08;            //초기 출력은 0x08로 선언한다.


}
```

프로그램에서 맨 첫째 줄에서 Include 선언한 <avr/io.h> 헤더 파일은 ATmega128에 관련된 주소에 대하여 정의하고 있는 시스템 제공 헤더 파일이다. 따라서, 거의 모든 프로그램에서 이 헤더파일을 Include해서 사용하게 된다. 다음에 몇 가지 중요한 시스템 헤더 파일을 소개한다.

〈표 6-1〉 AVR 개발환경에서 제공하는 시스템 헤더파일

헤더 파일명	설명
〈avr/interrupt.h〉	ATmega128 의 인터럽트에 관련된 내용을 정의
〈avr/signal.h〉	ATmega128 에서 발생되는 신호에 관련된 내용을 정의
〈avr/pgmspace.h〉	ATmega128 의 프로그램 공간에 관련된 내용을 정의
〈avr/eeprom.h〉	ATmega128 의 EEPROM 에 관련된 내용을 정의
〈avr/wdt.h〉	ATmega128 의 워치독 타이머에 관련된 내용을 정의

6.1.2 실행 결과

다음은 위 프로그램을 실행한 결과 화면이다. LED가 계속 켜져 있는 것을 볼 수 있다.

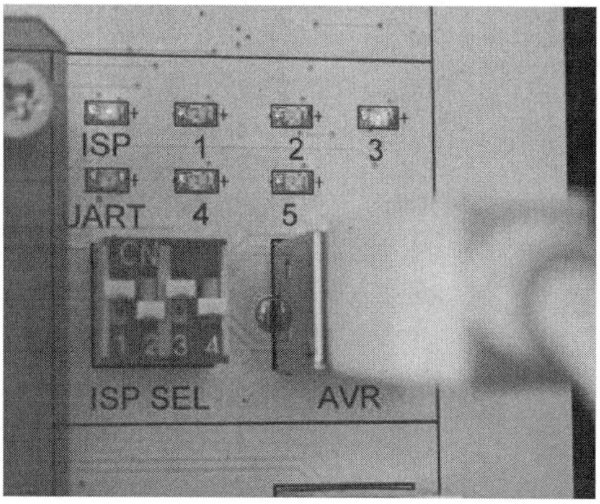

〈그림 6-1〉 LED 제어를 위한 AVR 선택(3번)

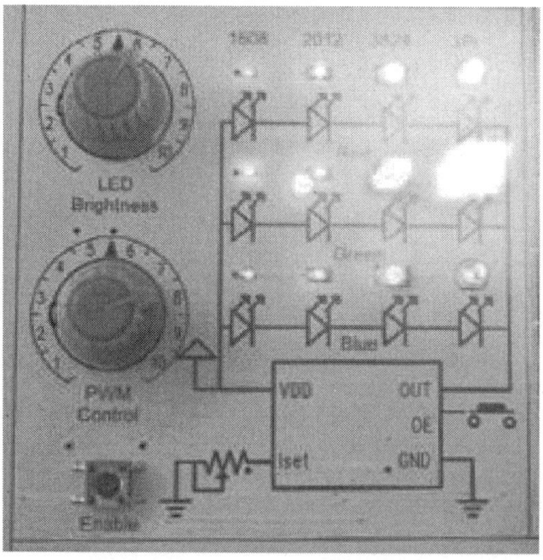

〈그림 6-2〉 GPIO로 LED 켜기

❑ LED를 켰다면 이제는 끄는 프로그램을 작성해보도록 한다.

6.2 LED 깜박이기

앞의 예제에서 LED를 켜고 끌수 있게되었다면 이제는 주기적으로 LED를 켜고 꺼보도록 한다.

6.2.1 구동 프로그램

앞의 예제를 수정하여 1초를 주기로 LED가 깜박이는 프로그램을 작성해 보자

여기에서는 delay 함수를 사용하여 LED가 1초를 주기로 켜지고 꺼짐을 반복할 것이다.

프로그램을 살펴보자.

```
/************************************************
        SLED 모듈 예제

        동작 :    LED를 점등한다.
                  (LED불빛이 잘 안보이면 LED Brightness
                  스위치를 우측으로 돌려본다.)

        ISP SEL 선택: 1010
************************************************/

#include<avr/io.h>               //          AVR 입출력헤더
#include<util/delay.h> //          딜레이함수 선언

int main()
{

        DDRE = 0x08;            //SLED enable 핀을 출력으로 선언한다.
        PORTE = 0;                          //초기 출력은 low로 선언한다.

        while(1)
```

```
		{
			PORTE = 0x08;				// enable핀을 High로 출력
			_delay_ms(1000);		// 1000ms = 1초 딜레이
			PORTE = 0x00;				// enable핀을 low로 출력
			_delay_ms(1000);		// 1000ms = 1초 딜레이


		}
		return 0;
	}
```

#include<util/delay.h> 는 단위 시간 동안 동작을 멈추고 대기하는 딜레이 함수를 선언하는 구문이다. 이 선언을 통해 프로그램 상에서 딜레이 함수를 사용할 수 있게 된다.

While(1) { … } 구문은 무한 반복 구문이다. 이 구문을 정하게 되면 정의된 구문 괄호 안의 프로그램은 무한 반복 실행하게 된다.

_delay_ms(1000) 구문은 1000ms 다시 말해 1동안 동작을 멈추고 대기하도록 하는 구문이다.

6.2.2 실행 결과

다음은 위 프로그램을 실행한 결과 화면이다. LED가 1초를 주기로 점멸되는 것을 볼 수 있다.

〈그림 6-3〉 LED 제어를 위한 AVR 선택(3번)

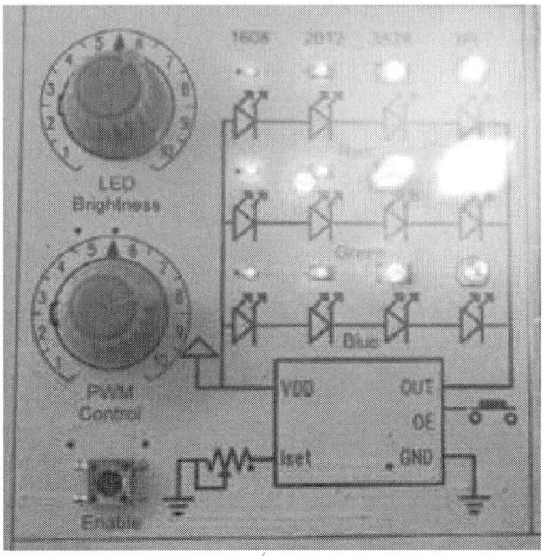

〈그림 6-4〉 GPIO로 LED 점멸하기

❑ LED의 점멸 시간을 조절할 수 있는 프로그램을 만들어 보자

6.3 PWM을 이용한 LED 켜기

LED를 켜는 방법은 앞절과 같이 전원을 켰다 끄는 것과 같은 스위치 형태의 신호인 것을 확인하였다.

여기서 켜고 끄는 시간을 적절히 조정하여 우리 눈의 잔상 효과를 이용한다면 LED를 켜고 끄지만 실제 눈에는 항상 켜져있는 것처럼 보이게 할 수 있다.

이런 동작은 LED가 소모하는 전원을 절약 할 수 있게 된다.

그럼 LED를 시간에 따라 켜고 끄는 동작을 시켜보도록 하자.

CPU의 PWM(Pulse Width Modulation)방식을 이용하여 시간에 따라 켜고 끄는 동작을 할 수 있다. 여기서 잠깐 PWM에 대해 알아보도록 한다.

PWM (PULSE WIDTH MODULATION)에 대해

PWM(Pulse Width Modulation)방식은 펄스 폭 변조라고 한다. 펄스 폭을 전송하고자 하는 신호에 따라 변화시키는 변조 방식을 PWM방식이라 하며, 모터 제어나 전압제어에 많이 사용된다.

여기서 펄스란 짧은 시간 동안 생기는 진동 현상과 같은 것으로, 평상시 0이란 값으로 있다가 짧은 시간 1의 값을 가지는 경우를 생각하면 되겠다. 다음에 펄스와 펄스 폭을 그림으로 설명한다.

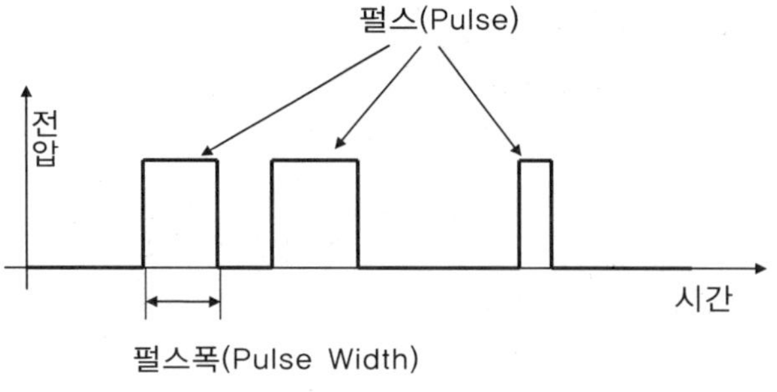

〈그림 6-5〉 펄스와 펄스 폭

펄스 폭 변조(PWM)은 다음의 그림과 같이, PWM주기 안에서의 펄스 폭으로 신호의 값을 나타내는 것이다. 이때, 그림의 수치는 전체 PWM 주기와 펄스 폭의 비율을 퍼센트로 표시한 것이다. 이를 듀티비(duty rate)라 한다.

즉 50%의 듀티비란 한 주기동안 켜고 끄는 시간을 동일하게 한다는 의미이다.

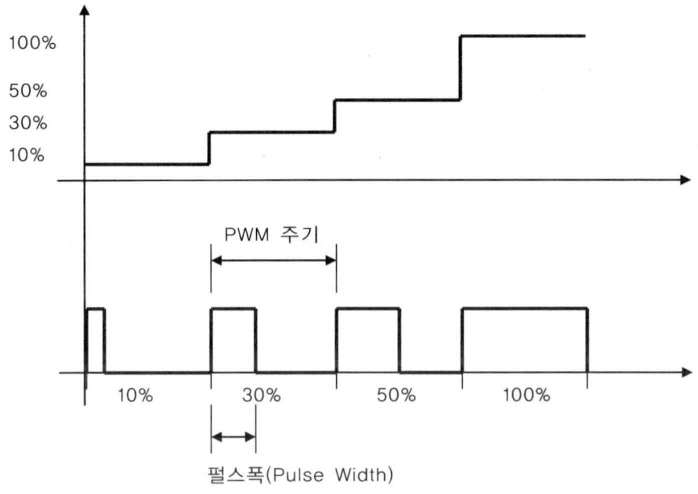

〈그림 6-6〉 PWM 의 변조 방식

ATmega128의 타이머는 이 펄스를 만드는데 매우 유용하다. 타이머를 이용하여 PWM 신호를 생성하는 예제를 다루게 될 것이다.

여기서는 PWM을 생성하여 LED의 깜빡임을 제어하는 방법만을 익히고 다음 장에서 좀 더 자세히 배워보도록 하자

6.3.1 구동프로그램

이 예제는 PWM의 주파수를 변경하여 LED를 점등해보는 예제이다.

듀티비가 50% 인 PWM파형을 생성하고 이 PWM의 주파수를 변경시켜 LED 제어에 필요한 주파수를 찾아본다.

```
/************************************************
        SLED 모듈 예제

        동작 :     주파수별 PWM을 이용하여 LED를 점등한다.
                   (PWM 레벨 스위치를 조작하여 PWM 주파수를 변경시켜
                   LED제어에 필요한 주파수를 찾아본다.)

        ISP SEL 선택: 1010
************************************************/

#include<avr/io.h>                          // AVR 입출력헤더
#include<avr/interrupt.h>
#include<util/delay.h>              // 딜레이함수 선언
#include"global.h"                          // 사용자 정의 라이브러리 헤더 선언
#include"a2d.h"                             // adc 기능을 정의한 헤더 선언

unsigned int pwm3,timer0Cnt=0;

int main()
{
        DDRE = 0x08;            //SLED enable 핀을 출력으로 선언한다.
        PORTE = 0;                          //초기 출력은 low로 선언한다.

        // ADC 기능 활성화
        a2dInit();

        TCCR0 =   0x07;
        TCNT0 =   0x64;         //(1/(16Mhz/1024 prescaler ))*156 =>           0.01s
        TIMSK = 0x01;
        TIFR &=   ~(0x01);   // Fast PWM mode, timer3 prescaler (16MHz / 1024)
        TCCR3A = 0x82;
        TCCR3B = 0x1d;
      TCCR3C = 0x00;
```

```
    TCNT3=0x0000;

        ICR3 = 0;
        OCR3A = 0;

        sei();

        while(1)
        {
        }
        return 0;
}

SIGNAL(SIG_OVERFLOW0){

        cli();
        TCNT0 = 0x64;
        timer0Cnt++;

        if(timer0Cnt == 50){     // 0.01s * 50 = 0.5s
                timer0Cnt=0;
                pwm3 = a2dConvert10bit(ADC_CH_ADC3);
            TCNT3=0x0000;                    // timer3 카운터 초기화
                ICR3 = pwm3*2;                       // PWM Duty 50% 적용
                OCR3A = pwm3;
        }
        sei();
}
```

6.3.2 실행 결과

이번 예제에서는 타이머 3의 Fast PWM mode를 사용하여 PWM파형을 생성하여 LED를 제어한다. 타이머 3은 1024분주하여 사용하며 듀티비는 50%가 되도록 설정한다.

PWM의 주파수는 PWM Control 노브를 조절하여 설정한다. PWM Control 노브는 가변저항을 통해서 ADC3 채널에 연결되어 있으며 이를 10비트로 ADC하여 그 값을 주파수에 사용한다. PWM Control 노브를 조절하여 LED가 깜박이지 않는 주파수대를 찾아보자.

〈그림 6-7〉 LED 제어를 위한 AVR 선택(3번)

〈그림 6-8〉 PWM을 이용하여 LED 밝기 조절

Chapter 7
컬러 LED를 이용한 색상구현

7. 컬러 LED를 이용한 색상구현

LED를 사용함에 있어 점멸을 이용한 표시나 밝기 제어와 같은 기본적인 동작도 있겠으나 원하는 색을 만들어 표시하는 것도 하나의 방법이 될 수 있다. 이번 장에서는 원하는 색을 표시하기 위한 컬러 LED에 대해 알아보고 어떻게 구성되는지 그리고 어떻게 동작하는지에 대해 알아보도록 하겠다.

아울러 LED의 색상제어를 위해 각 색상의 LED를 사용함에 있어 각 LED의 밝기를 제어하기 위한 PWM 제어 기술에 대해 알아보도록 하겠다.

7.1 3색 컬러 LED

LED를 이용한 표시에서 원하는 색을 표시하기 위해서는 한가지 색상의 LED 만을 사용하지 않고 Red, Green 또는 Red, Green, Blue LED의 조합을 이용하여 원하는 색을 표시할 수 있도록 구성하게 되는데 이를 위해서는 각색의 LED의 밝기를 제어하는 기술이 필요하게 된다.

그림 7-1은 단색의 Red, Green, Blue LED를 근접하게 배치하고 각각의 LED의 밝기를 제어하여 원하는 색상을 표시하는 방법이다. 일반 LED를 사용하므로 구현이 용이하고 각각의 LED의 고장 유무를 식별하기 쉽고 또한 가격이 저렴하다는 장점이 있다. 그러나 각 LED의 간격이 넓고 구성하는 면적이 커서 시각자와의 거리가 가까울 경우 각각의 색이 별도로 표시되어 혼합된 색의 표현이 불가능하게 된다. 그러므로 주로 실외 전광판 등에 주로 사용하게 된다.

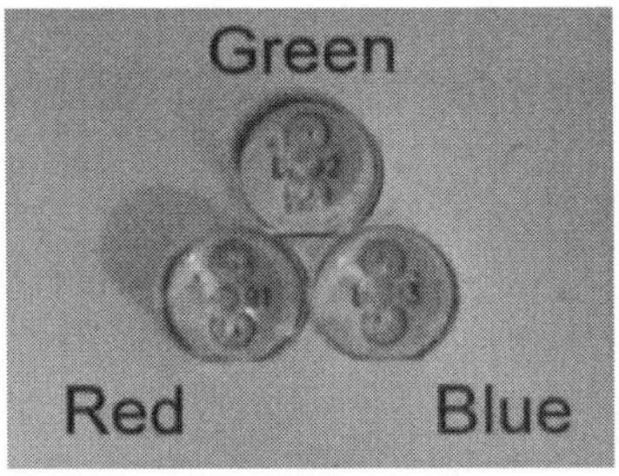

〈그림 7-1〉 단색 LED를 이용한 컬러 표시

그림 7-2는 하나의 LED 소자 내에 Red, Green, Blue가 모두 구성된 LED로서 일반적으로 3색 LED 모듈이라고 명칭 한다. 하나의 LED 모듈에 3색이 구현 되므로 크기가 작고 3색에 대한 혼합도가 높을 수 있다. 그러나 일반 LED에 비해 가격이 고가이며 한 색상의 LED가 손상 될 경우 전체를 교체해야 한다는 단점이 있다. 주로 시각자와 거리가 가까운 실내 전광판 등에 주로 사용한다. 이와 같은 점에서 LED 전광판을 제작할 때는 보여져야 하는 거리를 고려하여야 한다.

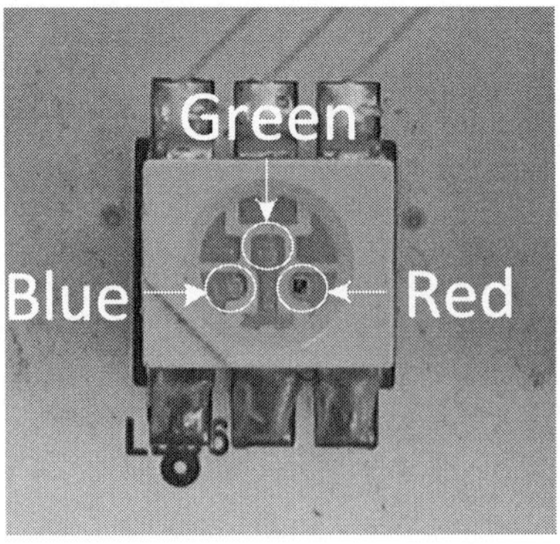

〈그림 7-2〉 3색 LED 단일 모듈

우리는 이 가운데 하나의 LED 모듈에 3색이 구현되어 있는 그림 7-2의 모듈을 사용하기로 한다. 이 모듈을 제어 하기 위한 회로도는 그림 7-3과 같다.

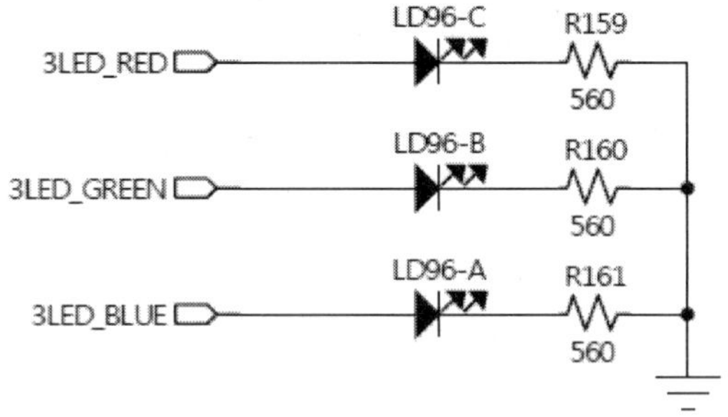

〈그림 7-3〉 3색 LED 제어 회로

3색 LED의 제어는 일반 LED가 3개 별도로 동작하는 것과 마찬가지의 회로로 구성된다. 단지 각각의 제어에 따라 이들 색의 조합으로 원하는 색을 만들 수 있는 것이다.

7.2 3색 LED를 이용한 8색 구현

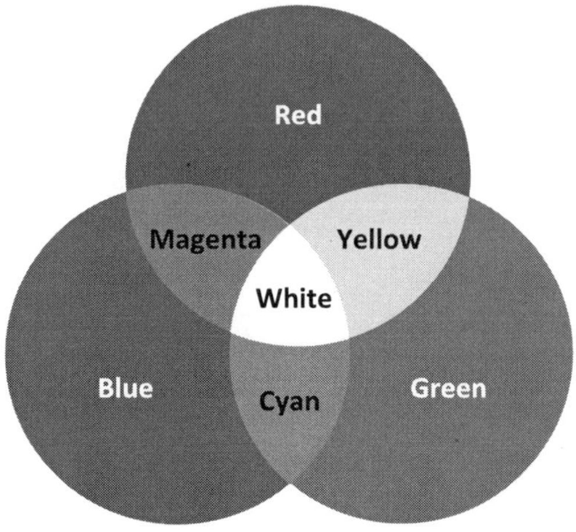

〈그림 7-4〉 빛의 3원색과 조합

빨강, 초록, 파랑의 빛은 이를 겹쳐 비출 때 가장 많은 가지 수의 색깔을 만듦으로, 이 세가지를 빛의 3원색이라고 한다. 그림 7-4는 빛의 3원색을 그림으로 표시한 것이다. 이들 색의 조합으로 우리는 원하는 색의 조합을 구성할 수 있다. 예를 들어 이 3가지의 색이 모두 조합 될 경우 흰색이 만들어 지게 되는데 이 혼동하지 말아야 할 것이 색의 3원색이다. 색은 섞을 수로 어두워지는 감산 혼합이라는 단어로 표현하여 이 3색을 혼합하면 검정색이 된다. 이와 반대로 빛은 색이 혼합될수록 밝아 지는 가산혼합이라고 표현한다.

빛을 혼합하는 것은 해당되는 LED를 끄거나 켜서 얻을 수 있는데 각 색의 끄고 켜는 조합을 통해 우리는 8가지의 색상을 만들 수 있다.

〈표 7-1〉 8색 LED 색상 조합

LED 색상			Color
Red	Green	Blue	
0	0	0	Black
0	0	1	Blue
0	1	0	Green
0	1	1	Cyan
1	0	0	Red
1	0	1	Magenta
1	1	0	Yellow
1	1	1	White

7.2.1 제어 프로그램과 스코프를 활용한 실습

3색 LED는 Red, Green, Blue의 밝기를 제어하여 우리가 원하는 색상을 구현할 수 있다. 일반적으로 색을 표시할 때 각 색의 밝기를 256단계로 표시하는데 이는 8비트의 크기를 가지므로 전체 색은 24비트의 데이터로 표현할 수 있게 된다. 본 실험에서는 원하는 색을 구현하는데 있어서 각 Red, Green, Blue를 어떻게 조합해서 원하는 색을 표현할 수 있는지 알아보도록 하자.

그림 7-5와 같이 실행한 프로그램에서 3색 LED 부분을 마우스로 클릭하면 3색 LED를 제어할 수 있는 메뉴가 표시된다. 여기에서 각 색상별 레버를 회전하면 레버 위의 숫자가 변하면서 HBE-Green-LED에 있는 3색 LED의 색상이 변하는 것을 확인할 수 있을 것이다.

표 7-2과 같이 각 색에 대해서는 해당 값이 있는데 프로그램에서 해당 값이 되도록 값을 설정하면 해당 색상의 빛이 표시되게 된다. 이외 다양한 색상을 실험해 보기 바란다.

각 색상에 대한 색상표는 제품 CD의 Document/색상표.pdf 파일에 표시되어 있으므로 이를 참고하여 표의 색상이 표시되는지 확인하기 바란다.

색상 표시에서 일부 색상의 경우 설정값과 실제 LED의 색상에서 차이가 있을 수 있는데 이것은 LED 소자의 특성에 의해 오차가 발생할 수 있기 때문에 색 구현에서는 이를 보정해 주는 과정도 함께 진행한다는 것을 알아두기 바란다.

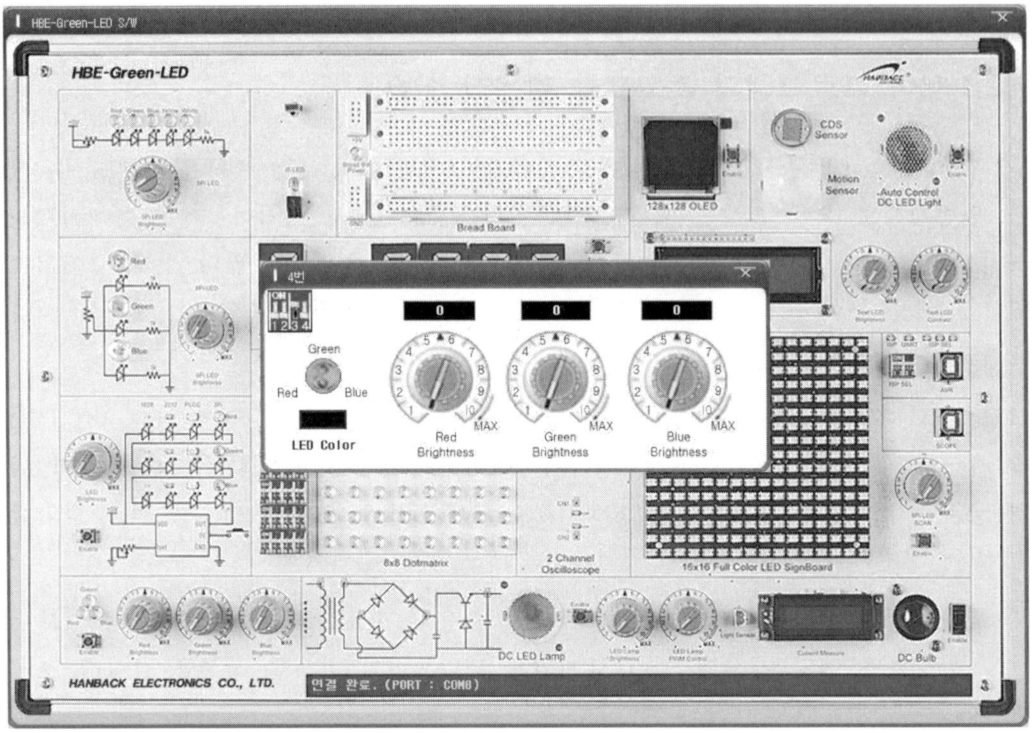

〈그림 7-5〉 3색 LED 색상 표현 실험

〈표 7-2〉 8색 LED 색상 조합

LED 색상			합성된 LED Color
Red	Green	Blue	
165	42	42	Brown
255	215	0	Gold
255	165	0	Orange
255	192	203	Pink
128	0	128	Purple
135	206	235	Skyblue
238	130	238	Violet
128	128	128	Gray

- LED 각각의 가변저항을 조정하여 표7-2와 동일한 값을 설정하고 칼라 LED의 합성된 색을 제어 프로그램과 육안으로 비교 확인하도록 한다.
- RED Brightness의 가변저항만을 조정하면서 컬러 LED 위의 테스트 포인트를 오실로스코프로 확인하여 인가되는 신호를 측정하도록 한다.

이 때 다른 가변저항들은 "0"으로 고정한다.

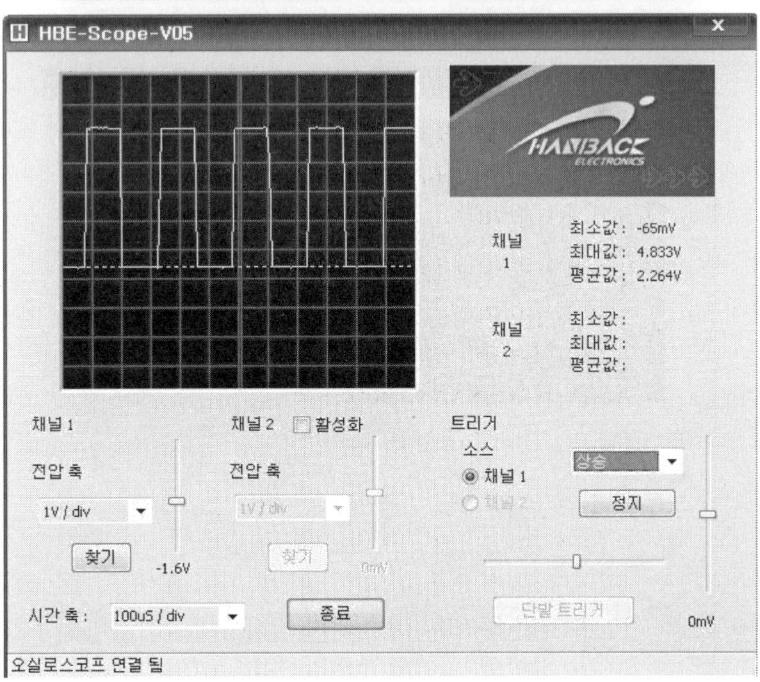

- RED 가변 저항(RED Brightness) 외 다른 색상의 가변저항을 조정하면서 각각의 테스트 포인트에서 어떤 파형이 출력되는지 확인하도록 한다.
- 제어프로그램에서 “RED 121 Green 60 Blue 0” 되도록 RED와 Green의 가변저항을 조정하고 스코프로 RED와 Green의 측정하도록 하자.

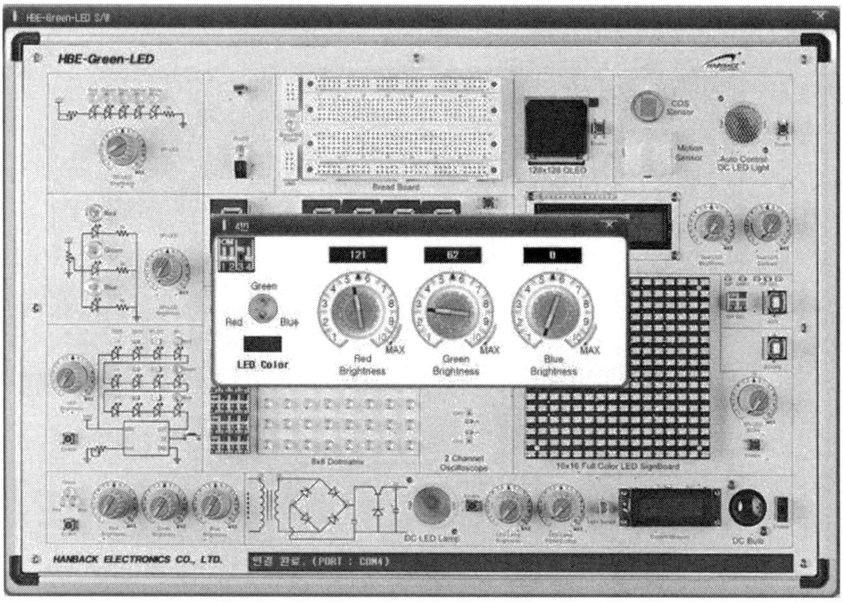

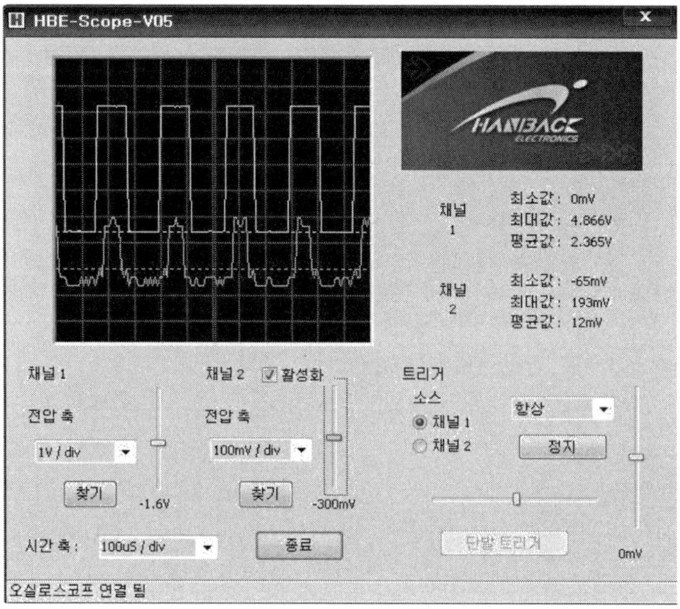

- CH1 (노란색 파형)과 Ch2(보라색 파형)의 PWM 폭을 비교해 보도록 한다.
- PWM 폭의 변화와 색상의 연관관계에 대해 확인해보도록 한다.

(위의 프로그램 소스는 다음 “7.5절 Full Color LED 색상 표현” 프로그램의 결과를 이용한 것이다.)

7.2.2 3색 LED 구동 프로그램 (1)

가. 구동 프로그램

다음 예제는 3색 LED에서 각각 색상의 LED 켜거나 꺼서 8가지 색상을 표현하는 예제이다. 1초를 주기로 각각의 색이 변화되는 것을 프로그램 수행을 통해 눈으로 관찰하기 바란다.

```
/*******************************************
      3LED 8색 표시 예제

      동작 :  일정 주기로 8가지 색이 표시된다.

      ISP SEL 선택 : 1010
*******************************************/

#include<avr/io.h>
#include<util/delay.h>

#define GREEN 0x20
#define BLUE  0x40
#define RED   0x80
```

```
int main()
{
        char k = 0;

        DDRB = 0xE0;

        while(1)
        {
                k ++;
                if(k == 1) PORTB = 0;                  // All Off
                else if(k == 2) PORTB = BLUE;           // BLUE
                else if(k == 3) PORTB = GREEN;          // GREEN
                else if(k == 4) PORTB = GREEN | BLUE;// CYAN
                else if(k == 5) PORTB = RED;           // RED
                else if(k == 6) PORTB = RED | BLUE;    // MAGENTA
                else if(k == 7) PORTB = RED | GREEN;  // YELLOW
                else if(k == 8) {
                        PORTB = RED | GREEN | BLUE;    // WHITE
                        k = 0;
                }
                _delay_ms(1000);
        }
        return 0;
}
```

나. 실행 결과

다음은 위 프로그램을 실행한 결과 화면이다. 컬러 LED 가 1초마다 <표 7-1>의 색상 조합 순서대로 색깔이 바뀌면서 출력되는 것을 알수 있다.

〈그림 7-6〉 3색 LED 제어를 위한 AVR선택(3번)

〈그림 7-7〉 3 Color LED에 8색 표시하기

7.2.3 3색 LED 구동 프로그램 (2)

가. 구동 프로그램

다음 예제는 3색 LED에서 각각 색상의 LED 켜거나 꺼서 8가지 색상을 표현하는 예제이다. 앞절의 예제는 딜레이 함수를 사용하여 1초의 시간지연 후 자동으로 색상을 변경하였지만 이번 예제는 Enable 버튼을 통하여 사용자가 원하는 시점에 색상을 변화시켜 보는 예제이다.

```
/***************************************************************
        3LED 8색 표시 예제

        동작 :  enable 버튼을 누르면 8가지 색이 순서대로 표시된다.

        ISP SEL 선택 : 1010
***************************************************************/

#include<avr/io.h>
#include<avr/interrupt.h>

#define GREEN 0x20
#define BLUE  0x40
#define RED   0x80

char k = 0;

int main()
{
        DDRB = 0xE0;

        EICRB = 0x30;
        EIMSK = 0x40;
```

```
        EIFR = 0x40;

        sei();

        while(1)
        {
        }
        return 0;
}

SIGNAL(SIG_INTERRUPT6){
        cli();
        k++;
        if(k == 1) PORTB = 0;                          // All Off
        else if(k == 2) PORTB = BLUE;                         // BLUE
        else if(k == 3) PORTB = GREEN;                        // GREEN
        else if(k == 4) PORTB = GREEN | BLUE;                 // CYAN
        else if(k == 5) PORTB = RED;                          // RED
        else if(k == 6) PORTB = RED | BLUE;                   // MAGENTA
        else if(k == 7) PORTB = RED | GREEN;                  // YELLOW
        else if(k == 8) {
                PORTB = RED | GREEN | BLUE;                   // WHITE
                k = 0;
        }
        sei();
}
```

가. 동작 확인

다음은 위 프로그램을 실행한 결과 화면이다. 컬러 LED 가 Enable 버튼을 누를 때마다 <표 7-1>의 색상 조합 순서대로 색깔이 바뀌면서 출력되는 것을 알수 있다.

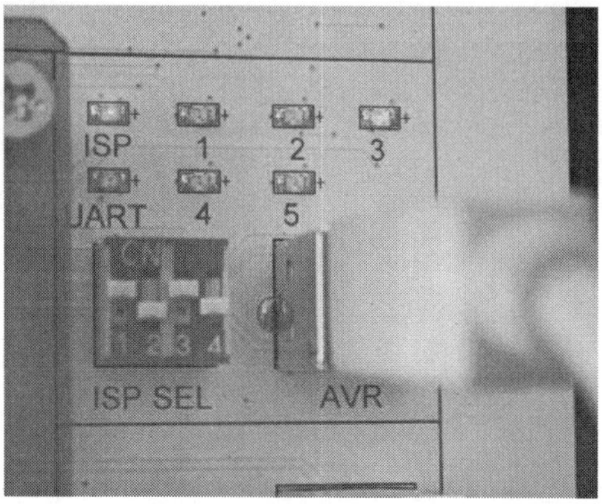

〈그림 7-8〉 3색 LED 제어를 위한 AVR선택(3번)

〈그림 7-9〉 버튼을 눌러 3 Color LED에 8색 표시하기

7.2.4 Full Color LED 색상 표현

지금까지 알아본 것과 같이 LED는 3색의 LED를 조합하여 우리가 원하는 색을 표현할 수 있다는 것을 알았다. 그러나 LED 단지 켜거나 끄는 것을 통해 우리가 원하는 모든 색상을 표현할 수 없다. 좀더 다양한 색을 표현하기 위해서는 각각의 색을 좀 더 정밀하게 제어할 필요가 있게 된다. 앞절에서 실습하였던 PWM이라는 방식의 신호 제어를 사용하려 한다.

앞 절에 배운 PWM에 대해 다시 한번 반복한다.

PWM(Pulse Width Modulation)은 펄스 폭 변조라고 한다. 펄스 폭을 전송하고자 하는 신호에 따라 변화시키는 변조 방식을 PWM방식이라 하며, 모터 제어나 전압제어에 많이 사용된다.

여기서 펄스란 짧은 시간 동안 생기는 진동 현상과 같은 것으로, 평상시 0이란 값으로 있다가 짧은 시간 1의 값을 가지는 경우를 생각하면 되겠다. 다음에 펄스와 펄스 폭을 그림으로 설명한다.

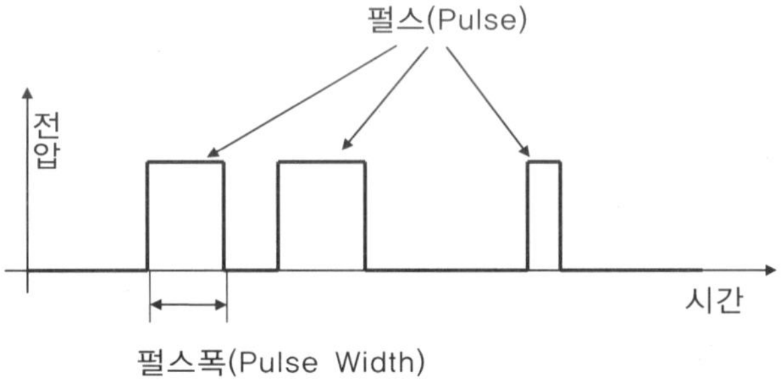

〈그림 7-10〉 펄스와 펄스 폭

펄스 폭 변조(PWM)은 다음의 그림과 같이, PWM주기 안에서의 펄스 폭으로 신호의 값을 나타내는 것이다. 이때, 그림의 수치는 전체 PWM 주기와 펄스 폭의 비율을 퍼센트로 표시한 것이다.

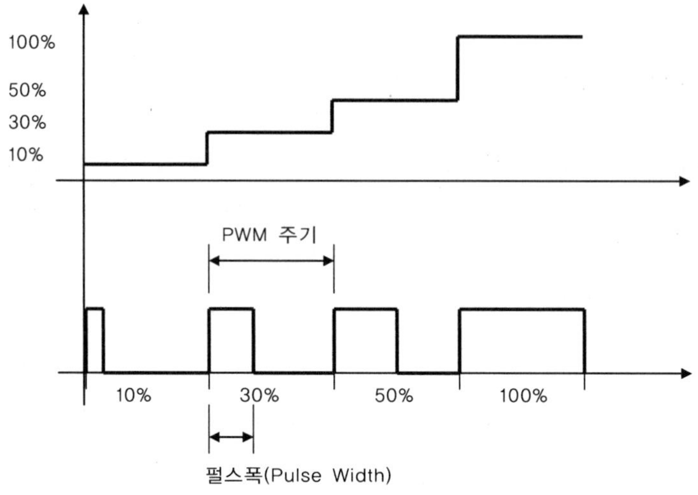

〈그림 7-11〉 PWM 의 변조 방식

ATmega128의 타이머는 이 펄스를 만드는데 매우 유용하다. 타이머를 이용하여 PWM 신호를 생성하여 3색 LED의 밝기를 조절하는 예제를 다루게 될 것이다.

7.2.5 PWM으로 color LED 밝기 조절하기

이번 예제는 PWM 동작 모드를 이용하여 LED의 밝기를 조절하는 프로그램이다. 이 예제에서는 PWM 동작 모드에서 OC0 핀을 통해 PWM신호를 만들어 출력함으로써, LED의 밝기를 조절하게 된다. 앞의 LED 켜기 예제에서는 출력 핀에 1을 출력하였기 때문에 LED가 가장 밝은 상태를 유지하게 되나, PWM 신호를 출력하면 1의 값이 펄스로 출력되기 때문에 LED의 불이 켜졌다 꺼졌다를 반복함으로써, 밝기가 밝아졌다 어두워졌다 하는 것처럼 보이는 것이다. 이 때의 밝기는 PWM 신호의 듀티비(Pulse Duty)에 의해 좌우된다.

예제를 통해, 타이머 0의 PWM 모드 동작 원리와 PWM 신호의 생성 방법을 이해한다.

가. 구동 프로그램

프로그램을 작성하기 전에 몇 가지 배운 것을 상기해보자.

다음의 그림은 PWM 신호에 의한 LED의 밝기 조절 방법을 보인 것이다. 듀티비가 100%인 경우 LED는 가장 밝을 것이며, 듀티비가 0%이면 LED는 꺼진다.

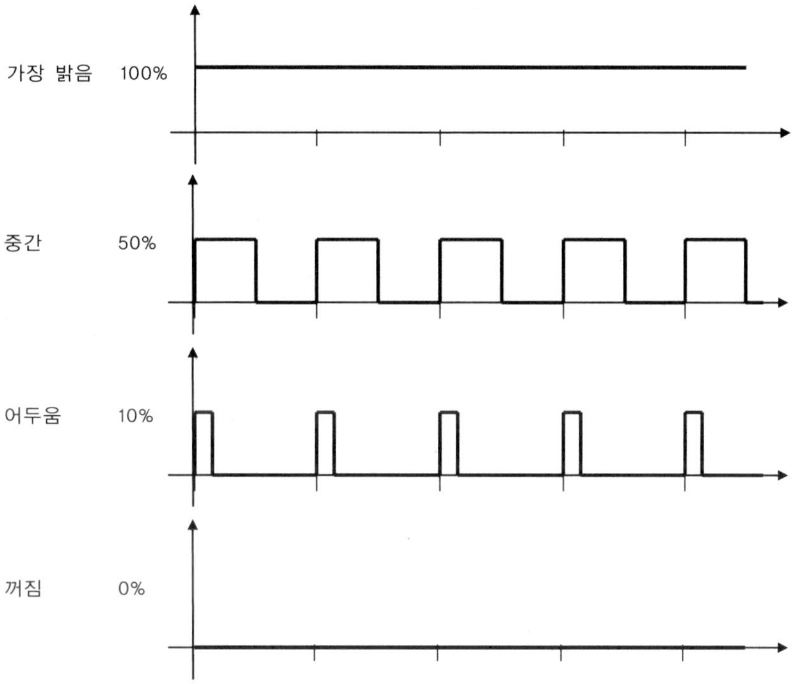

〈그림 7-12〉 PWM 신호의 듀티비에 따른 LED 밝기

우리는 타이머의 출력 비교용 레지스터인 OCR 값을 조절하여 OC0로 출력되는 PWM 신호의 듀티비를 원하는 대로 변경시키면 된다.

이 예제에서는 Phase Correct PWM 동작 모드를 사용한다. 이를 위해, TCCR0를 설정해 주어야 한다. 먼저 CS 비트는 01로 세팅하여 Prescaler의 분주비를 1로 한다. 다음, FOC 비트는 0으로 하고, WGM 비트는 PC PWM 모드인 01로 설정한다. COM 비트는 11로 세팅하여 업카운팅의 경우 OC0를 1로 세트하고, 다운카운팅의 경우 OC0를 클리어 시키도록 설정한다. 이 경우의 PWM 신호의 변화를 다음 그림에 보인다.

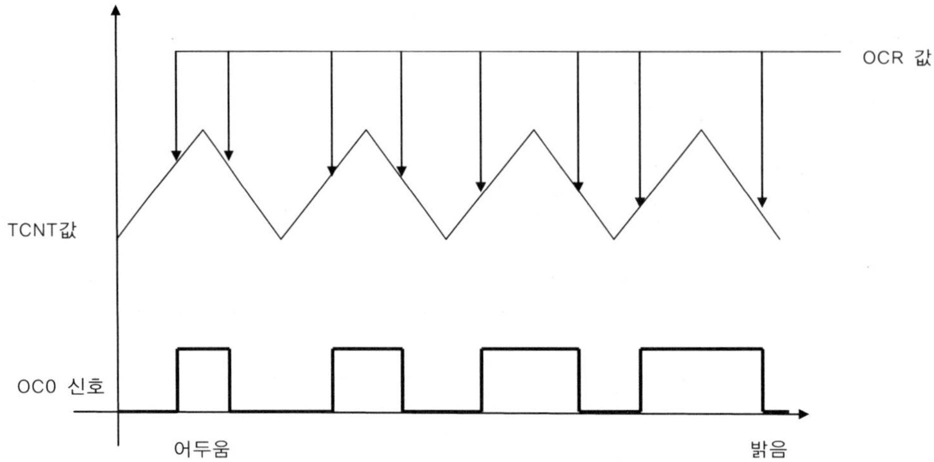

〈그림 7-13〉 OCR값의 변화에 따른 OC 신호 변화

위의 그림에서 카운터(TCNT)값은 PC PWM 모드이므로 업카운트와 다운 카운트가 번갈아 이루어 지므로 마치 톱니와 같은 모양을 보이고 있다. 만약 OCR의 값이 변화한다면 위의 그림과 같이 TCNT 값과 일치하는 위치가 변화함에 따라, 그림의 OC0 신호와 같이 펄스의 듀티비가 달라지게 된다. 이와 같은 원리를 이해하면서, 다음의 프로그램을 살펴보자.

```
/*******************************************
      3LED PWM 동작 예제

      동작 :  가변저항 움직임에 따라 Green,Blue,Red LED의 불빛이 변하게 된
다.

      ISP SEL 선택 : 1010
*******************************************/

#include<avr/io.h>
#include<util/delay.h>
#include"global.h"    // 사용자 정의 라이브러리 헤더 선언
```

```
#include"a2d.h"        // adc 기능을 정의한 헤더 선언

int main()
{
        DDRB = 0xE0;

        // ADC 기능 활성화
        a2dInit();

        // PWM mode 3
        // 16MHz / (2 x 8분주 x 1023) =  977hz
        TCCR1A = 0xA9; //PWM, Phase Correct, 8-bit
    TCCR1B = 0x02;
    TCCR1C = 0x00;

    TCNT1=0x0000;

    OCR1A=0x0000;
        OCR1B=0x0000;
        OCR1C=0x0000;

        while(1)
        {
 // ADC0~2채널에 연결된 가변저항의 ADC값을 Timer1 PWM의 듀티비로 사용하고 있
다.

            // OCR1A핀(PB5)은 Green LED에 연결되어 있다.
            OCR1A = a2dConvert8bit(ADC_CH_ADC1);
            // OCR1B핀(PB6)은 Blue LED에 연결되어 있다.
            OCR1B = a2dConvert8bit(ADC_CH_ADC2);
            // OCR1C핀(PB7)은 Red LED에 연결되어 있다.
            OCR1C = a2dConvert8bit(ADC_CH_ADC0);

            _delay_ms(100);
        }
```

```
}
```

가. 실행 결과

다음은 위 프로그램을 실행한 결과 화면이다. 컬러 LED 옆의 가변저항 노브를 조절하면 조절되는 수치에 따라 각 Red, Green, Blue LED의 밝기가 조절되어 원하는 컬러의 조명을 표시할 수 있다.

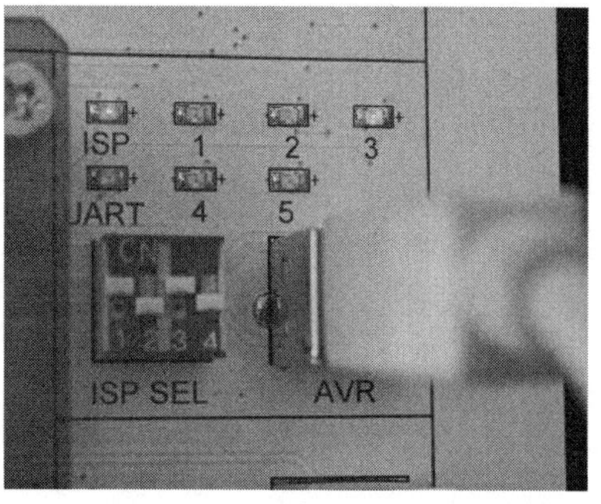

〈그림 7-14〉 3색 LED 제어를 위한 AVR선택(3번)

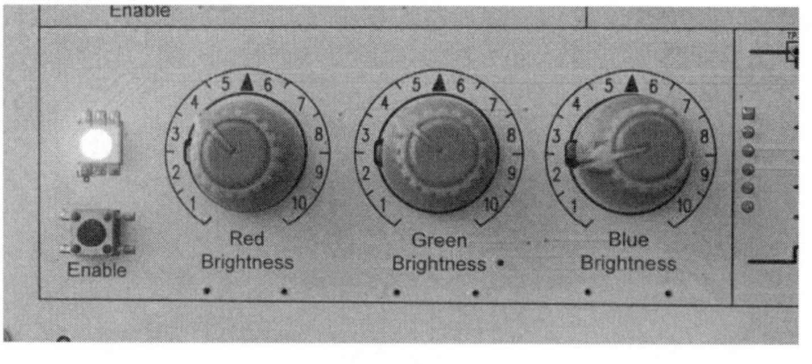

〈그림 7-15〉 PWM으로 LED 밝기 조절하기 실행 화면

Chapter 8
FND 활용하기

8. FND 활용하기

앞의 실습에서 기본적인 입출력 포트의 GPIO 입출력 방법을 모두 배웠다. 이번 예제에서는 단순 LED가 아닌 FND(Flexible Numeric Display: 7-Segment LED)를 이용하여 숫자를 표시하는 프로그램을 작성해 보기로 한다.

ATMega128 마이크로컨트롤러의 포트를 출력으로 선언하고, 이 포트를 FND 모듈의 7-Segment LED에 연결하여 일정 시간마다 클럭에 의해 FND(7-Segment)에 숫자와 문자가 디스플레이 되는 것을 알아본다. 또한 포트의 출력선언의 개념을 이해한다.

8.1 FND(7-Segment LED) 구조와 구동방법

FND는 Flexible Numeric Display를 나타내는 말로 7개의 소자를 이용해서 숫자 또는 문자를 표시 할 수 있기 때문에 7-Segment라고도 한다.

이 FND는 숫자 또는 문자를 디스플레이 하기 위한 최소의 장치이다. 장비에는 1개로 구성된 FND 1개와 4개의 FND가 연결되어 구성된 FND Array 1개가 구성되어 있다.

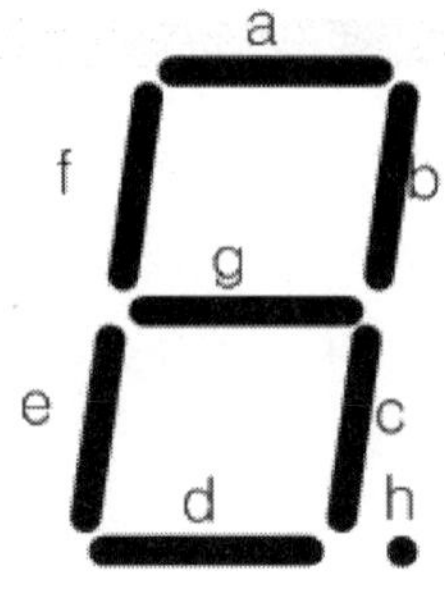

위의 그림과 같이 FND에는 a, b, c, d, e, f, g, h" 8개의 LED로 구성되어 있다. 이 LED를 제어하여 숫자 또는 문자를 표현할 수 있는 것이 FND이다. 실제 숫자와 문자를 표시하는 것은 a, b, c, d, e, f, g, h 의 데이터이고, h는 구분 등의 표시를 나타내는 용도로 사용된다. 예를 들어, FND의 a, b, c, d, e, f, g, h 라인에 "01100000"의 데이터를 입력 시키면 "1"의 숫자가 표시된다. 같은 방법으로 FND의 a, b, c, d, e, f, g, h 라인에 데이터를 입력하여 다음과 같은 숫자와 문자들을 표시할 수 있다.

또한 HBE-Green-LED의 FND 아래에 있는 8circuit 딥 스위치는 FND의 8개 LED에 순서대로 연결되어 있다. 딥스위치를 "00000001"으로 셋팅하면 FND의 "h"에 해당되는 LED가 켜지게 된다.

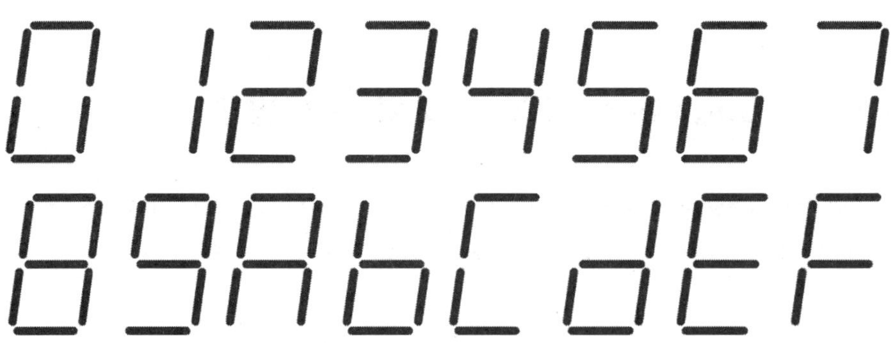

다음의 표는 위의 16개의 숫자와 문자를 표시하기 위한 FND 디코더 데이터이다.

〈표 8-1〉 7-Segment에서 16진수 표시방법

16 진수	7-세그먼트의 비트 값								데이터 값 (HEX)
	H	G	F	E	D	C	B	A	
0	0	0	1	1	1	1	1	1	0X3F
1	0	0	0	0	0	1	1	0	0X06
2	0	1	0	1	1	0	1	1	0X5B
3	0	1	0	0	1	1	1	1	0X4F
4	0	1	1	0	0	1	1	0	0X66
5	0	1	1	0	1	1	0	1	0X6D
6	0	1	1	1	1	1	0	1	0X7D
7	0	0	1	0	0	1	1	1	0X27
8	0	1	1	1	1	1	1	1	0X7F
9	0	1	1	0	1	1	1	1	0X6F
A	0	1	1	1	0	1	1	1	0X77
B	0	1	1	1	1	1	0	0	0X7C
C	0	0	1	1	1	0	0	1	0X39
D	0	1	0	1	1	1	1	0	0X5E
E	0	1	1	1	1	0	0	1	0X79
F	0	1	1	1	0	0	0	1	0X71

HBE-Green-LED에는 FND가 1개로 된 것과 4개가 Array로 연결되어 있는 두 가지 형태로 구성되어 있다.

FND에는 애노드 공통형 FND와 캐소드 공통형 FND가 있다.

애노드 공통형의 FND는 FND를 구성하는 LED의 애노드 단자가 공통으로 연결된 형태를 취한다.

애노드가 공통으로 연결되기 때문에, 각 데이터 라인이 캐소드 단자가 되고 애노드 단자에 비해 데이터 라인의 전압이 낮게 인가될 때 FND에 숫자나 문자가 표시된다.

캐소드 공통형의 FND는 FND를 구성하는 LED의 캐소드 단자가 공통으로 연결된 형태를 취한다.

캐소드가 공통으로 연결되기 때문에, 각 데이터 라인이 애노드 단자가 되고 캐소드 단자에 비해 데이터 라인의 전압이 높게 인가될 때 FND에 숫자나 문자가 표시된다.

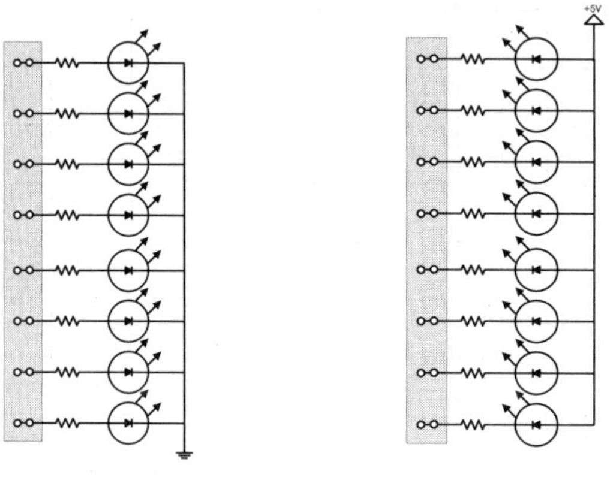

〈그림 8-1〉 캐소드 공통형 FND, 애노드 공통형 FND

HBE-Green-LED에서 사용하고 있는 FND 캐소드 단자가 공통으로 연결된 캐소드 공통형 FND를 사용하고 있다.

8.2 FND 동작 실습

FND의 동작 방법을 확인하기 위해 예제 프로그램을 다운로드 하여 FND의 동작을 확인해 보자. 앞의 3.4장의 내용을 다시 확인하여 HBE-Green-LED의 Application Program의 사용법을 다시 한번 확인하기 바란다.

8.2.1 딥스위치를 이용한 기본 동작 실습

다운로드할 프로그램 파일은 시디의 \Application Program\AVR Data\avr2.hex 파일이다.

다운로드를 위해 ISP Sel 스위치를 "1001"로 맞춘 후 AVR Studio를 이용하여 Hex파일을 다운로드 한다.

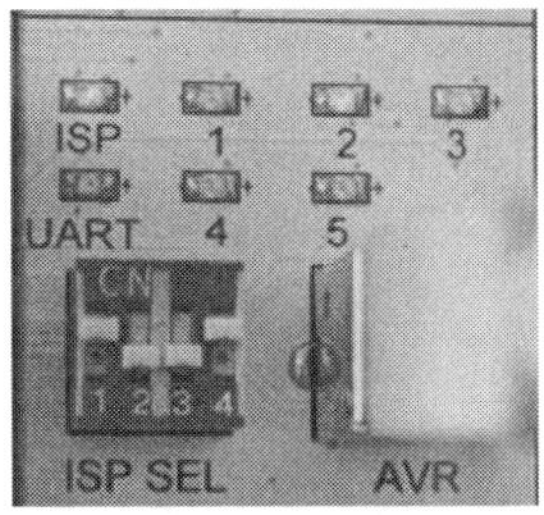

〈그림 8-2〉 LED 제어를 위한 AVR 선택(2번)

그림 6-6와 같이 HBE-Green-LED의 FND 우측에 있는 Enable 버튼은 누른 후 FND 아래에 있는 스위치를 조정해 보자 스위치는 FND를 구성하는 각 도트와 연결되어 스위치를 조정함에 따라 해당 도트에 불이 켜지게 된다.

FND를 이용하여 숫자를 구현하는 것은 앞에서 설명한 것괕같이 이들 도트에 어떻게 불이 켜지느냐에 따라 결정된다.

숫자 '1'을 표시하기 위해서는 스위치의 두번째와 세번째를 올리고 다른 스위치를 내리면 FND에 숫자 1이 표시된다. 이와 같은 방법을 다른 숫자도 표시되는지 실험해 보자.

이외에도 알파벳 일부도 표시할 수 있는데 예를 들어 영문자 'A'는 4번째 스위치를 내리고 다른 모든 스위치를 올리면 FND에 영문자 A를 표시할 수 있게 된다.

❑ 표 6-9를 참고하여 숫자 및 영문자를 FND에 표시해 보자.

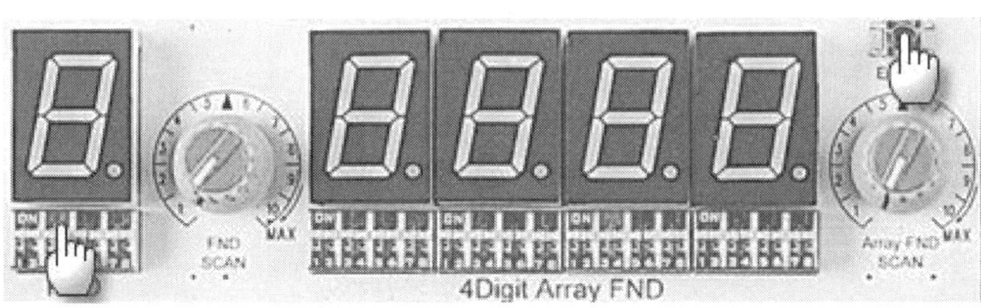

〈그림 8-3〉 FND 동작 실험

딥스위치를 이용하여 실습이 끝났으면 FND 오른쪽의 버튼을 한번더 눌러 보자. FND에 1초를 주기로 숫자가 증가되면서 표시되는 것을 볼 수 있을 것이다. FND는 실험에서와 같이 주로 숫자 또는 일부 영문자를 표시하는 장치로 이용되고 있다. 그림 6-6과 같이 기본 FND의 형태의 이외에도 좀더 다양한 형태를 통해 다양한 문자나 기호를 표시할 수 있는 FND도 생산되고 있다.

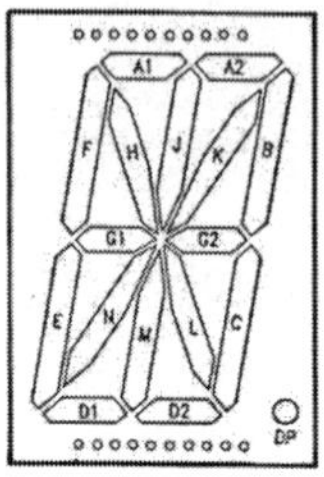

〈그림 8-4〉 문자 기호 표시 FND

8.2.2 FND 밝기 조정

FND 우측에 있는 가변 저항을 회전해 보자 FND에는 그림 6-8과 같이 FND Common 단에 가변저항이 연결되어 있다. 이를 조정함으로 FND의 밝기를 조정할 수 있다. FND를 사용할때는 원하는 밝기를 Common 단자에 연결되는 저항값을 조정하여 제어하게 된다.

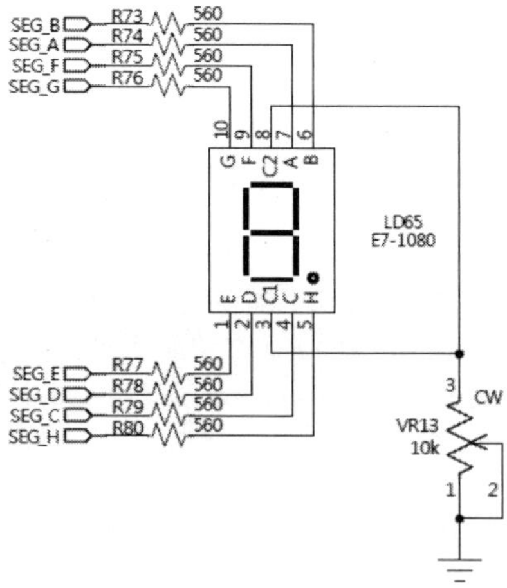

〈그림 8-5〉 FND 구동 회로

❑ FND Scan 노브를 조정하여 밝기의 변화를 확인한다.

8.2.3 제어프로그램을 이용한 FND 실습

ISP Sel 스위치를 "0001"에 맞춘 후 시디의 \Application Program\HBE-Green-LED v1.1.exe 파일을 실행한다.

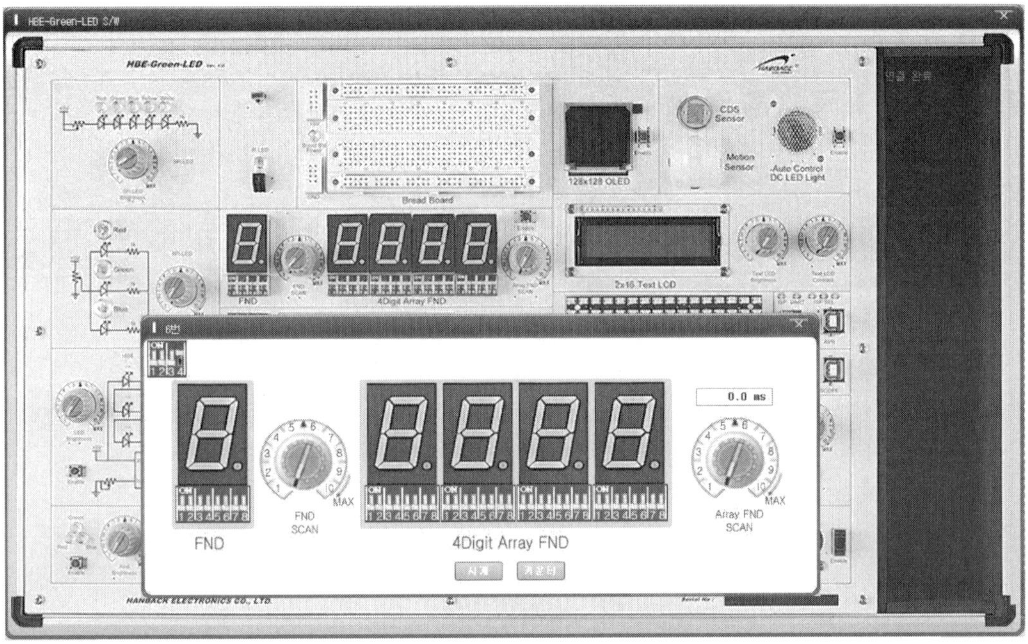

프로그램이 실행되면 FND 그림을 선택하면 위와 같은 화면이 표시된다.

프로그램의 FND에서 켜고자 하는 위치의 도트를 마우스로 선택하며 해당 도트가 켜지는 것을 확인할 수 있을 것이다. 도트를 선택함에 따라 아래 스위치의 그림도 변경되게 되는데 이 값은 FND에 숫자를 표시하기 위한 데이터가 된다.

(제어프로그램이 실행되고 제어프로그램에서 제어가 될 때에는 장비의 딥스위치로는 제어가 되지 않으며 밝기를 조정하는 가변저항만이 동작하게 된다. 장비의 딥스위치를 활성화하기 위해서는 장비의 FND블럭 우측 상단 Enable 스위치를 눌러준다.

또한 Array FND의 기능 버튼-시계, 카운터-를 활성화하게 되면 장비가 제어되지 않으며 비활성활키게 되면 제어프로그램으로 제어가 가능해진다.)

8.3 FND에 숫자 표시하기

이번 예제는 CPU의 GPIO를 이용한 LED 불 켜기 실습과 거의 유사하게 구동한다.

- MCU의 GPIO대해서는 “4장 마이크로 컨트롤러(AVR)”에 포함된 “4.4절 마이크로 컨트롤러와 GPIO와 4.5절”을 참조하도록 한다.

8.3.1 구동 프로그램

FND에 숫자 ‘2’를 출력하는 예제 프로그램 이다.

```
/*************************************************************
        FND 숫자 출력하기 예제

        동작 : FND에 숫자 2를 출력한다.

        DIP SEL 선택 : 1001
*************************************************************/

#include<avr/io.h>              //          AVR I/O 헤더 선언

void display_fnd(unsigned char data);

int main()
{

        DDRD = 0xFF;            //          FND 8핀을 출력으로 선언

        PORTD = 0x5B;   //

        return 0;
}
```

8.3.2 실행 결과

다음은 위 프로그램을 실행한 결과 화면이다.

〈그림 8-6〉 FND제어를 위한 AVR선택(2번)

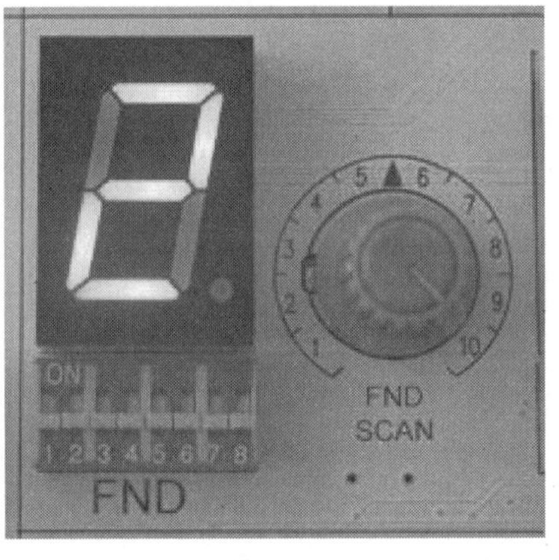

〈그림 8-7〉 GPIO로 FND불켜기 실습 결과 화면

FND에 숫자 '2'가 표시되는 것을 확인할 수 있을 것이다.

❑ 프로그램을 수정하여 숫자 또는 문자를 표시하는 프로그램을 작성하고 동작을 확인하자.

8.4 FND에 숫자 및 문자 연속 표시하기

FND에 숫자를 표기하였다면 여기서는 원하는 시간간격을 숫자를 표시할 수 있는 프로그램 방법을 배우기로 한다.

8.4.1 구동 프로그램

이번 예제는 FND에 16진수0 ~ F까지의 숫자를 0.5초 주기로 출력하는 예제 프로그램이다.

```
/**********************************************************
        FND 숫자 출력하기 예제

        동작 :    0.5초간격으로 FND에 0~9,A~F그리고 . 을  출력한다.

        DIP SEL 선택 : 1001
**********************************************************/

#include<avr/io.h>              //          AVR I/O 헤더 선언
#include<util/delay.h>          //          딜레이함수 선언

// FND에 대한 0~9,A~F, . 에 대한 테이블
unsigned char FND_DATA_TBL[]=
{0x3F,0x06,0x5B,0x4F,0x66,0x6D,0x7D,0x07,0x7F,0x67,0x77,0x7C,0x39,0x5E,0x79,0x71,0x80};
이 테이블은 어떤 의미인지?

// data의 값을 매개로 FND에 문자를 출력한다.
void display_fnd(unsigned char data);

int main()
{
        char index = 0;

        DDRD = 0xFF;        //          FND 8핀을 출력으로 선언
```

```
//      0.5초마다 fnd에 문자를 출력
        while(1)
        {
                display_fnd(index);

                index++;

                if(index>16) index = 0;

                _delay_ms(500);

        }
        return 0;
}

void display_fnd(unsigned char data)
{
        unsigned char fnd_data;

        fnd_data = FND_DATA_TBL[data];

        PORTD =  fnd_data;
}
```

0.5초를 주기로 표시되는 값이 변경하게 되며 이를 위해 지연 함수를 사용하게 된다.

```
_delay_ms(500); //500ms=0.5sec 로 설정
```

8.4.2 실행 결과

다음은 위 프로그램을 실행한 결과 화면이다.

〈그림 8-8〉 FND제어를 위한 AVR선택(2번)

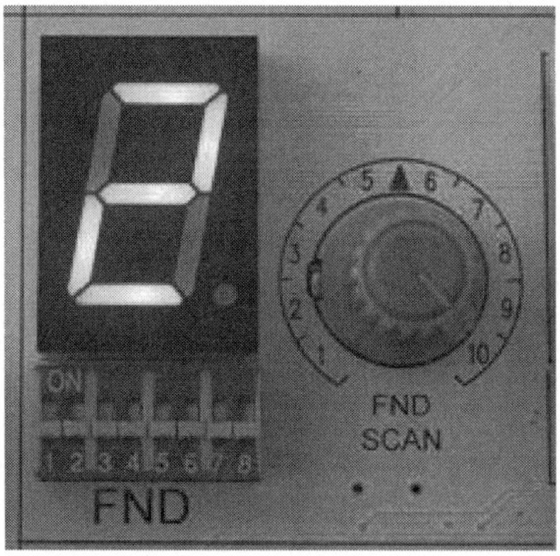

〈그림 8-9〉 GPIO로 FND에 숫자 및 문자 연속 표시하기 실습 결과 화면

8.5 Array FND

8.5.1 Array FND 이해

7-segment FND의 동작 원리는 이미 앞장에서 설명하였으므로 생략하기로 한다. 이번 장에서는 Array형 FND에 대해서 알아보기로 하자.

일반적으로 스톱워치등 7-segment FND 를 여러 개를 Array로 묶어서 사용하는 경우가 많이 있다. 여기서 문제가 생겼다.

7-segment FND를 여러 개 배열하고 사용하려면 각 FND당 8개씩의 핀이 소요되어 너무 많은 연결 단자를 필요로 하게 된다.

만약 4개의 7-segment 를 동작시키기 위해 하나의 7-Segment당 출력인 'a', 'b', 'c', 'd', 'e', 'f', 'g', 'h'가 각각 출력 핀을 가져 32개의 출력 핀이 필요로 하게 되는 것이다.

이를 해결하기 위해 아래의 그림과 같이 7-Segment의 출력은 공통으로 연결하고, 출력할 위치를 지정하는 com1 ~ com4의 값을 제어하여 원하는 숫자나 문자를 표시하는 방법을 사용하게 된다.

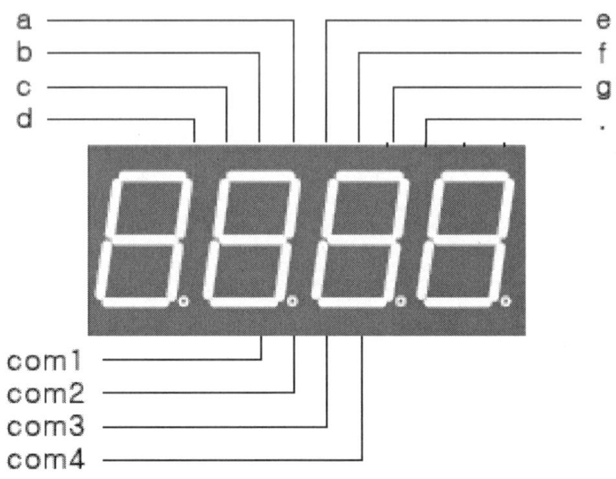

〈그림 8-10〉 7-Segment FND Array

아래의 그림은 4개의 7-Segment에 "1234"의 숫자를 표시하기 위한 방법을 설명한 것이다.

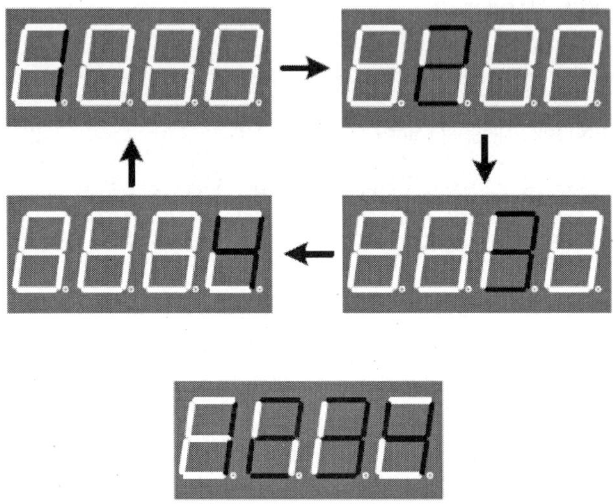

〈그림 8-11〉 7-Segment FND Array의 구동 원리

먼저 7-segment 데이터 값을 "00000110"로 주어 '1'를 표시하는 값을 주고 com1에 '0'을, 그리고 나머지 com2~4는 '1'의 값을 주면 첫째 7-Segment에 1이 표시된다. 다음으로 데이터에 "01011011"을 주어 '2'의 값을 주고 com2에 '0'과 com1, com3~4에 '1'을 주면 둘째 7-Segment에 2가 표시된다. 이런 순서로 4까지의 숫자를 표시하고 다시 처음으로 돌아가 위의 내용을 반복한다.

이를 약 1m sec 이상의 주기로 반복하면 잔상효과에 의해 "1234"의 숫자가 동시에 표시되는 것처럼 보이게 된다.

이와 같이 필요한 핀수를 줄이는 장점이 생기지만 다른 한편으로는 4개의 7-segment를 시간에 따라 순차적으로 제어해야하는 복잡한 구동방식을 가지게 된다.

8.5.2 Array FND 동작 실습

Array FND의 동작 방법을 확인하기 위해 예제 프로그램을 다운로드 하여 Array FND의 동작을 확인해 보자. 앞의 3.4장의 내용을 다시 확인하여 HBE-Green-LED의 Application Program의 사용법을 다시 한번 확인하기 바란다.

다운로드할 프로그램 파일은 시디의 \Application Program\AVR Data\avr2.hex 파일이다.

다운로드를 위해 ISP Sel 스위치를 "1001"로 맞춘 후 AVR Studio를 이용하여 Hex파일을 다운로드 한다.

다운로드 후 ISP Sel 스위치를 "0001"에 맞춘 후 시디의 \Application Program\HBE-Green-LED v1.1.exe 파일을 실행한다.

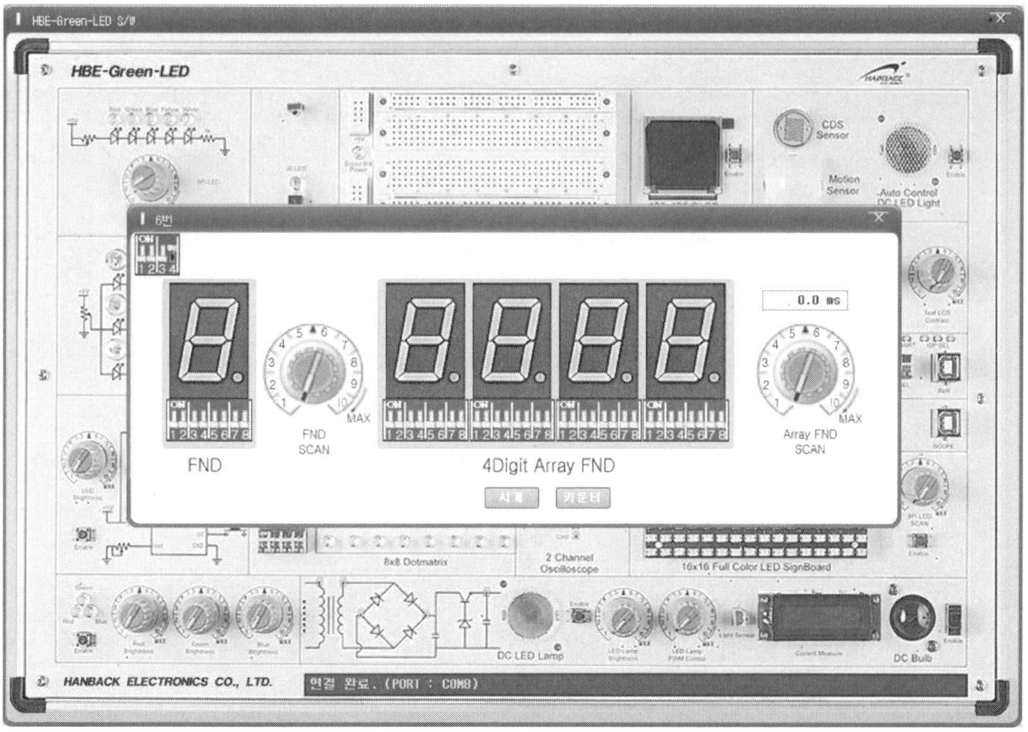

프로그램이 실행되면 Array FND 그림을 선택하면 위와 같은 화면이 표시된다.

프로그램의 Array FND에서 켜고자 하는 위치의 도트를 마우스로 선택하며 해당 도트가 켜지는 것을 확인할 수 있을 것이다.

도트를 선택함에 따라 아래 스위치의 그림도 변경되게 되는데 이 값은 우리가 전장에서 확인한 FND의 수를 표시하기 위한 코드와 동일하다는 것을 확인할 수 있을 것이다.

8.6 Array FND에 숫자 출력하기

이 예제는 Array FND를 구성하는 4개의 FND에 각각 1~4의 숫자를 표시하는 예제이다.

8.6.1 구동 프로그램

```
/*********************************************************
        Array FND 숫자 출력하기 예제

        동작 : Array FND에 1234 를 출력한다.

        DIP SEL 선택 : 1001
*********************************************************/

#include<avr/io.h>          //      AVR I/O 헤더 선언
#include<util/delay.h>      //      딜레이함수 선언
#include"global.h"          //      사용자 라이브러리 선언

enum{FONT_ON,FONT_OFF};

//      0~9,A~F, . 문자에 대한 FND 테이블
unsigned char FND_DATA_TBL[]=
{0x3F,0x06,0x5B,0x4F,0x66,0x6D,0x7D,0x07,0x7F,0x67,0x77,0x7C,0x39,0x5E,0x79,0x71,0x80};
```

```
//        com포트의 ArrayFND에 mode에 따른 data값을 출력한다.
void Display_ArrayFND(char com,u08 data,char mode);

int main()
{
        DDRC = 0xFF;          // ArrayFND data핀을 출력으로 선언
        PORTC = 0;

        DDRE = 0x3C;          // ArrayFND의 COM핀(PE2~5)를 출력으로 선언
        PORTE = 0;

        while(1)
        {
                Display_ArrayFND(0,1,FONT_ON);
                _delay_ms(1);

                Display_ArrayFND(1,2,FONT_ON);
                _delay_ms(1);

                Display_ArrayFND(2,3,FONT_ON);
                _delay_ms(1);

                Display_ArrayFND(3,4,FONT_ON);
                _delay_ms(1);
        }
        return 0;
}

void Display_ArrayFND(char com,u08 data,char mode)
{
        PORTE &= ~0x3C;

        sbi(PORTE,com+2);

        if(mode==FONT_ON)
```

```
                PORTC = FND_DATA_TBL[data];
        else
                PORTC = data;

}
```

8.6.2 실행 결과

다음은 위 프로그램을 실행한 결과 화면이다.

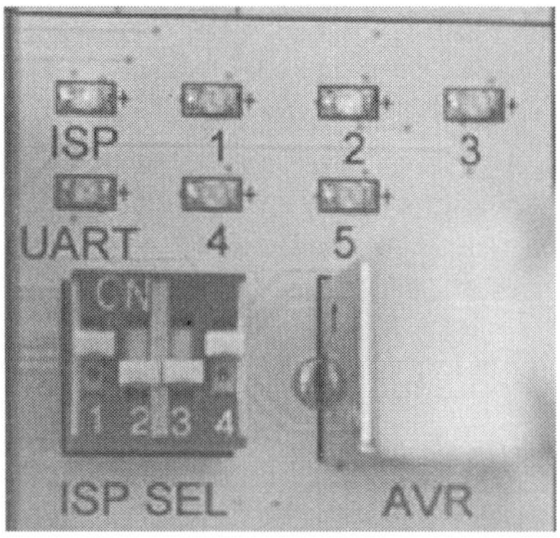

〈그림 8-12〉 Array FND 제어를 위한 AVR 선택(2번)

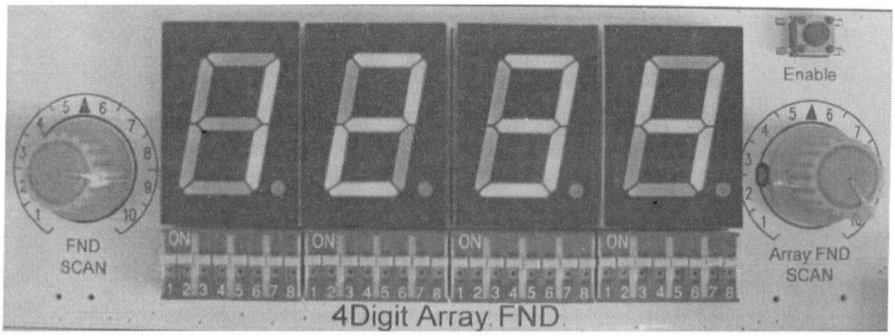

〈그림 8-13〉 Array FND에 숫자 표시하기

8.7 Array FND에 카운터 숫자 표시하기

다음 예제는 0.1초 마다 증가하는 값을 Array FND에 출력하는 예제이다.

8.7.1 구동 프로그램

```
/*************************************************************
        0.1초 마다 증가되는 값을 Array FND에 출력하는 예제

        동작 : 0.1마다 증가되는 값을 Array FND에 출력한다.

        DIP SEL 선택 : 1001
*************************************************************/

#include<avr/io.h>              //      AVR I/O 헤더 선언
#include<util/delay.h>          //      딜레이함수 선언
#include"global.h"              //      사용자 라이브러리 선언

enum{FONT_ON,FONT_OFF};

//      0~9,A~F, . 문자에 대한 FND 테이블
unsigned char FND_DATA_TBL[]=
{0x3F,0x06,0x5B,0x4F,0x66,0x6D,0x7D,0x07,0x7F,0x67,0x77,0x7C,0x39,0x5E,0x79,0x71,0x80};

//      com포트의 ArrayFND에 mode에 따른 data값을 출력한다.
void Display_ArrayFND(char com,u08 data,char mode);

int main()
{
        unsigned short count = 0,i=0;

        DDRC = 0xFF;        // ArrayFND data핀을 출력으로 선언
        PORTC = 0;
```

```
	DDRE = 0x3C;		// ArrayFND의 COM핀(PE2~5)를 출력으로 선언
	PORTE = 0;

	while(1)
	{
		Display_ArrayFND(0,count/1000,FONT_ON);
		_delay_ms(1);

		Display_ArrayFND(1,(count/100)%10,FONT_ON);
		_delay_ms(1);

		Display_ArrayFND(2,(count/10)%10,FONT_ON);
		_delay_ms(1);

		Display_ArrayFND(3,count%10,FONT_ON);
		_delay_ms(1);

		if(i++ >=25) //4ms x 25 = 100ms
		{
			i=0;
			count++;
		}
	}
	return 0;
}

void Display_ArrayFND(char com,u08 data,char mode)
{
	PORTE &= ~0x3C;

	sbi(PORTE,com+2);

	if(mode==FONT_ON)
		PORTC = FND_DATA_TBL[data];
```

```
        else
                PORTC = data;
}
```

8.7.2 실행 결과

다음은 위 프로그램을 실행한 결과 화면이다.

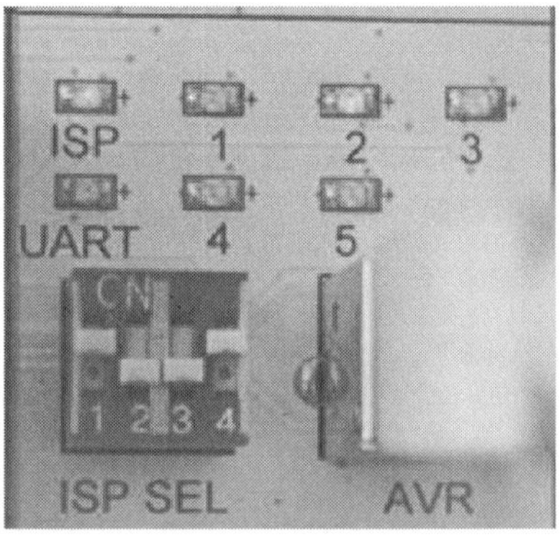

〈그림 8-14〉 Array FND 제어를 위한 AVR 선택(2번)

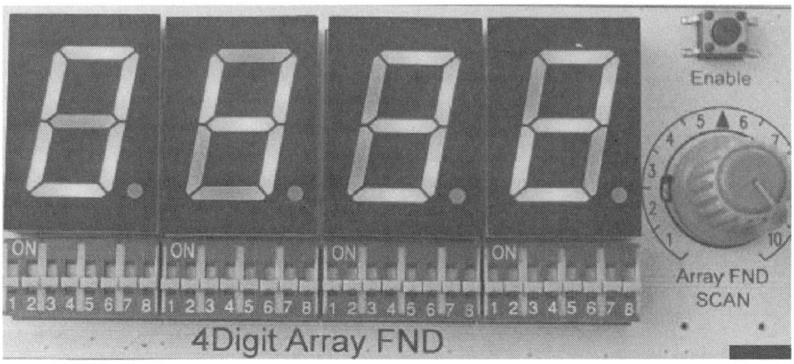

〈그림 8-15〉 Array FND 카운트 숫자 표기하기

8.8 Array FND에 디스플레이 주파수 출력하기

8.8.1 구동 프로그램

이 예제는 Array FND의 출력 시간을 조절하고 그 주파수를 Array FND에 출력하는 예제이다. Array FND의 제어 원리인 잔상을 효과적으로 제어하기 위해 디스플레이 주파수를 조절하여 적절한 주파수를 찾아본다.

```
/*********************************************
        3LED PWM 동작 예제

        동작 :    가변저항 움직임에 따라 Array FND의 출력 주파수가
                  변경되고 해당 주파수가 Array FND에 출력된다.

        ISP SEL 선택 : 1001

*********************************************/

#include<avr/io.h>
#include <avr/interrupt.h>
#include<util/delay.h>
#include"global.h"  // 사용자 정의 라이브러리 헤더 선언
#include"a2d.h"     // adc 기능을 정의한 헤더 선언

// Array FND 제어핀 테이블
unsigned char FND_COM_TBL[]= {0x04,0x08,0x10,0x20};
// 0~9,A~F, . 문자에 대한 FND 테이블
unsigned char FND_DATA_TBL[]=
{0x3F,0x06,0x5B,0x4F,0x66,0x6D,0x7D,0x07,0x7F,0x67,0x77,0x7C,0x39,0x5E,0x79,0x71,0x80};
unsigned char timer0Cnt=0;
volatile unsigned int count = 0;
volatile double us;

void Display_ArrayFND(unsigned char com,unsigned char data);
```

```
int main()
{
	DDRC = 0xFF;		// ArrayFND data핀을 출력으로 선언
	PORTC = 0;

	DDRE = 0x3C;		// ArrayFND의 COM핀(PE2~5)를 출력으로 선언
	PORTE = 0;

	TCCR0 = 0x07;		// timer0 1024 prescaler
	TCNT0 = 0x64;		//(1/(16Mhz/1024 prescaler))*100 => 0.0099s 약 10ms
	TIMSK = 0x01;
	TIFR &= ~(0x01);

	// ADC 기능 활성화
	a2dInit();
	sei();

	while(1)
	{
		Display_ArrayFND(0,count/1000);
		_delay_us(us);

		Display_ArrayFND(1,(count/100)%10);
		_delay_us(us);

		Display_ArrayFND(2,(count/10)%10);
		_delay_us(us);

		Display_ArrayFND(3,count%10);
		_delay_us(us);
	}
}

void Display_ArrayFND(unsigned char com,unsigned char data)
```

```
{
        PORTE = FND_COM_TBL[com];
        PORTC = FND_DATA_TBL[data];
}

SIGNAL(SIG_OVERFLOW0){

        cli();
        TCNT0 =  0x64;
        timer0Cnt++;

        if(timer0Cnt == 10){  // 10ms * 10 = 100ms
            timer0Cnt=0;
            count = (a2dConvert10bit(ADC_CH_ADC0)+1)/2;
                                                        //ADC 값을 주파수로 사용
            us = 1000000/count;                  // 주파수를 us단위로 환산
        }
        sei();
}
```

8.8.2 실행 결과

이번 예제는 Array FND의 위치 별 출력 시간을 조절하여 Array FND의 원리를 알아보는 예제이다. Array FND SCAN 노브는 가변저항을 통해서 ADC0 채널에 연결되어 있으며 이를 10비트로 ADC하여 그 값을 시간지연 함수인 _delay_us(); 에 사용한다. 이 값은 주파수로 환산하여 Array FND에 출력한다.

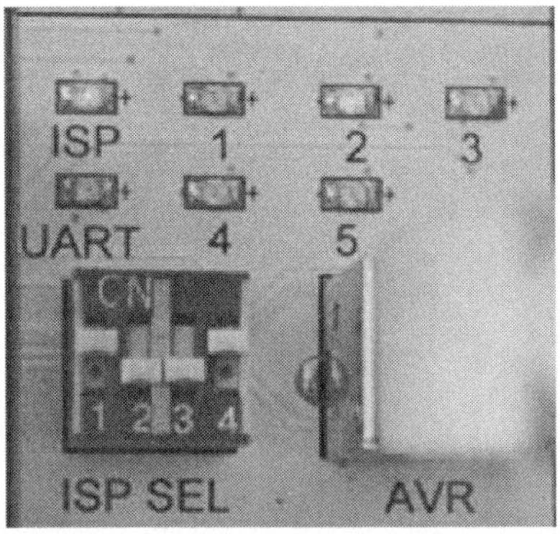

〈그림 8-16〉 Array FND 제어를 위한 AVR 선택(2번)

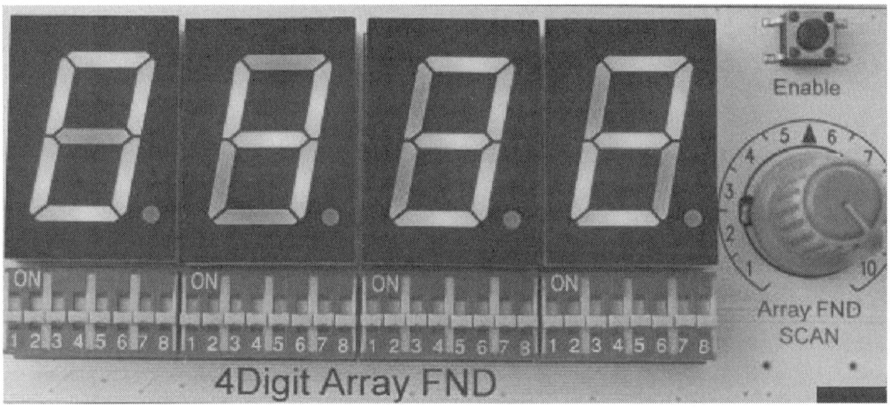

〈그림 8-17〉 Array FND에 디스플레이 주파수 표시하기

- ❑ 위 예제를 이용하여 Array FND 의 숫자를 끊김없이 읽기에 적당한 주파수를 찾아 초단위로 환산하여 보도록 하자

Chapter 9

Dotmatrix 제어하기

9. Dotmatirx 제어하기

도트메트릭스 LED란 LED를 행렬 형태로 배치하여 원하는 이미지나 영상을 표현할 수 있도록 한 것을 말한다. LED 배열을 형태에 따라 5*7, 8*8, 16*16 등으로 이루어지며 이외에도 LED의 컬러 수에 따라 단색 및 다색으로 분류된다.

9.1 Dotmatrix의 구조

9.1.1 Dotmatirix 모듈의 구조

도트메트릭스 LED의 구조와 동작 방식에 대해 좀 더 알아보자. 그림 9-1은 LED로 구성된 다양한 크기와 형태의 도트메트릭스 LED를 보여주고 있다.

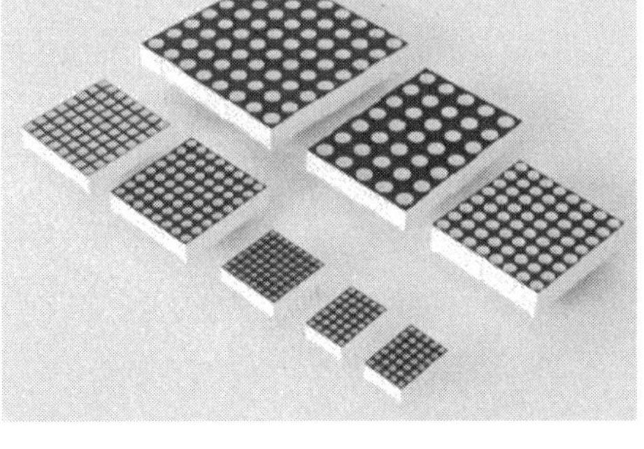

〈그림 9-1〉 도트메트릭스 LED

도트메트릭스 LED의 형태에서 5*7형은 주로 글씨를 표시하기 위한 용도로 주로 사용되며 8*8, 16*16형은 주로 이미지를 표시하기 위해 주로 사용된다.

도트메트릭스 LED를 동작하기 위한 구동 회로는 크게 스태틱 구동 방식과 다이나믹 구동 방식으로 나눌 수 있다.

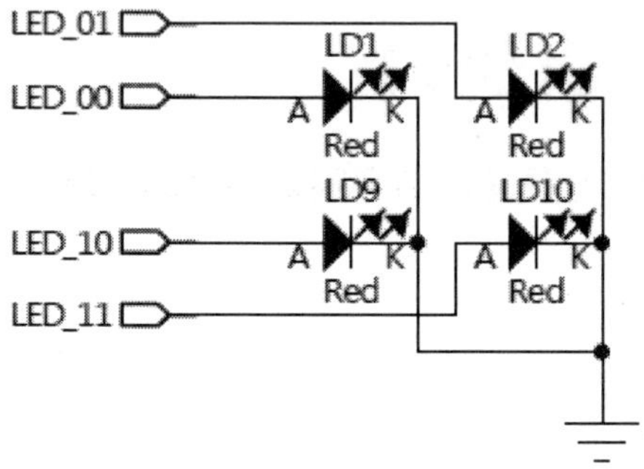

〈그림 9-2〉 스태틱 구동 회로

그림 9-2는 2*2형의 스태틱 구동회로 방식의 회로이다. 그림과 같이 각각의 LED의 입력을 독립적으로 제어하는 방식이다.

그림 9-3은 다이나믹 구동회로 방식의 회로이다. 이 방식은 데이터 열과 스캔 열을 지정하여 1행씩 LED를 켜고 끄는 방식으로 제어하게 되는데 이는 우리가 일반적으로 사용하는 모니터와 비슷한 방식이라 생각하면 될 것이다.

다이나믹 구동회로의 경우 한번에 전체를 켜지 않고 한 줄씩 LED를 켤 수 있으므로 전체가 켜진 것처럼 표시하기 위해서는 별도의 추가 동작이 필요하게 된다. 이를 스캔이라고 하는데 한 줄씩 켜지는 LED의 동작을 초당 수 백 회 이상 반복하여 켜고 끔을 반복 할 경우 사람의 눈에는 모든 LED가 동시에 제어 되는 것과 같은 현상을 얻을 수 있게 된다.

이는 사람의 눈의 특징인 잔상 효과를 통해 얻게 되는 현상이다.

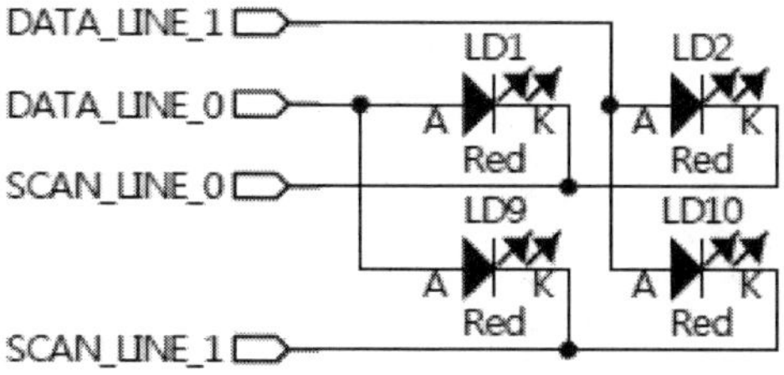

〈그림 9-3〉 다이나믹 구동 회로

두개의 도트매트릭스 구동 회로는 거의 동일하게 보이나 도트메트릭스 LED의 수를 증가하면 그 구동회로는 크게 차이가 나게된다.

예를 들어 8*8형 도트메트릭스의 경우 스태틱 구동회로를 이용하여 설계할 경우 제어 신호가 전체 LED가 각자 제어되므로 64개의 제어 신호가 필요하게 된다. 그러나 다이나믹 방식의 도트메트릭스 구동회로의 경우 행과 열의 숫자만큼의 제어 신호가 필요하므로 16개의 제어 신호를 이용하여 도트메트릭스 LED를 제어 할 수 있다.

일반적으로 도트메트릭스 LED의 구동 방식은 스태틱 보다 다이나믹 방식을 주로 사용하여LED를 구동하게 된다.

9.1.2 Dotmatrix LED의 구동회로

다이나믹 방식의 LED에서는 데이터 열과 스캔 행의 제어를 통해 도트메트릭스 LED를 제어하게 되는데 이때 제어를 위해 마이크로 컨트롤러를 사용할 경우 마이크로컨트롤러의 출력 신호를 도트메트릭스 LED의 제어 신호에 직접 연결 할 경우 전류의 부족으로 LED의 밝기가 동작에 따라 변하게 되는 현상이 발생할 수 있다. 이를 방지하기 위해 별도의 드라이버 IC를 이용하여 구동회로를 구성하게 된다.

그림 9-4는 단색 LED를 이용하여 8행 8열 도트메트릭스 구현한 회로이다. LED의 제어 방식은 다이나믹 방식을 이용하였으며 LED의 안정적인 전류 공급을 위해 TD62083, TD62783 다라이버 IC를 사용하였다.

또한 각 LED의 전류 제한을 위해 560옴의 저항을 LED와 직렬로 연결하였다.

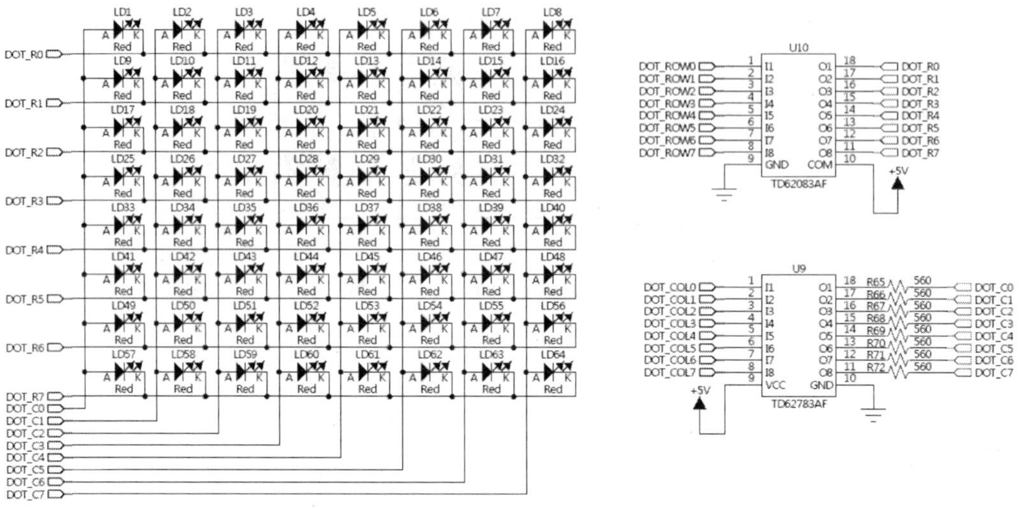

〈그림 9-4〉 8*8형 도트메트릭스 구동회로

9.2 Dotmatrix 제어

도트메트릭스 LED을 제어 하기 위해서는 모듈에 인가되는 전류를 안정적으로 공급해야만 원하는 동작을 얻을 수 있다. 다이나믹 방식의 도트메트릭스 LED의 경우 데이터 열과 스캔 행이라는 제어신호를 통해 원하는 문자나 이미지를 화면에 표시하게 된다.

그림 9-5와 같이 8*8형의 도트메트릭스에 숫자 2를 표시하는 방법을 통해 도트메트릭스 LED의 제어 방법에 대해 좀더 자세히 알아 보도록 하자.

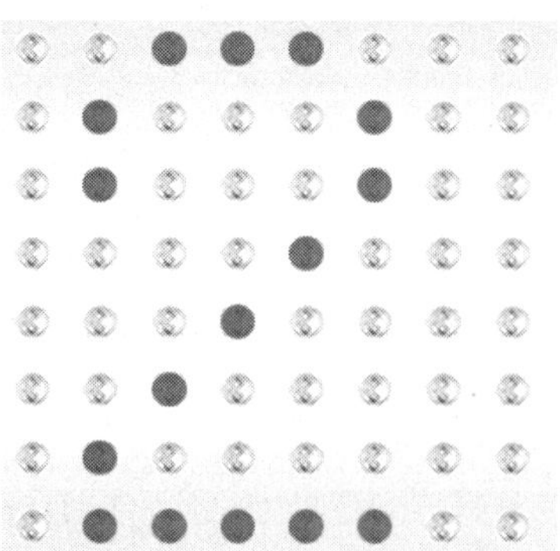

〈그림 9-5〉 숫자 2 표시하기

도트메트릭스 LED에 숫자 2를 표시하기 위한 과정에는 우선 각 행 별로 표시할 데이터를 임의의 공간에 저장하여야 한다. 첫 행의 데이터를 2진수로 표시하면 “00111000”이 되며 두 번째 행의 데이터를 마찬가지 2진수로 표시하면 “01000100”이 된다.

이를 정리하면 도트메트릭스 LED에 숫자 2를 표시하기 위한 행의 데이터는 다음과 같다.

1행 => “00011100”

2행 => “00100010”

3행 => “00100010”

4행 => “00010000”

5행 => “00001000”

6행 => “00000100”

7행 => “00000010”

8행 => “00111110”

다이나믹 방식의 도트메트릭스 LED에서 데이터 열 제어 신호는 각 행 별로 표시할 데이터를 입력하게 되며 스캔 행 제어 신호는 데이터 열 제어 신호가 표시될 행을 지정하게 된다. 이때 스캔 행 제어 신호는 해당 행의 값을 0으로 하고 다른 행의 스캔 행 제어 신호는 1로 지정하게 된다.

위의 내용을 정리하여 이를 표로 구성하면 표 9-1과 같다.

〈표 9-1〉 숫자 2를 위한 제어 신호

순서	데이터 열 제어 신호	스캔 행 제어 신호
1	00011100(0x1C)	11111110
2	00100010(0x22)	11111101
3	00100010(0x22)	11111011
4	00010000(0x10)	11110111
5	00001000(0x08)	11101111
6	00000100(0x04)	11011111
7	00000010(0x02)	10111111
8	00111110(0x3E)	01111111

다이나믹 방식의 도트메트릭스 LED는 표 9-1과 같은 순서의 제어 신호를 연속적으로(일반적으로 약 초당 수십 회에서 수백 회)제어함으로써 숫자 2가 도트메트릭스 상에 표시되는 것처럼 보이게 될 것이다.

9.3 Dotmatirx 동작 실습

Dotmatrix의 동작 방법을 확인하기 위해 예제 프로그램을 다운로드 하여 Dotmatirx의 동작을 확인해 보자. 앞의 3.4장의 내용을 다시 확인하여 HBE-Green-LED의 Application Program의 사용법을 다시 한번 확인하기 바란다.

다운로드할 프로그램 파일은 시디의 \Application Program\AVR Data\avr1.hex 파일이다.

(제품 출하시 이 파일은 다운로드 되어 있다.)

다운로드를 위해 ISP Sel 스위치를 “1000”로 맞춘 후 AVR Studio를 이용하여 Hex파일을 다운로드 한다.

프로그램을 다운로드하고 장비의 "8x8 dotmatrix" 블록 상단 우측에 있는 "Enable"버튼을 누르게 되면 장비의 딥스위치를 이용하여 LED를 켤수 있다.

가변 저항 "Dotmatrix scan" 돌리게 되면 스캔되어 LED가 깜박이는 것을 확인할 수 있다.

9.3.1 제어프로그램을 이용한 Dotmatrix 실습

다운로드 후 ISP Sel 스위치를 "0000"에 맞춘 후 시디의 \Application Program\HBE-Green-LED v1.1.exe 파일을 실행한다.

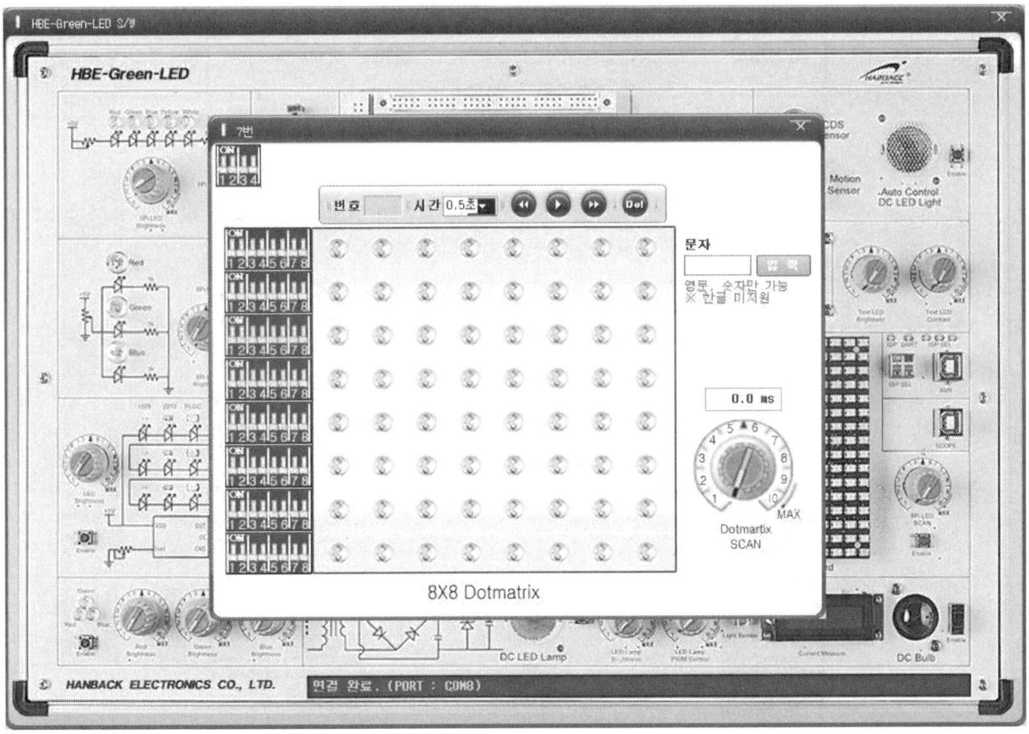

프로그램이 실행되면 "8x8 Dotmatrix" 블럭을 선택하면 위와 같은 화면이 표시된다.

프로그램의 Dotmatrix에서 켜고자 하는 위치의 도트를 마우스로 선택하며 해당 도트가 켜지는 것을 확인할 수 있을 것이다. 이렇게 도트를 선택하여 원하는 숫자와 문자를 도안할 수 있다.

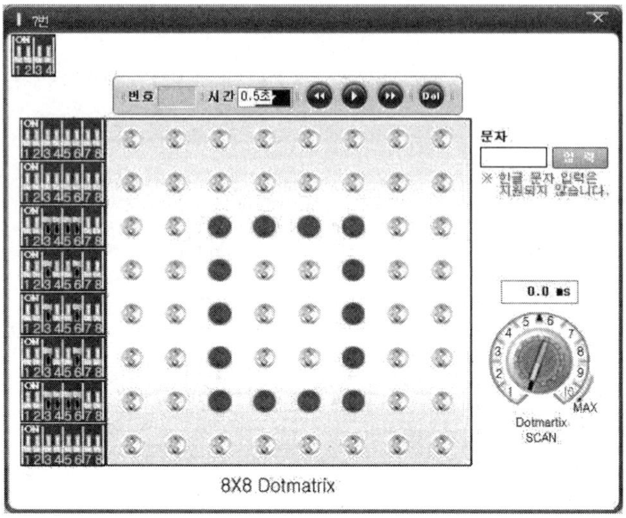

도트를 선택함에 따라 각 행 딥스위치의 그림도 바뀌게 되는데 이 값은 우리가 Dotmatrix에 숫자나 문자를 표시하는데 사용되는 데이터 값이 된다.

❑ LED를 클릭하여 원하는 숫자를 표시하도록 하고 이때 각 행에 해당되는 딥스위치의 값을 기록하도록 한다.

❑ 문자 입력 란에 숫자나 문자를 입력한 후 입력 버튼을 누른 후 화살표 모양의 플레이 버튼을 누르도록 하자

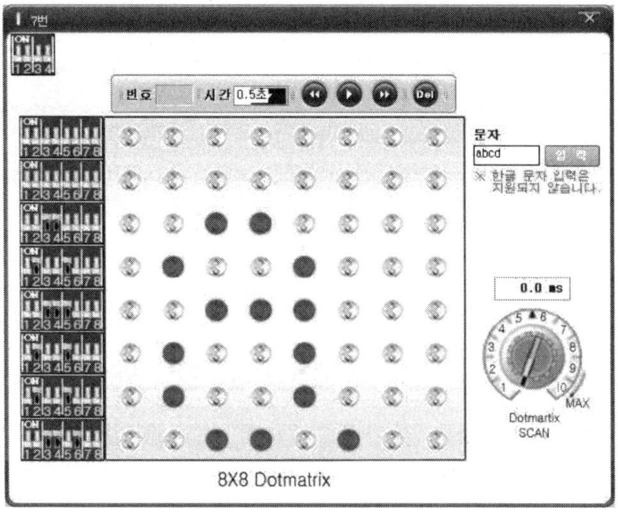

입력된 문자나 숫자 자리수만큼 번호 란의 숫자가 표시된다. 위는 a b c d 4개의 문자가 4개의 번호에 각각 입력되어 0.5초의 시간동안 스캔되면서 표시된다.

Dotmatrix는 이런 연속적인 숫자와 문자 표시 방법을 통해 표시하고자 하는 숫자나 문자 도형 등을 표시할 수 있다.

9.4 도트매트릭스에 고정 문자 표시하기

앞 절에서 설명한 도트메트릭스 LED에 숫자를 표시하는 프로그램을 작성해 보도록 하자.

9.4.1 구동 프로그램

다음은 8*8형 도트메트릭스 LED에 숫자 2를 표시하기 위한 프로그램 이다.

```
/*************************************************************
        Dotmatrix LED 제어하기 예제

        동작 : 도트메트릭스 LED에 숫자 2를 표시한다.

        DIP SEL 선택 : 1000
*************************************************************/

#include<avr/io.h>                // AVR I/O 헤더 선언
#include<util/delay.h>            // 딜레이함수 선언

// 도트매트릭스의 row번째 줄에 data를 출력한다
void Display_Dotmatrix(unsigned char row,unsigned char data);
```

```
int main()
{
	// 정의한 도트매트릭스 표 값
	unsigned char demo_dotmatrix[8]={0x1C, 0x22, 0x22, 0x10, 0x08, 0x04, 0x02, 0x3E};

	unsigned char i=0;

	DDRC = 0xFF;		//row 출력 선언
	PORTC = 0x00;

	DDRD   = 0xFF;		// Column 출력 선언
	PORTD = 0x00;

	while(1)
	{
		Display_Dotmatrix(i,demo_dotmatrix[i]);
		i++;
		_delay_ms(1);
		if(i>=8) i=0;
	}
	return 0;
}

void Display_Dotmatrix(unsigned char row,unsigned char data)
{
	PORTC = 0x00;
	PORTD = 0x00;
	_delay_us(30);
	PORTC = 1 << row;
	PORTD = data;
}
```

프로그램에 대해 살펴 보자.

unsigned char demo_dotmatrix[8]={0x1C, 0x22, 0x22, 0x10, 0x08, 0x04, 0x02, 0x3E};

도트메트릭스 LED에 표시할 데이터를 각 행 별로 정의하고 이를 16진수로 미리 정의한 구문이다.

첫째 값이 1행에 해당하는 값이며 여기에서 주의 할 것은 위 표에서의 값과 같이 값의 최하위 비트가 도트메트릭스 LED 좌측에 위치하는 LED의 값이므로 좌우가 반대로 표시됨을 주의한다.

_delay_ms(1);

약 1msec의 지연을 동작에 포함 시킨다. 이를 포함 한 것은 잠시 후 실험할 해당 줄이 표시되는 주기를 변경하였을 때 나타나는 현상을 확인 하기 위한 구문이다.

괄호 안의 숫자를 변경하면 LED가 한 줄당 표시되는 주기를 조정할 수 있게 된다. 값을 크게 할 경우 한 줄당 표시되는 시간이 길어지게 되어 단위 시간당 한 줄이 화면에 표시되는 주기가 길어 지게 된다.

9.4.2 실행 결과

이제 프로그램을 컴파일 하여 다운로드 해 보도록 하자.

다운로드 시 설정할 AVR 디바이스 번호는 1번 AVR이다.

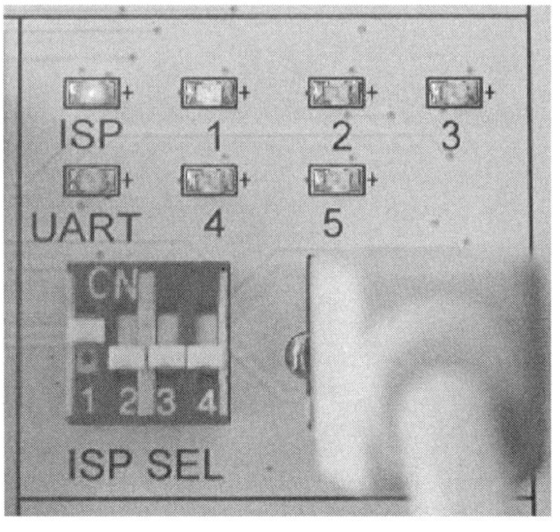

〈그림 9-6〉 Dotmatrix LED 제어를 위한 AVR 선택(1번)

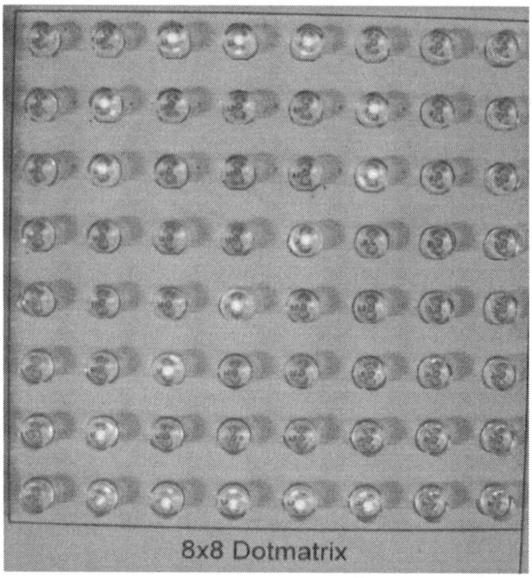

〈그림 9-7〉 도트메트릭스 LED 숫자 2 표시하기

이제 아래 구문을 수정하여 숫자 3, 4 또는 기타 원하는 도형을 정하여 동작을 확인하기 바란다.

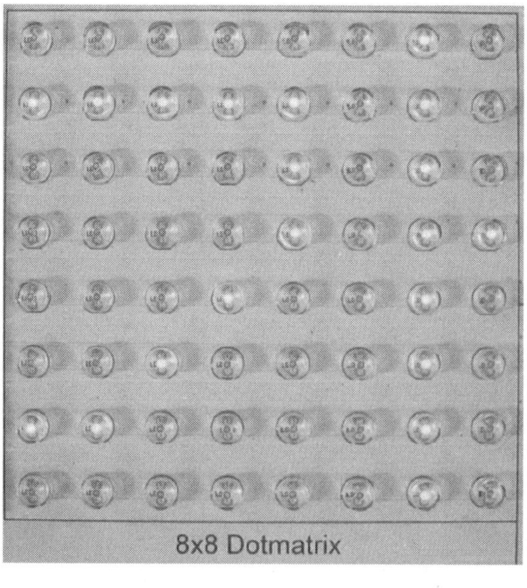

〈그림 9-8〉 도트메트릭스 LED 한글 “가” 표시하기

작성한 예제에서 다음 구문의 괄호 안의 숫자를 변경하여 도트메트릭스 LED의 동작을 관찰해 보자.

_delay_ms(1);

괄호 안의 숫자를 10이나 100, 1000으로 수정하여 컴파일 한 후 이를 다운로드 하여 동작이 어떻게 변하는지 관찰해 보자.

숫자를 크게 할수록 도트메트릭스 LED의 한 줄이 표시되는 시간이 길어지게 되는데 숫자를1000으로 수정할 경우 한 줄이 1초 단위로 표시되게 되는데 이를 통해 도트메트릭스 LED의 동작 순서를 확인할 수 있을 것이다. 숫자를 점점 줄여 약 2정도 될 경우 숫자나 문자의 표시가 떨림이 없이 표시되는 것을 확인 할 수 있을 것이다.

9.5 도트매트릭스에 동적 문자 표시하기

이번 예제는 정의된 도트메트릭스 LED 정의 값을 2개 정의하여 이를 1초 주기로 표시하는 예제이다.

9.5.1 구동 프로그램

다음으로 두 개의 숫자 또는 문자를 순차적으로 표시하는 프로그램을 작성 해 보자.

```
/**************************************************************
        Dotmatrix LED 제어하기 예제

        동작 : 도트메트릭스 LED에 숫자 2와 가를 순차적으로 표시한다.

        DIP SEL 선택 : 1000
**************************************************************/
#include<avr/io.h>                // AVR I/O 헤더 선언
```

```
#include<util/delay.h>          // 딜레이함수 선언

// 도트매트릭스의 row번째 줄에 data를 출력한다
void Display_Dotmatrix(unsigned char row,unsigned char data);

int main()
{
        // 정의한 도트매트릭스 표 값
        unsigned char demo_dotmatrix_1[8]={0x1C, 0x22, 0x22, 0x10, 0x08, 0x04, 0x02, 0x3E};
        unsigned char demo_dotmatrix_2[8]={0x40, 0x5F, 0x50, 0xD0, 0x48, 0x44, 0x43, 0x40};

        unsigned char i=0;
        int j = 0;

        DDRC = 0xFF;        //row 출력 선언
        PORTC = 0x00;

        DDRD = 0xFF;        //Column 출력 선언
        PORTD = 0x00;

        while(1)
        {
                for(j=0;j < 1000;j++){
                Display_Dotmatrix(i,demo_dotmatrix_1[i]);
                i++;
                _delay_ms(1);
                if(i>=8) i=0;
                }

                for(j=0;j < 1000;j++){
                Display_Dotmatrix(i,demo_dotmatrix_2[i]);
                i++;
                _delay_ms(1);
                if(i>=8) i=0;
                }
```

```
        }
        return 0;
}

void Display_Dotmatrix(unsigned char row,unsigned char data)
{
        PORTC = 0x00;
        PORTD = 0x00;
        _delay_us(30);
        PORTC = 1 << row;
        PORTD = data;
}
```

두 개의 숫자(2)와 문자(가)표시하기 위해 각각의 정의된 도트매트릭스 표 값을 만들었으며 이를 약 1초동안 각각을 순차적으로 도트매트릭스에 표시하도록 하였다. 1초동안 하나의 값을 표시하기 위해 반복문을 이용하였으며 1회 반복에서 1msec 지연구문을 사용하여 전체 반복 횟수를 1000회 반복하여 표시 주기가 1초가 되도록 하였다.

9.5.2 실행 결과

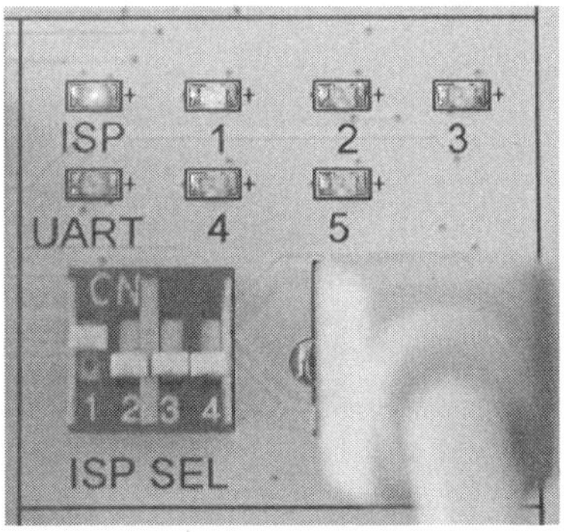

〈그림 9-9〉 Dotmatrix LED 제어를 위한 AVR 선택(1번)

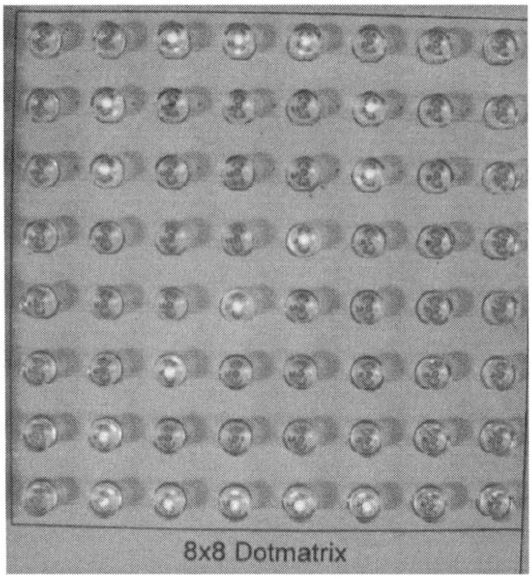

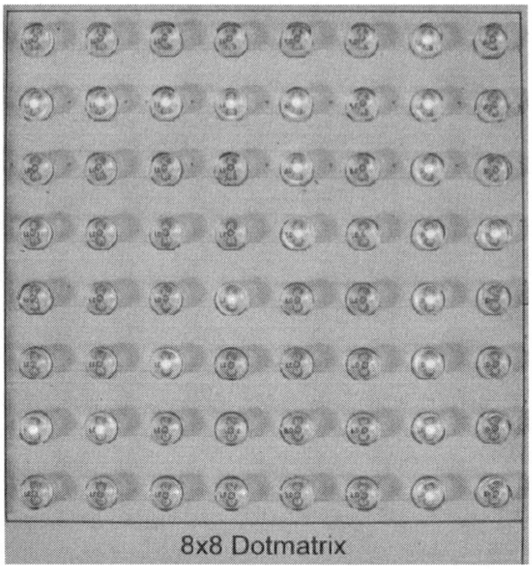

〈그림 9-10〉 Dotmatrix LED에 숫자와 문자 연속으로 표시하기

9.6 도트매트릭스에 문자열 표시하기

9.6.1 구동 프로그램

이 예제는 Dotmatrix LED에 문자열을 출력하는 예제이다. 앞 절의 예제는 문자열을 출력할 때 한 글자씩 출력 하였으나 이번 예제에서는 8x8 Dotmatrix LED의 세로 한 줄씩 옆으로 이동시키면서 문자열을 출력한다.

```
/************************************************************
        Dotmatrix LED 제어하기 예제

        동작 : 도트메트릭스 LED에 문자열을 표시한다.

        DIP SEL 선택 : 1000
************************************************************/
```

```
#include<avr/io.h>                // AVR I/O 헤더 선언
#include<avr/pgmspace.h>
#include<util/delay.h>            // 딜레이함수 선언
#include"font8x8.h"

// 도트매트릭스의 문자열을 출력한다
void Display_Dotmatrix_string(char* ndata, uint8_t nBytes);

int main()
{
        DDRC = 0xFF;        //row 출력 선언
        PORTC = 0x00;

        DDRD = 0xFF;        //Column 출력 선언
        PORTD = 0x00;

        while(1)
        {
                Display_Dotmatrix_string(" Green-LED",sizeof(" Green-LED"));
        }

        return 0;
}

void Display_Dotmatrix_string(char* ndata, uint8_t nBytes)
{
        uint8_t i,j,row = 0,col,data;
        for(j=0;j<nBytes;j++){// 문자열의 갯수만큼 출력한다.
                for(col=0,data=0;col<8;col++){//한문자당 8줄을 출력한다.
                        for(i=0;i<200;i++){//출력하는 횟수를 설정
                                PORTC = 0x00;
                                PORTD = 0x00;
                                _delay_us(30);
                                PORTC = 1 << row;
                                //출력할 문자의 다음번 문자를 쉬프트
```

```
                                        data =
pgm_read_byte(&Font8x8[(uint8_t)ndata[j+1]][row])<<(8-col);
                                        //출력할 문자를 쉬프트
                                        PORTD = data |
(pgm_read_byte(&Font8x8[(uint8_t)ndata[j]][row])>>col);
                                        row++;
                                        _delay_ms(1);
                                        if(row>=8) row = 0;
                                  }
                            }
                      }
}
```

9.6.2 동작 확인

이번 예제는 8x8 Dotmatrix LED의 세로 한 줄씩 옆으로 이동시키면서 문자열을 출력하는 예제이다. 문자열을 출력하기에 앞서 "font8x8.h" 파일을 확인해 본다. 이 헤더 파일은 8x8 dot에 맞게 미리 작성해놓은 문자배열이다. 이는 문자별로 가로 한 줄에 출력할 1바이트 데이터를 8개씩 정리하여 배열로 만들어 놓은 파일이다. 실제 Dotmatrix LED에 출력하기 위해서는 가로 한 줄 1바이트 데이터를 8번 출력하여 잔상효과에 의해 8줄 모두가 켜진것처럼 보이게 하는 것이다. 본 예제에서는 가로 한 줄에 출력 되는 1바이트 데이터를 한번씩 옆으로 쉬프트 시켜 실제 문자가 옆으로 이동하는 것 처럼 보이게 하는 예제이다. 출력하고 싶은 문자열을 입력하여 출력해 보자.(단 8x8 Dot 특성상 영문 폰트만 구현하였다)

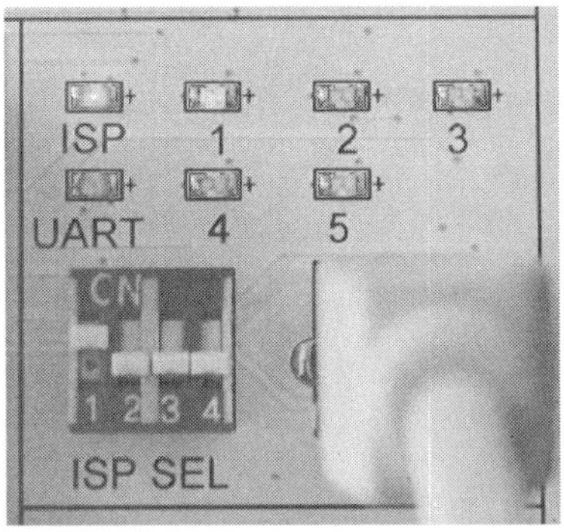

〈그림 9-11〉 Dotmatrix LED 제어를 위한 AVR 선택(1번)

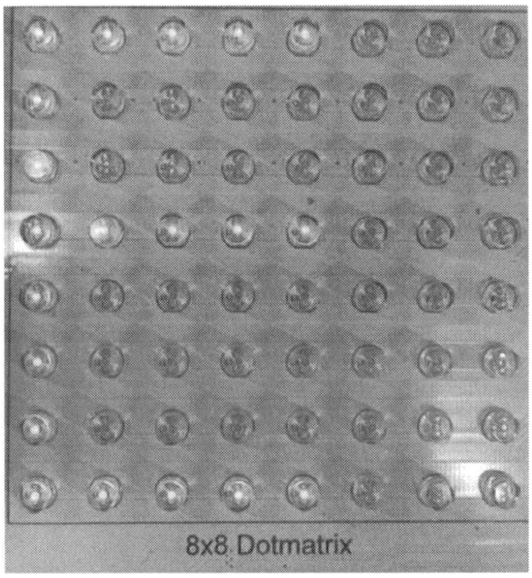

〈그림 9-12〉 Dotmatrix LED에 숫자와 문자 연속으로 표시하기

Chapter 10
IR LED 통신

10. IR LED 통신

리모컨이나 휴대폰 등에서 이용되는 적외선 통신은 근거리 무선 통신에 널리 활용되었으며현재까지도 저렴한 하드웨어 비용과 간단한 동작 원리로 인해 대부분은 무선 리모컨에서 사용되고 있다. IR을 이용한 적외선 무선 통신은 크게 IR 송신부와 IR 수신부로 나누어 지며 HBE-Green-LED에서는 수신부에는 HI-MF900H0-3 IR 수신디바이스를 송신부에는 SI5312-H IR LED를 사용하였다.

10.1 IR 수신부

IR 통신에서 수신부로 사용된 수신용 포토다이오드 HI-MF900H0-3 시리즈는 저전력이며, TTL과 CMOS와 직접 연결이 가능하다. 주파수는 약 38.0KHz 를 사용한다. IR 수신 모듈의 개략적인 블럭도는 다음과 같다.

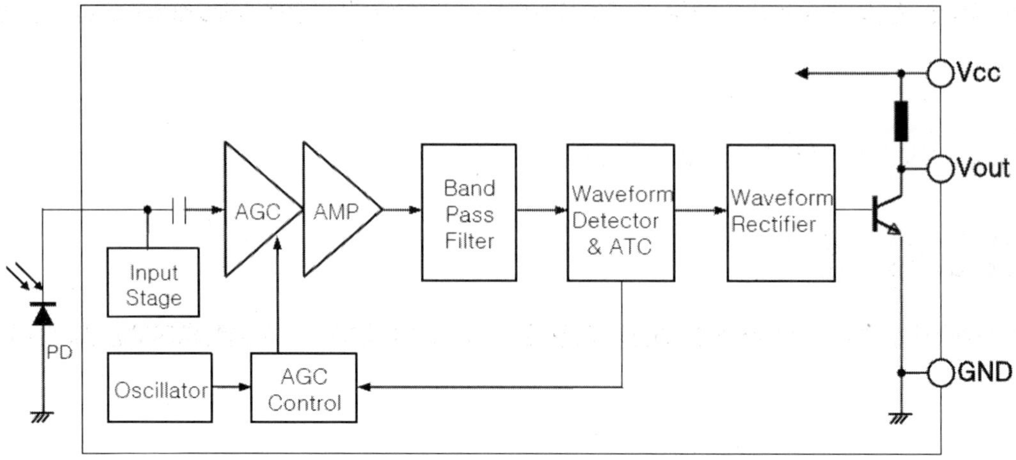

〈그림 10-1〉 IR 수신부 블록도

IR 수신부의 스펙 및 동작 조건은 다음과 같다.

Parameter	Symbol	Conditions	Min	Typ	Max	Unit
Supply Voltage	Vcc		2.7	-	5.5	V
Supply Current	Icc	No signal input	-	1.2	1.5	mA
Peak Wavelength(*1)	λ_p		-	940	-	nm
Arrival Distance(*1)	L	Standard Signal	10	13	-	m
B.P.F Center Frequency(*2)	fo		-	37.9	-	kHz
High Level Output Voltage(*1)	V_{OH}		Vcc -0.5	-	-	V
Low Level Output Voltage(*1)	V_{OL}		-	0.2	0.4	V
High Level Output Pulse Width(*1)	t_{WH}	Burst Wave =600㎲ Period = 1.2ms	400	600	800	㎲
Low Level Output Pulse Width(*1)	t_{WL}		400	600	800	㎲
Directivity(Half Angle)	$\Theta_{1/2}$		-	±45	-	deg
Output Form	Active Low Output					

〈그림 10-2〉 IR 수신부 스펙

10.2 IR 송신부

IR 통신에서 송신부로 사용된 SI5312-H 모델은 무색의 투명한 렌즈 타입으로 직경 5mm(T-13/4)의 플라스틱 몰드 스타일로 되어있다. 저전력이며, 높은 발광강도를 특징으로 한다. 본 제품의 개략적인 외형은 다음과 같다.

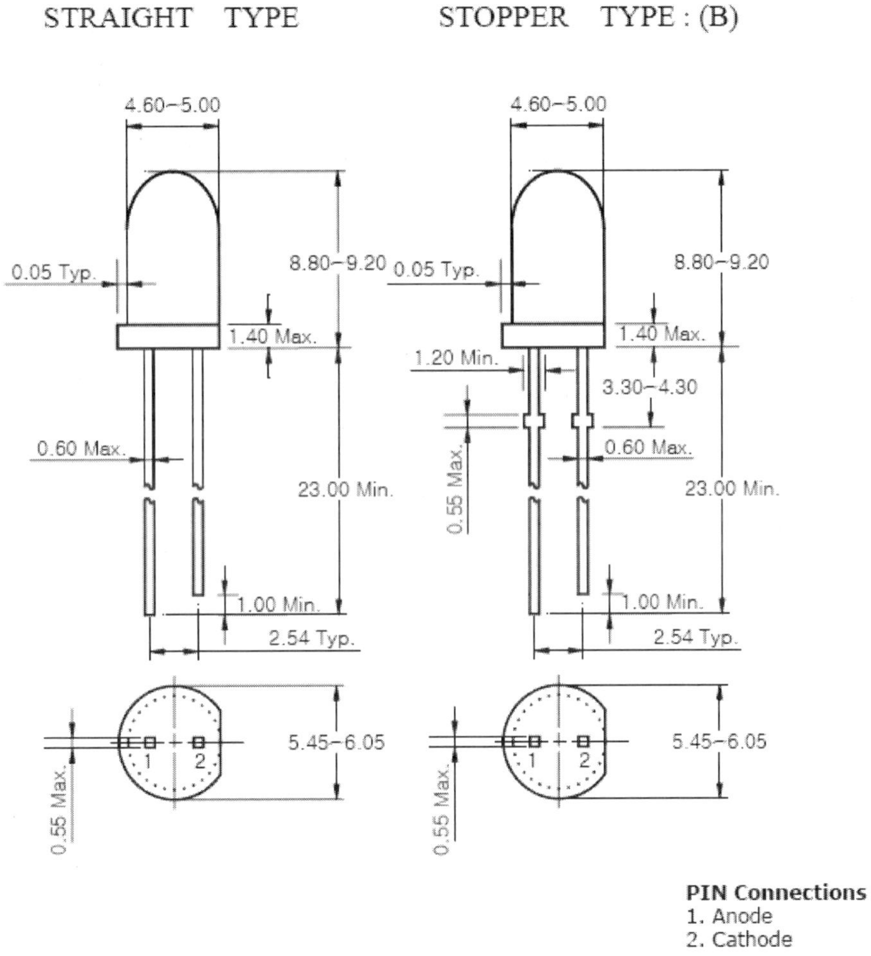

〈그림 10-3〉 IR 송신부

IR 송신부의 스펙은 다음과 같다.

Absolute Maximum Ratings (Ta=25℃)

Characteristic	Symbol	Rating	Unit
Power dissipation	P_D	145	mW
Forward current	I_F	100	mA
*[1]Peak forward current	I_{FP}	1	A
Reverse voltage	V_R	4	V
Operating temperature range	T_{opr}	-25~85	℃
Storage temperature range	T_{stg}	-30~100	℃
*[2]Soldering temperature	T_{sol}	260℃ for 10 seconds	

*1.Duty ratio = 1/16, Pulse width = 0.1ms
*2.Keep the distance more than 2.0mm from PCB to the bottom of IRED package

송신기 출력은 전압 40mVpp 이며 다음 그림처럼 전송되어야 한다.

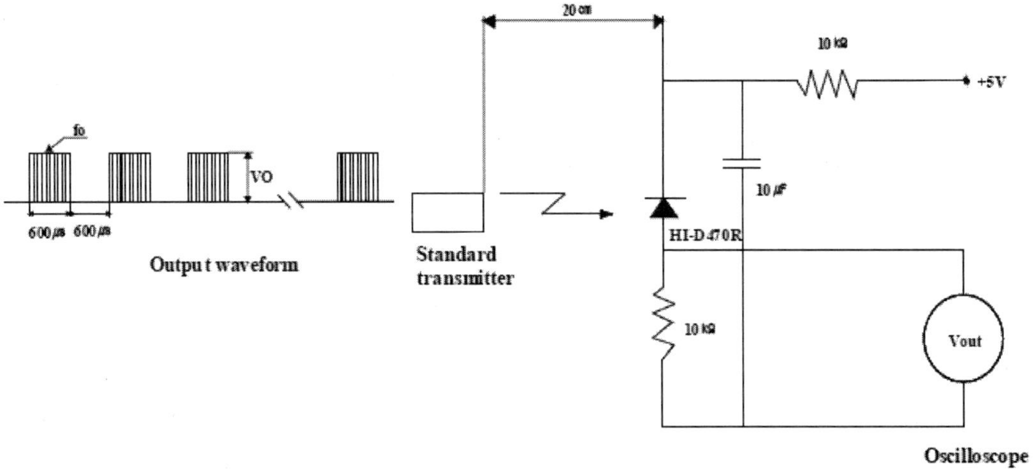

〈그림 10-4〉 표준 IR 송수신 구성

10.3 IR 송수신 실습

IR 송수신기의 동작 방법을 확인하기 위해 예제 프로그램을 다운로드 하여 IR 송수신기 동작을 확인해 보자. 앞의 3.4장의 내용을 다시 확인하여 HBE-Green-LED의 Application Program의 사용법을 다시 한번 확인하기 바란다.

다운로드할 프로그램 파일은 시디의 \Application Program\AVR Data\avr2.hex 파일이다.

다운로드를 위해 ISP Sel 스위치를 “1001”로 맞춘 후 AVR Studio를 이용하여 Hex파일을 다운로드 한다.

(위 파일은 제품 출하시 다운로드 되어 있다.)

다운로드 후 ISP Sel 스위치를 “0001”에 맞춘 후 시디의 \Application Program\HBE-Green-LED v1.1.exe 파일을 실행한다.

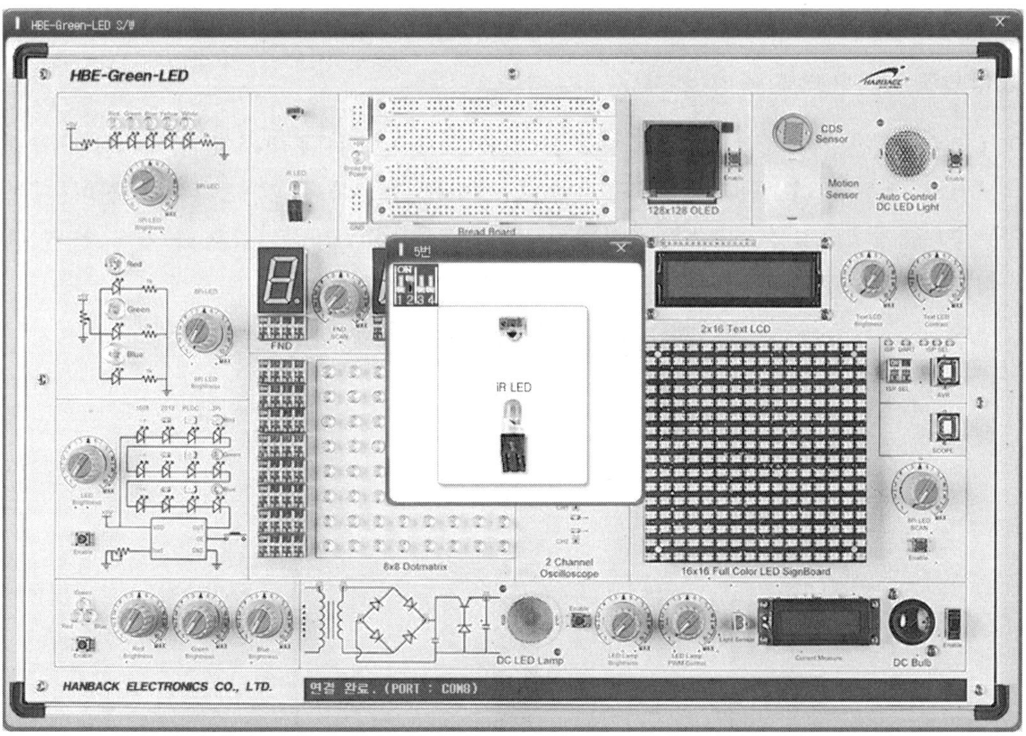

프로그램이 실행되면 IR 송수신기 그림을 선택하면 위와 같은 화면이 표시된다.

프로그램의 IR LED의 그림을 마우스로 클릭하면 IR 송신기로부터 IR 신호가 출력되고 이를 IR수신기에 입력 받게 된다.

프로그램에서는 이 신호가 정상적으로 송수신 될 경우 IR LED 아래에 있는 FND(7-segment)에 정상적으로 동작하면서 숫자가 카운트 된다. 만약 IR 통신이 원활히 이루어 지지 않을 경우 불이 꺼지게 될 것이다. 이 때 장비의 FND 블록 우측 상단의 Enable 버튼을 클릭하여 FND의 동작형태가 카운트 모드로 구동하도록 한다.

이제 제어프로그램에서 마우스로 LED 그림을 클릭하여 IR 송수신이 이루어 지도록 하자.

동작을 관찰해야 되겠지만 적외선 통신에서 사용되는 IR LED는 가시광선 주파수 대역 바깥인 적외선 주파수 영역의 빛을 이용하므로 사람의 눈에는 보이지 않게 된다. 출력이 나오는지 관찰하고 싶다면 가지고 있는 핸드폰의 카메라 기능을 이용해 보자 카메라의 사진 촬영 모드에서 IR LED를 확인하며 출력이 있을 때 LED가 붉게 빛나는 것을 관찰 할 수 있을 것이다.

IR LED를 손가락으로 가려 보자.

IR LED는 직진성이 강해 앞에 장애물이 있으면 통신이 이루어지지 않게 된다. 일반 리모컨의 경우도 리모컨과 TV등의 수신기 사이에 장애물이 있을 경우 통신이 되지 않는 것을 경험하였을 것이다. 마찬가지로 IR 송신 LED를 손가락으로 가릴 경우 통신이 되지 않아 FND에 숫자가 표시되는 것이 꺼지게 될 것이다.

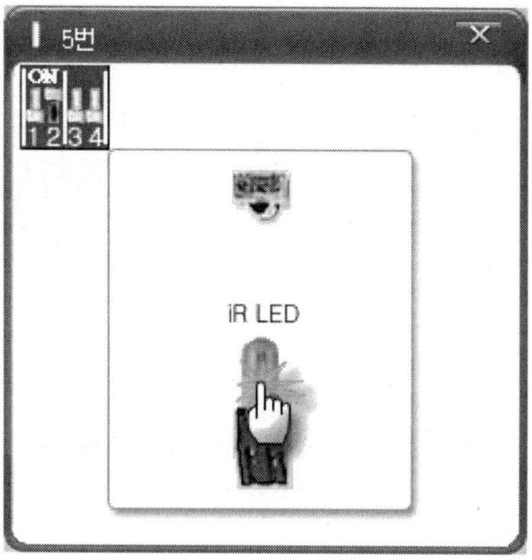

❑ IR-ED 앞단을 불투명체와 투명체로 가려서 통신 여부를 확인하도록 한다.

❑ 오실로스코프 프로그램을 구동하여 IR 송신단과 수신단의 파형을 측정하도록 하자.

송신부와 수신부의 1번 핀을 확인하여 측정하도록 한다.

송신부의 1 번 핀	수신부의 1 번 핀
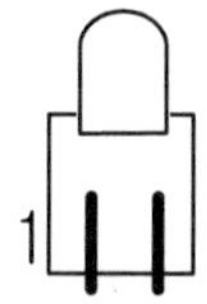	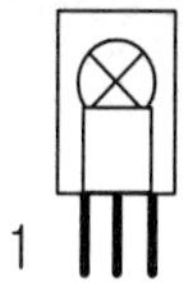

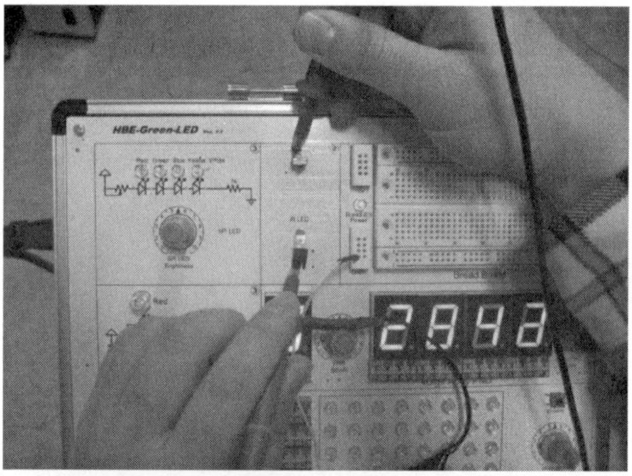

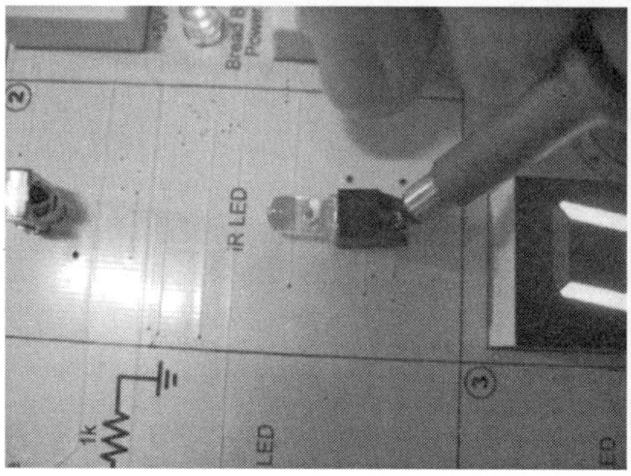

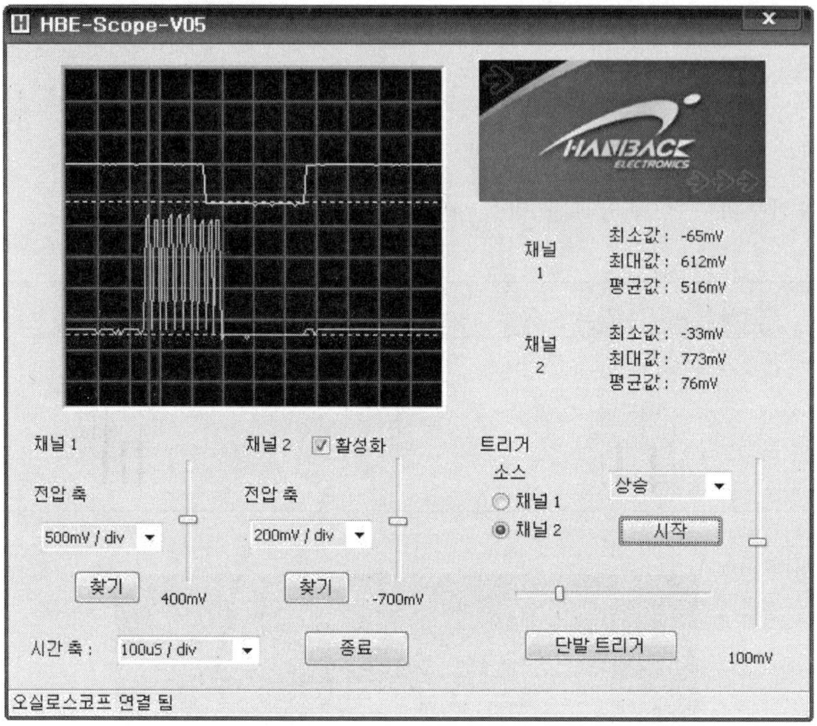

채널1 (노란색 파형)-수신단 파형 / 채널2 (보라색 파형)-송신단 파형

10.4 IR 통신 프로그램 1– IR신호를 FND에서 카운트하기

10.4.1 구동 프로그램

이 예제는 IR 신호를 일정 시간마다 송신하고 수신시에는 그 횟수를 카운팅하여 FND에 표시하는 예제이다.

```
/***********************************************************
        IR LED 제어하기 예제

        동작 : Ir 신호를 일정 시간마다 송신하고 수신시에는
                    그 횟수를 카운팅하여 FND에 표시한다.

        DIP SEL 선택 : 1001
***********************************************************/

#include<avr/io.h>
#include<avr/interrupt.h>
#include<util/delay.h>
#include"global.h"
#include"a2d.h"     // adc 기능을 정의한 헤더 선언


#define  FND_DATA_DDR DDRD
#define  FND_DATA_PORT PORTD

void display_fnd(unsigned char data);


unsigned char FND_DATA_TBL[]=
{0x3F,0X06,0X5B,0X4F,0X66,0X6D,0X7D,0X07,0X7F,0X67,0X77,0X7C,0X39,0X5E,0X79,0X71,0
X08,0X80};
unsigned char fnd_data=0,a;
```

```
volatile unsigned int timer0Cnt=0,delay_cnt;
int main(void)
{
        FND_DATA_DDR = 0xFF;
        FND_DATA_PORT = 0;

        DDRE = 0x3C;
        PORTE = 0x3F;

        DDRF = 0x08;
        PORTF = 0xF8;

        // timer 0 설정
        TCCR0 = 0x06;       // timer0 256 prescaler
        TCNT0 = 0xc2;       // (1 / (16 Mhz   / 256 prescaler )) * 62 => 0.00099s 약 1ms
        TIMSK = 0x01;
        TIFR &= ~(0x01);

        // interrupt 7 rising edge
        EICRB = 0xC0;
        EIMSK |= 0x80;

        // ADC 기능 활성화
        a2dInit();

        sei();

        while(1){
                delay_cnt = a2dConvert10bit(ADC_CH_ADC0);// ADC 값을 delay time으로
사용
        }//end while

        return 0;
}
void display_fnd(unsigned char data)
```

```
{
        unsigned char fnd_data;
        fnd_data = FND_DATA_TBL[data];
        PORTD = fnd_data;
}

SIGNAL(SIG_INTERRUPT7)
{
        cli();
        display_fnd(fnd_data++);
        if(fnd_data == 0x10) fnd_data = 0;
        sei();
}

SIGNAL(SIG_OVERFLOW0)
{
        cli();
        TCNT0 =  0xc2;
        timer0Cnt++;
        if(timer0Cnt > delay_cnt){          //              1ms * delay_cnt
                timer0Cnt = 0;
                for(a=0;a<5;a++) {
                        cbi(PORTF, PF3);     //             IR out
                        _delay_us(16);
                        sbi(PORTF, PF3);     //             IR out
                        _delay_us(8);
                }
        }
        sei();
}
```

10.4.2 동작 확인

이번 예제는 IR 신호의 송신 시에는 송신하는 시간을 조절하고 수신 시에는 수신된 횟수를FND에 출력하는 예제이다. Array FND SCAN 노브는 가변저항을 통해서 ADC0 채널에 연결되어 있으며 이를 10비트로 ADC하여 그 값을 IR 신호 송신 시 시간 지연에 사용한다. 시간 지연은 타이머 0 오버플로우 인터럽트를 1ms 마다 발생하게 하여 이를 카운팅해서 사용한다. 즉 10비트 ADC이므로 0ms에서 1023ms까지 시간 지연에 변화를 줄수있다.

(1ms X 1023 = 1023ms)

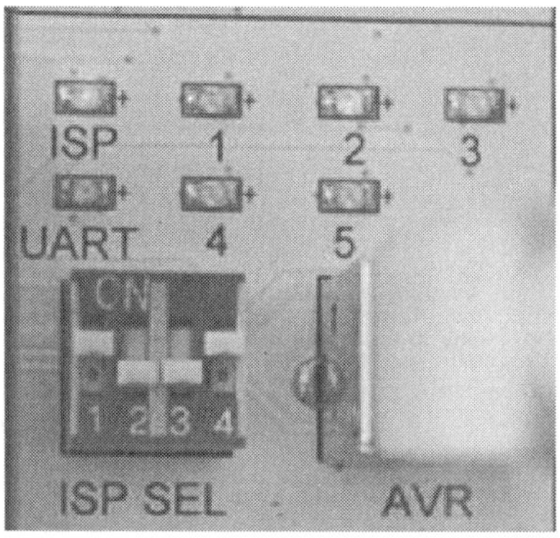

〈그림 10-5〉 IrLED 제어를 위한 AVR 선택(2번)

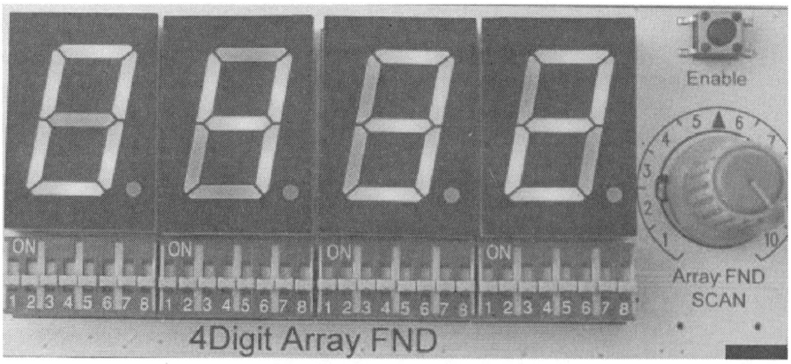

〈그림 10-6〉 IrLED 수신 주기 표시하기

10.5 IR 통신 프로그램 2-Array FND에 카운트하기

10.5.1 구동 프로그램

이 예제는 IR 신호를 1초마다 송신하고 그 횟수를 Array FND(좌측 두 개의 FND)에 표시하고 수신시에는 그 횟수를 카운팅하여 Array FND(우측 두 개의 FND)에 표시하는 예제이다.

```
/*********************************************************
        IR LED 제어하기 예제

        동작 : Ir 신호를 일정 시간마다 송신하고 수신시에는
                그 횟수를 카운팅하여 FND에 표시한다.

        DIP SEL 선택 : 1000
*********************************************************/
#include<avr/io.h>
#include<avr/interrupt.h>
#include<util/delay.h>
#include"avrlibdefs.h"

void Display_ArrayFND(unsigned char com,unsigned char data);

//      Array FND 제어핀 테이블
unsigned char FND_COM_TBL[]= {0x04,0x08,0x10,0x20};

//      0~9,A~F, . 문자에 대한 FND 테이블
unsigned char FND_DATA_TBL[]=
{0x3F,0X06,0X5B,0X4F,0X66,0X6D,0X7D,0X07,0X7F,0X67,0X77,0X7C,0X39,0X5E,0X79,0X71,0
X08,0X80};
unsigned char timer0Cnt=0,fnd_data=0,a;
volatile unsigned int send_cnt=0,receive_cnt=0;
```

```
int main(void)
{
        DDRC = 0xFF; // ArrayFND data핀을 출력으로 선언
        PORTC = 0;
        DDRE = 0x3C;
        PORTE = 0x3F;
        DDRF = 0x08;
        PORTF = 0xF8;

        // timer 0 설정
        TCCR0 = 0x07; // timer0 1024 prescaler
        TCNT0 = 0x64; // (1 / (16 Mhz   / 1024 prescaler )) * 100 =>      0.0099s 약 10ms
        TIMSK = 0x01;
        TIFR &= ~(0x01);

        // interrupt 7 rising edge
        EICRB = 0xC0;
        EIMSK |= 0x80;

        sei();

        while(1){
                Display_ArrayFND(0,send_cnt/10);
                _delay_ms(1);

                Display_ArrayFND(1,send_cnt%10);
                _delay_ms(1);

                Display_ArrayFND(2,receive_cnt/10);
                _delay_ms(1);

                Display_ArrayFND(3,receive_cnt%10);
                _delay_ms(1);
        }//end while
        return 0;
```

```
}

void Display_ArrayFND(unsigned char com,unsigned char data)
{
        PORTE = FND_COM_TBL[com];
        PORTC = FND_DATA_TBL[data];
}

SIGNAL(SIG_INTERRUPT7)
{
        cli();
        receive_cnt++;
        if(receive_cnt == 100) receive_cnt = 0;
        sei();
}

SIGNAL(SIG_OVERFLOW0)
{
        cli();
        TCNT0 =  0x64;
        timer0Cnt++;
        if(timer0Cnt == 100){           //          10ms * 100 = 1s
                timer0Cnt = 0;
                for(a=0;a<5;a++) {
                        cbi(PORTF, PF3);    //          IR out
                        _delay_us(16);

                        sbi(PORTF, PF3);    //          IR out
                        _delay_us(8);
                }
                send_cnt++;
                if(send_cnt == 100) send_cnt = 0;
        }
        sei();
}
```

10.5.2 동작 확인

이번 예제는 IR 신호를 송신할 때 마다 카운팅하고 수신시에도 카운팅하여 IR 신호가 잘 송수신 되는지를 확인해보는 예제이다. Array FND의 좌측 두 개의 FND에는 송신할 때마다 카운팅하여 그 횟수를 출력하고 Array FND의 우측 두 개의 FND에는 수신할 때마다 그 횟수를 카운팅하여 출력한다. 프로그램이 실행되어 Array FND에 그 횟수가 카운팅 될 때 IR 송신 LED를 손으로 가려 송신을 막으면 Array FND의 좌측 두 개의 FND만 값이 증가하는지를 확인해본다.

〈그림 10-7〉 IrLED 제어를 위한 AVR 선택(2번)

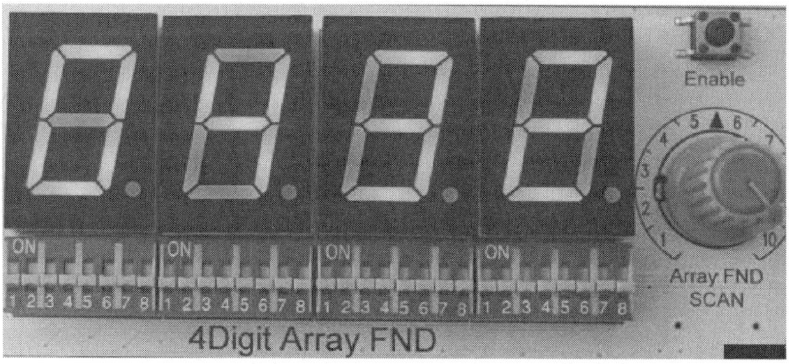

〈그림 10-8〉 IrLED 수신 횟수 카우트 하기

10.6 IR 통신 프로그램 3-NEC protocol

10.6.1 구동 프로그램

이 예제는 실제 IR 통신에 사용되고 있는 protocol인 NEC protocol을 사용하여 IR 신호를 송신하고 수신된 데이터를 Array FND에 출력하는 예제이다.

```
/**********************************************************
        IR LED 제어하기 예제

        동작 : Ir 신호를 일정 시간마다 송신하고 수신시에는
               그 횟수를 카운팅하여 FND에 표시한다.

        DIP SEL 선택 : 1000
**********************************************************/
#include<avr/io.h>
#include<avr/interrupt.h>
#include<util/delay.h>
#include"avrlibdefs.h"
#include"ir.h"

void Display_ArrayFND(unsigned char com,unsigned char data);
void Display_IR_Data(unsigned char array_state);
uint8_t get_Array_dipsw(uint8_t sw_num);
//        Array FND 제어핀 테이블

unsigned char FND_COM_TBL[]= {0x04,0x08,0x10,0x20};
//        0~9,A~F, . 문자에 대한 FND 테이블

unsigned char FND_DATA_TBL[]=
{0x3F,0X06,0X5B,0X4F,0X66,0X6D,0X7D,0X07,0X7F,0X67,0X77,0X7C,0X39,0X5E,0X79,0X71,0
X08,0X80};
extern volatile uint8_t Receive_IR[5],receive_data_ready;
volatile uint8_t Send_IR[5],timer2Cnt=0,send_ready=0;
```

```
int main(void)
{
        DDRA = 0x00;        // Array DIP switch핀을 입력으로 선언
        PORTA = 0;

        DDRB = 0x30;        // Array DIP switch의 select 핀을 출력으로 선언
        PORTB = 0x30;

        DDRC = 0xFF;        // ArrayFND data핀을 출력으로 선언
        PORTC = 0;

        DDRE = 0x3C;
        PORTE = 0x3F;

        PORTF = 0xF0;

        IRInit();

        // timer 2 설정
        TCCR2 =  0x05;      // timer0 1024 prescaler
        TCNT2 =  0xb2;      // (1 / (16 Mhz   / 1024 prescaler )) * 78     =>          0.004992 약
5ms
        TIMSK |= 0x40;
        TIFR &=  ~(0x40);

        sei();

        while(1){
                if(send_ready) {
                        NEC_Protocol(Send_IR[1],Send_IR[3]);
                        send_ready = 0;
                }
        }//end while
```

```
        return 0;
}

void Display_ArrayFND(unsigned char com,unsigned char data)
{
        PORTE = FND_COM_TBL[com];
        PORTC = FND_DATA_TBL[data];
}

void Display_IR_Data(unsigned char array_state)
{
        switch(array_state){
                case 0: Display_ArrayFND(0,Receive_IR[1]>>4);
                        break;
                case 1: Display_ArrayFND(1,Receive_IR[1]&0x0f);
                        break;
                case 2: Display_ArrayFND(2,Receive_IR[3]>>4);
                        break;
                case 3: Display_ArrayFND(3,Receive_IR[3]&0x0f);
                        break;
        }
}

SIGNAL(SIG_OVERFLOW2)
{
        cli();
        TCNT2 =  0xb2;
        timer2Cnt++;
        //Array DipSwitch read
        Send_IR[1] = get_Array_dipsw(0); // IRdata[1](Address) <= 우측에서 첫번째 Array DIP
switch
        Send_IR[3] = get_Array_dipsw(1); // IRdata[3](Command) <= 우측에서 두번째 Array
DIP switch
        Display_IR_Data(timer2Cnt%4);
        if(timer2Cnt == 200){                // 5ms * 200 = 1s
                timer2Cnt = 0;
```

```
                send_ready = 1;
        }
        sei();
}

uint8_t get_Array_dipsw(uint8_t sw_num)
{
        // Array FND  선택0~3
        PORTB = (sw_num<<4);
        _delay_us(10);

        return ~PINA;
        //3.18 딥스위치값을 반전함
}
```

10.6.2 동작 확인

이번 예제는 NEC protocol을 구현하여 IR 신호를 송신하고 수신된 Address와 Command를 Array FND에 출력하는 예제이다. 송신할 Address와 Command 데이타는 Array FND 아래에 위치한 Dip Switch를 조작하여 만든다. Dip Switch를 설정하여 만든 데이터가 Array FND에 잘 출력되는지 확인해 보자.

〈그림 10-9〉 IrLED 제어를 위한 AVR 선택(2번)

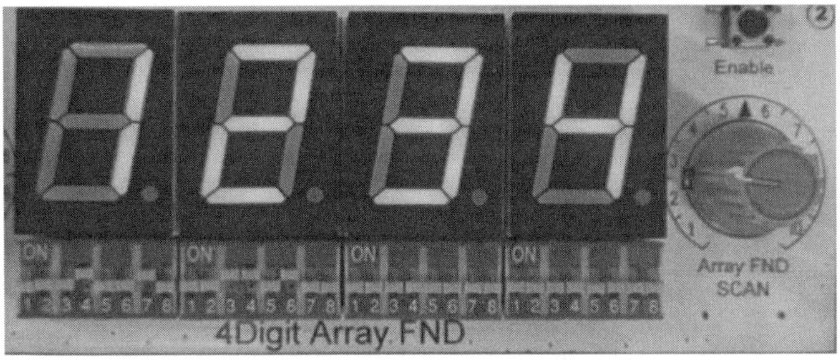

〈그림 10-10〉 IrLED 송수신 데이터 표시하기

Chapter 11

LED BLU

11. LED BLU (Back light Unit)

11.1 Back Light Unit(BLU)란?

우리가 일반적으로 흔히 사용하는 TFT-LCD는 두 장의 얇은 유리판 사이에 액정이라는 물질을 넣어 전기를 가하여 빛의 투과 정도에 따라 화면이 나타나게 되는 장치를 말 하는데 이때 이것을 LCD 패널이라고 하며 이 LCD 패널은 빛을 자체적으로 발광할 수 없는 수광 소자여서 광원을 통해 빛을 받아야만 원하는 색을 표현할 수 있다. 별도의 광원이 필요하게 되는데 LCD 패널 뒤에 배치하여 빛을 뒤에서 비춰주는 발광 장치를 BLU(Back Light Unit)라 한다.

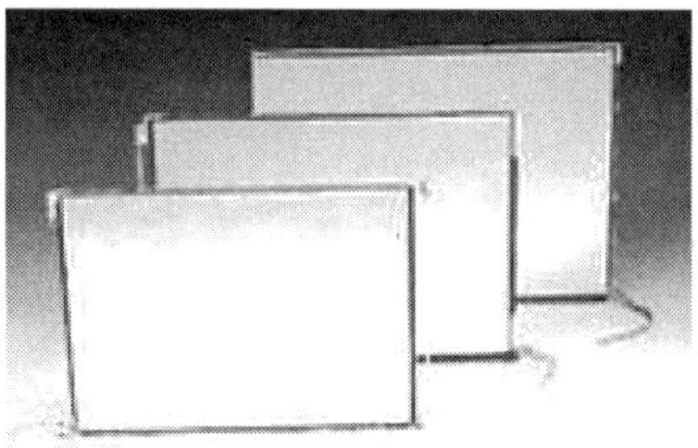

〈그림 11-1〉 BLU Module

이는 TFT-LCD에 있어서 반드시 필요한 핵심 부품이라 할 수 있다. BLU의 특징을 살펴보면 다음과 같다.

BLU의 역할은 CRT, PDP등과는 달리 TFT LCD에 의한 표시는 그 자체가 비 발광성이기 때문에 빛이 없는 곳에서는 사용이 불가능하며 이러한 단점을 보완하여 어두운 곳에서의 사용이 가능하도록 하는 목적으로 LCD 후면에서 균일하게 면조사하는 장치이다.

BLU는 다음과 같은 구조를 가지는데 빛을 발하는 발광부(이전에는 주로 CCFL이라고 하는 냉음극형광램프를 주로 사용하였으나 최근에는 LED로 대체되고 있다.), 선광원을 면광원으로 전환시키는 도광판(Light Guide Panel), 광원을 확산 및 반사, 휘도 상승 및 균일도를 보강 시키는 각종 Film Sheet와 이를 고정해 주는 Mold Frame으로 구성된다.

BLU는 TFT-LCD Panel의 광원으로 사용되어 지나 그 자체가 여러 가지의 부품으로 구성되어 있어 하나의 독립적인 부품으로 인식되고 있다.

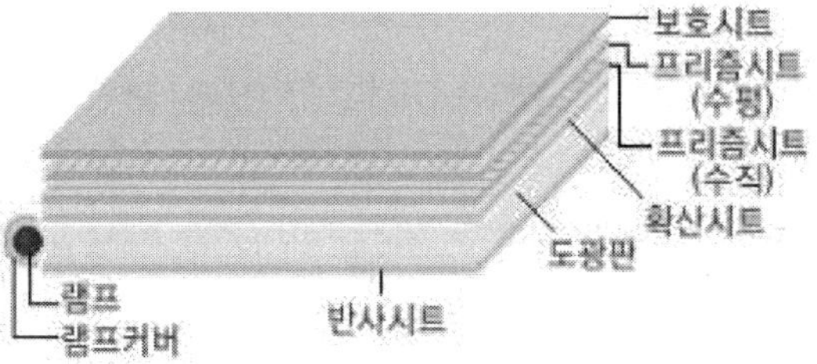

〈그림 11-2〉 BLU Module의 구조

11.2 BLU의 주요 기술

BLU의 관련 주요 기술은 도광판 제조기술, 반사시트 제조기술, 확산시트 및 확산판 제조기술, 프리즘시트 제조기술, 광원 제조 기술 등으로 구분할 수 있다.

11.2.1 냉음극형광램프(CCFL : Cold Cathode Fluorescent Lamp)

CCFL은 양 끝의 두 전극에 고전압을 공급하여 내부의 혼합 가스를 방전시켜 발생하는 자외선으로 형광체를 자극하여 빛을 발하는 광원으로 형광등과 같은 원리로 이해할 수 있다. 고휘도, 고효율, 저전력 등의 특징을 가진다.

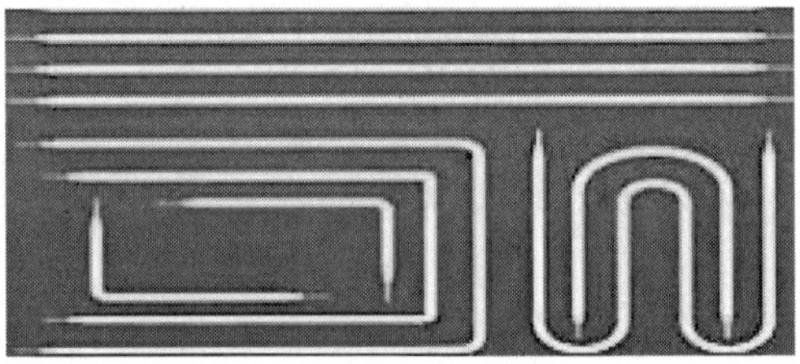

〈그림 11-3〉 다양한 형상의 CCFL

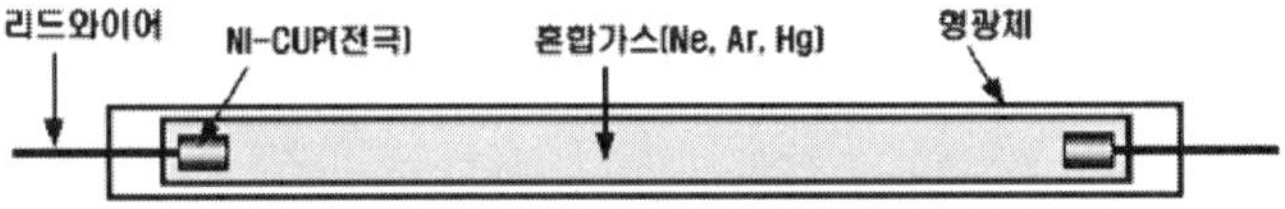

〈그림 11-4〉 CCFL 구조

이런 특징으로 인하여 LED 광원 이전의 대부분의 BLU의 광원으로 사용되었다.

11.2.2 외부전극형광램프(EEFL:External Electrode Fluorescent Lamp)

CCFL과 달리 외부전극을 사용한 광원 램프이다. EEFL은 CCFL에 비해 병렬구동이 가능하여 직하형 BLU 구성시 인버터를 하나로 줄일 수 있어 원감 절감이 가능하며 또한 램프 전극이 외부에 있기 때문에 램프 제조 공정이 간단하다. 주로 고휘도가 필요한 TV용 직하형 BLU에 주로 사용된다.

11.2.3 LED 램프

LED의 장점인 긴 수명과 낮은 전압을 사용하는 동시에 소비전력이 작고 또한 응답속도 및 내충격이 우수하며 동시에 소형화가 가능한 장점으로 인하여 최근 들어 BLU용 광원으로 가장 각광을 받고 있는 광원 램프이다. 그러나 초기의 경우 휘도가 떨어지는 단점이 있었으나 최근 들어 고출력 LED의 개발로 인해 휘도가 크게 개선되면서 거의 모든 TFT LCD 제품의 BLU로 CCFL을 대치하고 있다.

11.2.4 면광원(FFL:Flat Fluorescent Lamp)

1mm내외의 얇은 유리를 성형하여 형광체를 도포한 후 진공 상태의 방전공간에 가스를 주입한 평면 형태의 광원으로 1개의 평면램프로 전체 BLU를 구성할 수 있어 생산원가 및 광원의 두께가 얇다는 장점으로 인해 관심을 대상이 되었으나 수은을 사용함으로 인해 유해물질 사용의 규제로 인해 큰 확산이 되지 못하고 있다.

11.2.5 도광판

CCFL, LED 광원은 주로 패널의 가장자리에 위치하게 된다.(단 직하형 LCD-TV의 경우 직접 패널 뒤에 광원을 배치하기도 한다.) 이로 인해 빛이 전면적에 걸쳐 균일하게 투과하지 않고 가장자리가 더 밝은 경향을 띠게 된다. 이를 전면으로 균일하게 투과시키기 위해 도광판을 사용하게 된다. 도광판의 재질은 투명 아크릴 수지로 강도가 높아 깨지거나 변형이 적으며 가시광선 투과율이 높은 것이 특징이다.

도광판 옆면의 램프가 도광판을 통해 전면에 균일하게 투사시켜주는 역할을 하게 된다. 도광판에는 도광판 전체가 빛을 균일하게 퍼지게 하기 위해 별도의 처리를 하게 되는데 이는 빛의 난반사를 유도하기 위해서이다. 이 처리는 후면 도광판에 광원의 특성을 고려하여 설계된 패턴을 추가하게 된다.

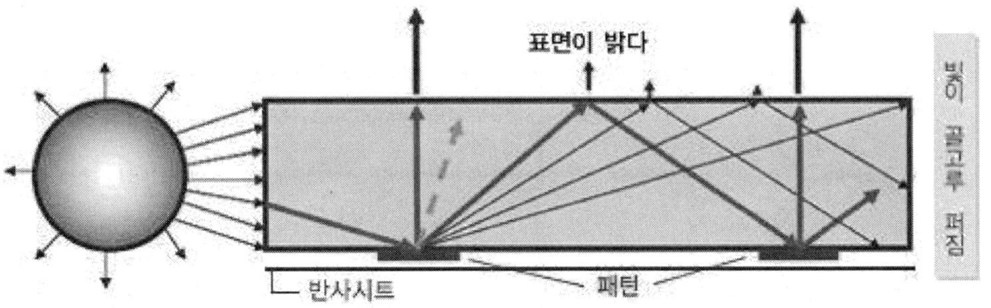

11.2.6 반사 시트

반사시트는 도광판의 뒤쪽에 위치하여 CCFL로부터 오는 빛을 전면으로 반사시키는 역할을 한다. 반사율을 높이기 위해 SUS, Brass, 알루미늄, PET 등의 기본 재질 위에 은(silver)을 입히고, 열이 미세하게 발생한다 해도 장시간 흡열로 인한 변형을 막기 위해 티타늄 코팅을 하기도 한다.

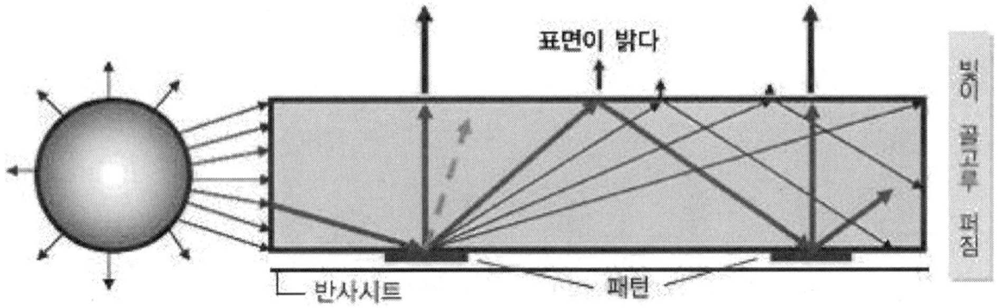

11.2.7 확산시트

확산시트는 도광판을 통해서 나온 빛을 균일하게 해주는 역할을 한다. 아무리 패턴 처리를 잘 했다고 하여도 그것만으론 부족하기 때문이며, 이 확산 시트를 통하게 되면 도광판을 통해 나온 빛을 확산하여 프리즘 시트와 패널 방향으로 전달해 휘도를 균일하게 하고, 시야각을 넓히며 도광판의 패턴을 숨기는 역할을 한다. 확산시트를 사용하지 않으면, 도광판에 인쇄된 패턴 모양이 비치게 되어 LCD 패널 장착 후 에도 격자무늬 패턴이 보일 수 있다.

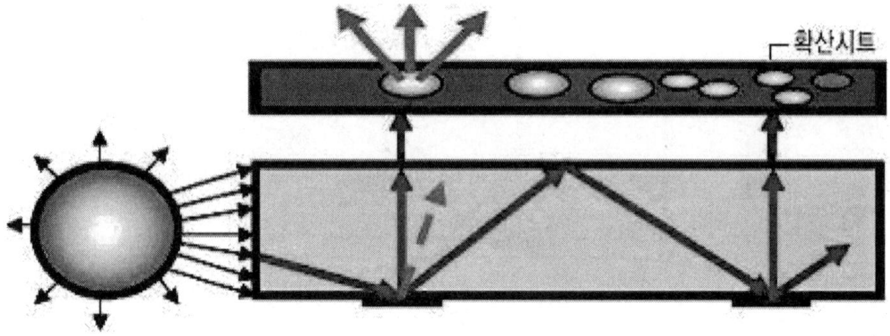

11.2.8 프리즘 시트

확산시트를 지나면서 수평, 수직 양방향으로 확산이 일어나 휘도가 급격히 떨어지게 되는 빛을 굴절, 집광시켜 휘도를 높이기 위해서 프리즘 시트를 사용한다. 프리즘 시트의 단면을 살펴보면 산모양의 단면을 갖는 미세한 골을 갖고 있다. 보통 프리즘 시트는 수평, 수직 두 장을 한 세트로 사용한지만, 최근에는 한 장의 프리즘 시트만으로 처리하기도 한다. 이제 프리즘 시트를 통과한 빛은 약 70도의 시야각을 가지면서 휘도 또한 개선된다.

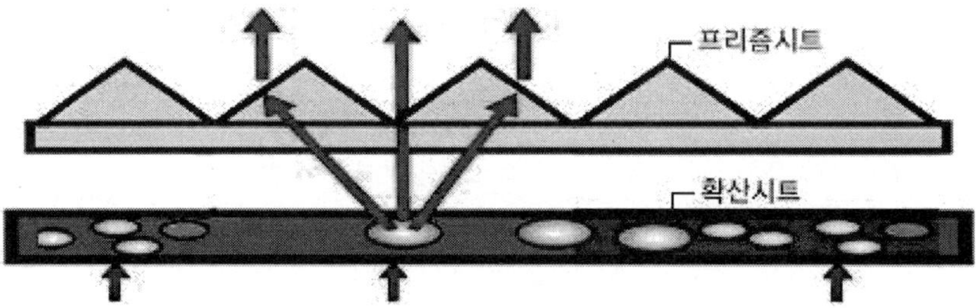

11.2.9 보호시트

보호시트는 프리즘 시트 위에 위치하는 것으로 프리즘 시트의 흠집을 방지하고, 수직, 수평 한 세트의 프리즘 시트 사용시 발생하는 모아레 현상을 방지하기 위해 사용한다. 또한 프리즘 시트에 의해 좁아진 시야각을 넓혀주는 기능도 하지만 최근에는 프리즘 시트의 기능이 많이 향상되어 별도의 보호시트를 사용하지 않는 추세다

11.3 LED BLU

LED를 이용한 BLU는 최근 들어 관련 기술의 발전으로 TFT-LCD BLU 시장에서 그 비중이 급속도로 확대 되고 있다.

LED BLU는 기존 CCFL BLU와 비교하여 광원만 CCFL에서 LED로 변경된 것 이외에 다른 구조는 동일하다고 볼 수 있으며 광원의 배치에서 CCFL의 길다란 형태가 아닌 점광원이기 때문에 여러 개의 LED 소자를 일정한 간격을 두고 배치하게 된다. 그림 9-5는 직하형 BLU에서의 광원의 배치를 LED BLU와 CCFL BLU 비교하고 있다.

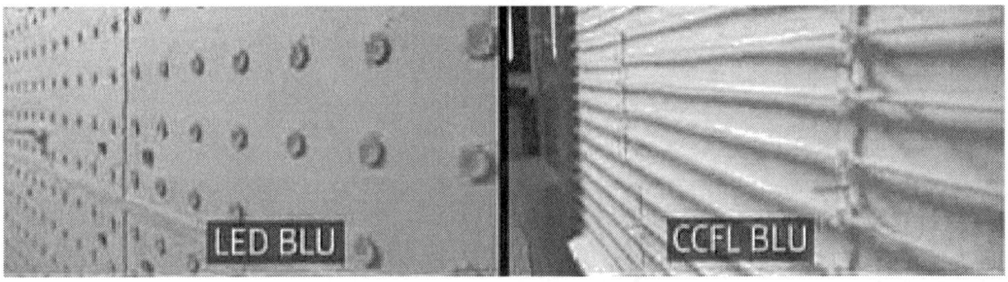

〈그림 11-5〉 LED BLU vs. CCFL BLU

표 11-1은 LED BLU와 CCFL BLU의 장단점을 비교하고 있다.

〈표 11-1〉 LED BLU vs. CCFL BLU

특징	LED BLU	CCFL BLU
밝기	밝기 조절이 쉽다.	LED 에 비해 어둡다.
두께	수 mm 까지 얇은 제작이 가능	인버터로 인해 두께가 두꺼워 짐
전력	CCFL 에 비해 전력 소모가 많다.	면적에 비해 소모가 적다
수명	매우 길다	인버터의 수명이 비교적 짧다
가격	면적에 비례하여 가격이 많이 비싸짐	면적에 비해 가격이 저렴.
취급	회로설계가 간단하며 충격이 강함	고압전류 인버터가 필요하며 충격에 약함
전압	수 V 의 직류로 구동	수백 ~ 수천 V 의 교류 구동, 인버터 필요

11.4 LED BLU 광원 배치 구조

LED를 이용한 BLU에서 LED 광원의 배치에 따른 구조에 대해서 살펴보자 초기 LED BLU에서는 BLU 전면에 LED 광원을 배치한 직하형(Direct형) 구조를 사용하였다. BLU 전체에 LED를 고루 배치함으로 인해 광원의 밝기가 우수하고 고른 밀도의 광원을 얻을 수 있다는 장점으로 인해 초기 제품에 대부분 이 구조를 적용하였다.

그러나 직하형의 경우 LED의 수가 많고 이로 인해 전력의 많이 소모되고 LED에서 발생하는 열도 또한 높아지게 된다. 그 외에도 가격 또한 기존 방식인 CCFL BLU에 비해 상당히 고가의 제품으로 판매가 되었다.

이런 단점을 보완하기 위해 LED 광원을 BLU 주변(edge 또는 side)에 배치하는 방식을 최근에 많이 사용하고 있다. 이 두 방식의 대략적인 구조를 보면 그림 11-6과 같다.

〈그림 11-6〉 엣지형 vs. 직하형 LED BLU

엣지형 방식은 전체 화면 면적만큼 LED 소자를 넣지 않고 상하 좌우 측면에만 넣고 화면 영역에는 도광판을 이용해 반사시켜 주도록 되어 있다.

11.5 LED BLU를 적용한 Text LCD 제어

11.5.1 LED Back light 를 적용한 Text LCD

LED BLU를 적용한 제품을 준비하는 것은 어려운 현실이다. 이번 장에서는 LEB BLU를 적용한 Text LCD를 제어하고 이를 동작 시키며 LED BLU의 밝기를 조정하여 동작의 원리를 살펴 보기로 한다.

그림 11-7은 LED 광원을 Back light로 적용한 Text LCD의 형상이다. 우측에 보이는 것이 Back light로 사용되는 LED가 된다. 총 3개의 LED가 사용되었으며 모듈 본체의 뒷면에는 도광판과 반사판, 그리고 확산판이 적용되어 있다.

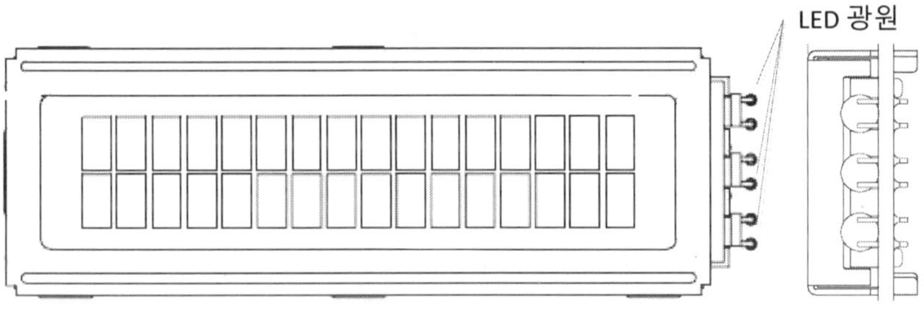

〈그림 11-7〉 LED Back Light Text LCD

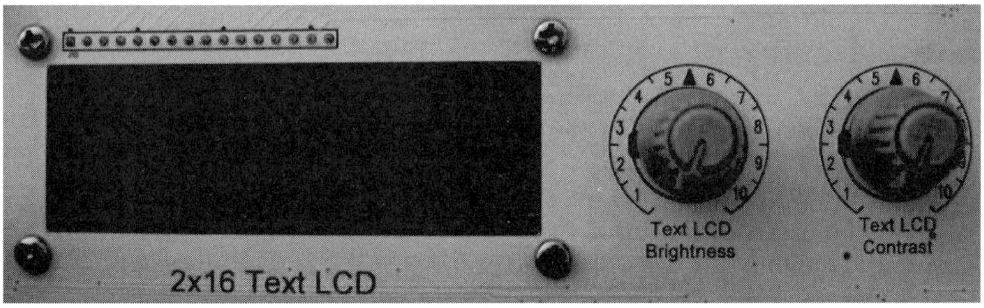

〈그림 11-8〉 Text LCD 밝기 및 명암조절

그림 11-8은 Text LCD의 밝기와 명암을 조절할 수 있는 가변저항을 보고 있다. 가변저항을 조절 함으로서 LED Back light의 밝기와 Text LCD의 명암을 조절 할 수 있다.

좌측의 가변저항을 조절하면 LED Back light의 밝기가 조절 되며, 우측 가변 저항을 조절하면 Text LCD에 표시되는 문자의 명암을 조절할 수 있다.

아래에 Text LCD의 회로도를 보이고 있다.

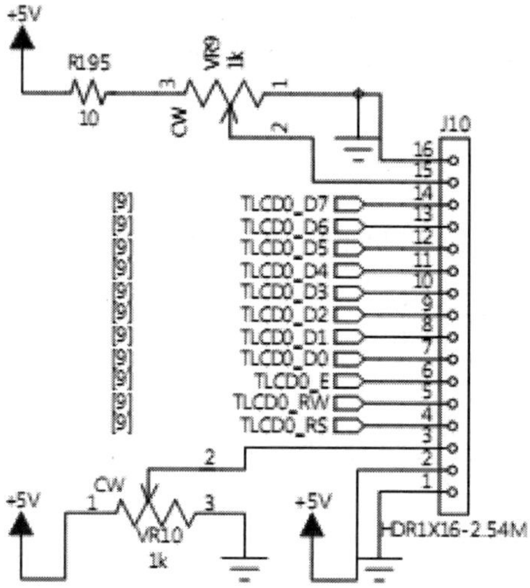

TLCD_D7~TLCD_D0 신호는 TEXT LCD 의 데이터 버스로 문자를 쓰기 위한 데이터 전송에 이용된다. TLCD_E, TLCD_RW, TLCD_RS는 TEXT LCD의 제어 신호이다.

모든 신호선은 MCU에 연결되어 데이터를 주고 받게 된다.

참고) 다음은 TEXT LCD에 대한 내용이다. Text LCD는 회로적으로는 단순하나 그 내부 동작은 복잡한 제어기들에 의해 동작하고 있다.

추후 프로그램을 통한 Text LCD 제어를 위해 읽어보는 정도로 지나가도록 한다.

TEXT LCD는 보통 LCD 표시부와 LCD 제어부를 하나로 하여 LCD 모듈로 시판된다. LCD 제어기는 다음과 같이 구성된다.

LCD제어기 내부에는 명령(Instruction)과 데이터(Data)를 위한 2개의 레지스터, BF (Busy Flag), AC(Address Counter), 문자발생램(CGRAM), 문자발생롬(CGROM), 데이터표시램(DDRAM)이 있다.

LCD 제어기의 내장 레지스터는 다음과 같다.

- 명령레지스터(IR): DDRAM과 CGRAM에 대한 어드레스와 클리어, 커서시프트 등 제어명령을 보유
- 데이터레지스터(DR): DDRAM과 CGRAM에 쓴 데이터나 읽은 데이터를 일지적으로 저장

위의 레지스터들은 RS(4번핀)과 R/W(5번핀)을 사용하여 선택을 할 수 있다. 선택 방법은 다음과 같다.

〈표 11-2〉 RS, R/W 신호에 따른 TEXT LCD 제어기 레지스터 선택방법

RS	R/W	레지스터 접근
0	0	IR 쓰기(각종 제어 명령 쓰기)
0	1	BF 읽기, AC 읽기
1	0	DR 쓰기
1	1	DR 읽기

- BF : 1이면 LCD의 콘트롤러가 동작 중으로 명령 수행 불능, 0이면 다음 명령 수행 가능 표시
- AC : DDRAM과 CGRAM의 주소를 지정할 때 사용하는데 IR에 주소 정보를 쓰면 주소 정보가 AC로 전송되고
- DDRAM이나 DDROM에 데이터를 쓰면 AC는 자동으로 +1혹은 -1이 된다.
- DDRAM(Data Display RAM) : 80x8비트 용량으로 80개의 8비트 아스키코드를 저장할 수있다. 0x00-0F 주소가 LCD 1행의 1-16번째, 0x40-4F 주소가 LCD 2행의 1-16번째 문자로 표시된다.(1행 2행의 번호 불연속임에 주의해야 한다.)
- CGRAM(Character Generator RAM) : 사용자가 자유로이 문자를 만들 때 사용하는 램으로 5x7은 8개, 5x10은 4개 만들어 저장 가능하다.
- CGROM(Character Generator ROM) : 5x7, 5x10 도트의 문자를 내장하고 있다. 특수기호, 숫자, 영문자의 문자코드는 아스키코드와 일치한다.

LCD 모듈을 제어할 때는 각 제어신호의 동작 타이밍을 고려하여야 하며, 일반 반도체 소자들에 비해 엑세스 타임이 긴 편이므로 유의하여야 한다. 아래의 그림은 LCD 모듈의 Read 및 Write 동작시의 타이밍이다.

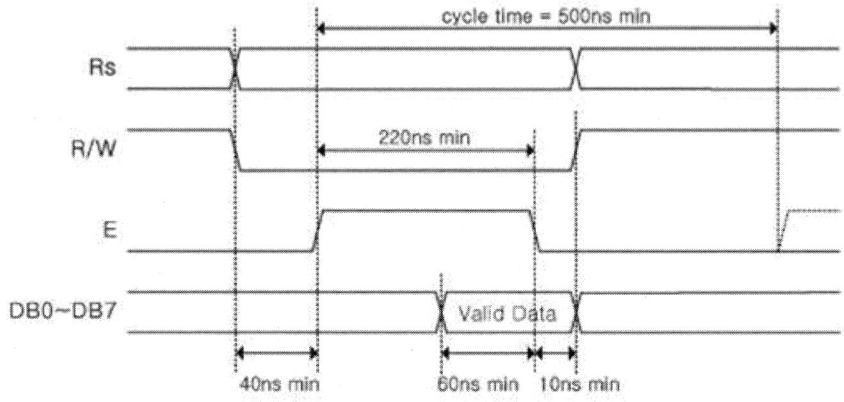

(a) Write from to LCD

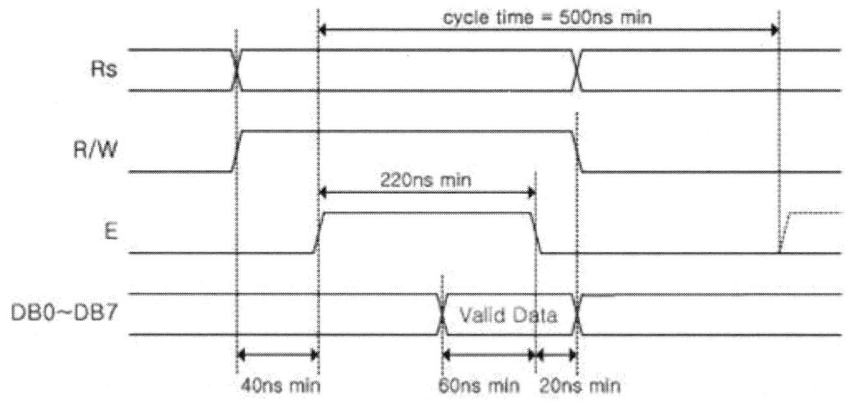

(b) Read from LCD

〈그림 11-9〉 TEXT LCD 의 R/W Timing

다음의 표는 LCD 모듈에 문자 등을 표시하기 위한 제어 명령이며, 이들 명령은 FPGA 가 LCD 모듈을 제어하는 프로그램에서 사용된다. 전체 데이터 버스는 8비트로 DB0~ DB7로 인터페이스 한다. LCD 모듈은 각 명령을 실행하기 위해 일정한 시간을 요구하므로 다음 명령을 보내기 전에 충분히 지연시키거나, BUSY FLAG를 체크하여 앞에서 전송한 명령의 실행완료 상태를 체크하여야 한다.

〈표 11-3〉LCD 모듈 표시 제어명령

<table>
<tr><th rowspan="2">기능</th><th colspan="2">제어신호</th><th colspan="8">제 어 명 령</th></tr>
<tr><th>RS</th><th>R/W</th><th>DB7</th><th>DB6</th><th>DB5</th><th>DB4</th><th>DB3</th><th>DB2</th><th>DB1</th><th>DB0</th></tr>
<tr><td>Clear Display</td><td>0</td><td>0</td><td>0</td><td>0</td><td>0</td><td>0</td><td>0</td><td>0</td><td>0</td><td>1</td></tr>
<tr><td>Return Home</td><td>0</td><td>0</td><td>0</td><td>0</td><td>0</td><td>0</td><td>0</td><td>0</td><td>1</td><td>0</td></tr>
<tr><td>Entry Mode Set</td><td>0</td><td>0</td><td>0</td><td>0</td><td>0</td><td>0</td><td>0</td><td>1</td><td>I/D</td><td>S</td></tr>
<tr><td>Display ON/OFF Control</td><td>0</td><td>0</td><td>0</td><td>0</td><td>0</td><td>0</td><td>1</td><td>D</td><td>C</td><td>B</td></tr>
<tr><td>Cursor or Display Shift</td><td>0</td><td>0</td><td>0</td><td>0</td><td>0</td><td>1</td><td>S/C</td><td>R/L</td><td>0</td><td>0</td></tr>
<tr><td>Function Set</td><td>0</td><td>0</td><td>0</td><td>0</td><td>1</td><td>DL</td><td>N</td><td>F</td><td>0</td><td>0</td></tr>
<tr><td>Set CG RAM address</td><td>0</td><td>0</td><td>0</td><td>1</td><td colspan="6">CG RAM address</td></tr>
<tr><td>Set DD RAM address</td><td>0</td><td>0</td><td>1</td><td colspan="7">DD RAM address</td></tr>
<tr><td>Read busy flag and address</td><td>0</td><td>1</td><td>BF</td><td colspan="7">Address Counter</td></tr>
<tr><td>Data write to CG RAM or DD RAM</td><td>1</td><td>0</td><td colspan="8">Write address</td></tr>
<tr><td>Data read from CG RAM or DD RAM</td><td>1</td><td>1</td><td colspan="8">Read address</td></tr>
</table>

❑ CLEAR DISPLAY

모든 디스플레이 상태를 소거하고 커서를 Home 위치로 돌려놓는다.

❑ Return Home

DD RAM의 내용은 변경하지 않고 커서만을 Home으로 위치시킨다.

❑ Entry Mode SET

데이터를 Read 하거나 Write 할 경우에 커서의 위치를 증가시킬 것인가 (I/D=1) 감소시킬 것인가 (I/D=0)를 결정하며, 또 이때 화면을 이동 할 것인지 (S=1) 아닌지 (S=0)를 결정한다.

❑ Display ON/OFF Control

화면 표시를 ON/OFF 하거나(D) 커서를 ON/OFF 하거나(C) 커서를 깜박이게 할 것인지(B)의 여부를 지정한다.

❑ Cursor or Display Shift

화면(S/C=1) 또는 커서(S/C=0)를 오른쪽(R/L=1) 또는 왼쪽(R/L=0)으로 이동한다.

❑ Function SET

인터페이스에서 데이터의 길이를 8비트(DL=1) 또는 4비트(DL=0)로 지정하고, 화면 표시 행수를 2행(N=1) 또는 1행(N=0)으로 지정하며, 문자의 폰트를 5x10 도트(F=1) 또는 5x7 도트(F=0)로 지정한다.

전원 투입 후 최초에는 주로 이 명령을 보내게 되는데, LCD 모듈이 리셋 되려면 약 50ms 가 소요되므로 충분히 기다린 후에 이 코드를 보내야 한다. 또한, 4비트로 인터페이스 할 경우에는 DB4~DB7을 사용하며, 상위 4 비트를 먼저 전송하고 다음에 하위 4 비트를 전송해야 한다.

❑ Set CG RAM Address

Character Generator RAM의 어드레스를 지정한다. 이후에 송수신 하는 데이터는 CG RAM의 데이터이다.

❑ Set DD RAM Address

Display Data RAM의 어드레스를 지정한다. 이후에 송수신하는 데이터는 DD RAM의 데이터이다.

❑ Read Busy Flag & Address

LCD 모듈이 내부 동작중임을 나타내는 Busy Flag(BF) 및 어드레스 카운터의 내용을 read 한다. LCD 모듈이 각 제어 코드를 실행하는 데는 일정한 시간이 필요하므로 FPGA가 BF를 읽어 1일 경우에는 기다리고 0일 경우 다음 제어 코드를 보내는 방법을 사용하면 보다 효율적인 처리가 가능하다

❑ DD RAM 어드레스

DD RAM은 표시될 각 문자의 ASCII 코드 데이터가 저장되어 있는 메모리이며 모두 80개의 번지가 있는데, 화면의 각 행과 열의 위치에는 고유한 어드레스 값이 부여된다. 그런데, 각 행과 행 사이의 어드레스가 연속하여 있지 않으므로 주의하여야 한다. 아래 표는 표시 문자의 위치에 대한 DD RAM의 어드레스이다.

〈표 11-4〉 표시문자 위치에 대한 DD RAM 어드레스

구분	1	2	3	4	……	13	14	15	16
Line1	00	01	02	03	……	0D	0E	0F	10
Line2	40	41	42	43	……	4D	4E	4F	50

〈표 11-5〉 ASCII 도형문자 종류 및 코드 값

<table>
<tr><th>구분</th><th>00H</th><th>10H</th><th>20H</th><th>30H</th><th>40H</th><th>50H</th><th>60H</th><th>70H</th><th>80H</th><th>90H</th></tr>
<tr><td>0</td><td rowspan="16">사용자 정의 영역</td><td rowspan="16">미사용 영역</td><td></td><td>0</td><td>@</td><td>P</td><td></td><td>p</td><td rowspan="16" colspan="2">미사용 영역</td></tr>
<tr><td>1</td><td>!</td><td>1</td><td>A</td><td>Q</td><td>a</td><td>q</td></tr>
<tr><td>2</td><td>"</td><td>2</td><td>B</td><td>R</td><td>b</td><td>r</td></tr>
<tr><td>3</td><td>#</td><td>3</td><td>C</td><td>S</td><td>c</td><td>s</td></tr>
<tr><td>4</td><td>$</td><td>4</td><td>D</td><td>T</td><td>d</td><td>t</td></tr>
<tr><td>5</td><td>%</td><td>5</td><td>E</td><td>U</td><td>e</td><td>u</td></tr>
<tr><td>6</td><td>&</td><td>6</td><td>F</td><td>V</td><td>f</td><td>v</td></tr>
<tr><td>7</td><td>'</td><td>7</td><td>G</td><td>W</td><td>g</td><td>w</td></tr>
<tr><td>8</td><td>(</td><td>8</td><td>H</td><td>X</td><td>h</td><td>x</td></tr>
<tr><td>9</td><td>)</td><td>9</td><td>I</td><td>Y</td><td>l</td><td>y</td></tr>
<tr><td>A</td><td>*</td><td>:</td><td>J</td><td>Z</td><td>j</td><td>z</td></tr>
<tr><td>B</td><td>+</td><td>;</td><td>K</td><td>[</td><td>k</td><td>{</td></tr>
<tr><td>C</td><td>,</td><td>〈</td><td>L</td><td>¥</td><td>l</td><td>|</td></tr>
<tr><td>D</td><td>−</td><td>=</td><td>M</td><td>]</td><td>m</td><td>}</td></tr>
<tr><td>E</td><td>.</td><td>〉</td><td>N</td><td>^</td><td>n</td><td>→</td></tr>
<tr><td>F</td><td>/</td><td>?</td><td>O</td><td>_</td><td>o</td><td>←</td></tr>
</table>

11.6 제어프로그램을 이용한 Text LCD 동작 실습

Text LCD의 동작 방법을 확인하기 위해 예제 프로그램을 다운로드 하여 IR 송수신기 동작을 확인해 보자. 앞의 3.4장의 내용을 다시 확인하여 HBE-Green-LED의 Application Program의 사용법을 다시 한번 확인하기 바란다.

다운로드할 프로그램 파일은 시디의 \Application Program\AVR Data\avr4.hex 파일이다.

다운로드를 위해 ISP Sel 스위치를 "1011"로 맞춘 후 AVR Studio를 이용하여 Hex파일을 다운로드 한다. (위 파일은 제품 출하시 다운로드 되어 있다.)

다운로드 후 ISP Sel 스위치를 "0011"에 맞춘 후 시디의 \Application Program\HBE-Green-LED v1.1.exe 파일을 실행한다.

- ❑ 제어프로그램의 Text LCD 블록을 클릭하여 Text LCD 실습창을 실행시킨다.

  좌측칸은 Text LCD의 1열에 표시될 문자를 입력하고 우측칸은 Text LCD의 2열에 표시될 문자를 입력하고 "전송"버튼을 클릭한다.

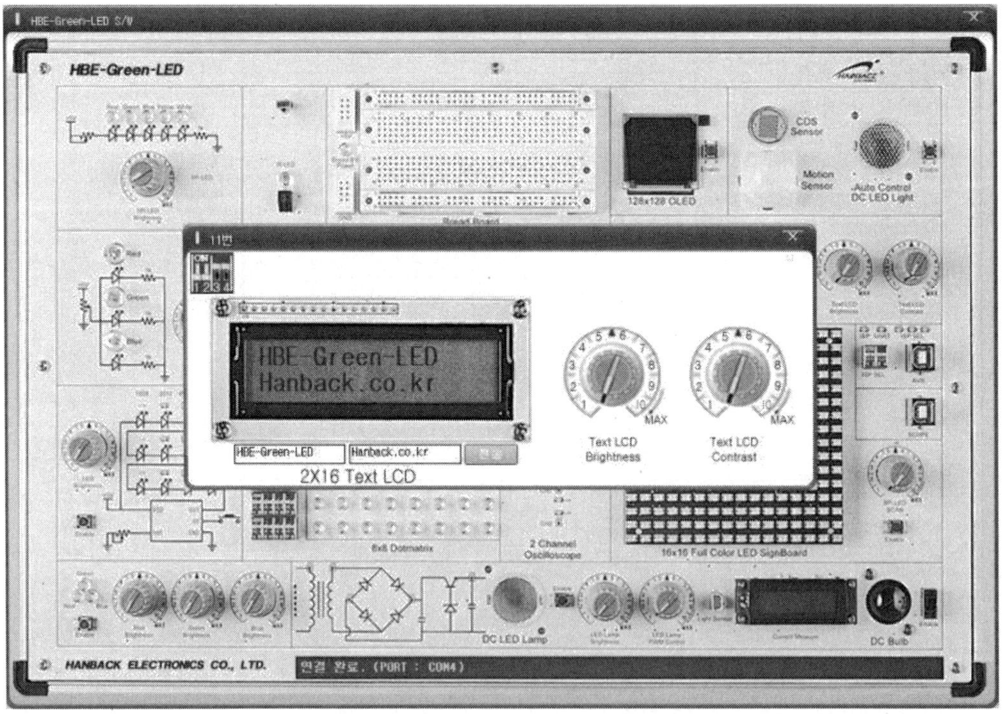

장비의 Text LCD 블록의 가변저항을 조정해 보도록 한다.

좌측의 가변저항을 조절하면 LED Back light의 밝기가 조절 되며, 우측 가변 저항을 조절하면 Text LCD에 표시되는 문자의 명암을 조절할 수 있다.

이제 Text LCD에 문자를 표시하는 프로그램을 작성하여 Text LCD를 동작 시키고 표시되는 문자를 가변 저항을 조절하여 상태를 관찰해 보자.

11.6.1 구동 프로그램

Text LCD에 "Hello! World"라는 문자를 표시하는 프로그램을 작성해 보자.

```
/************************************************************
        TextLCD에 문자출력하기 예제

        동작 :    TextLCD에 "Hello! World!"를 출력한다.

        ISP SEL   :          1011

        글씨가 잘 안보이면, TextLCD Brightness, Contrast 가변저항을 돌려본다.
************************************************************/

#include<avr/io.h>
#include"global.h"
#include"lcd.h"                  //          TextLCD 라이브러리를 선언한다.

int main()
{
        //          TextLCD 초기화
        lcdInit();

        //x축 1, y축 0로 커서좌표이동
```

```
        lcdGotoXY(1,0);
        // 문자 출력
        lcdPrint("Hello!");

        //x축 3, y축 1로 커서좌표이동
        lcdGotoXY(6,1);
        // 문자 출력
        lcdPrint("World");

        return 0;
}
```

이 예제에서는 WinAVR에서 제공하는 lcd.h라는 헤더파일을 이용하면 간단하게 Text LCD에 원하는 문자를 표시할 수 있다.

❑ **lcdInit();**

Text LCD를 초기화 하는 함수이다. Text LCD의 사용을 위해서는 초기화 과정을 거치게 되는데 전원을 인가한 후 약 30ms동안 안정화 시간이 필요하며, 내부 설정도 필요에 따라 조정해야 한다. 이 함수는 이런 모든 초기화에 필요한 과정들을 설정하게 된다.

❑ **lcdGotoXY(1,0);**

Text LCD에 표시한 문자의 시작 위치를 지정한다. 1은 시작할 열을 표시하며 0은 시작할 행을 표시한다. 이를 정리하면 1번째 행의 1번째 열에서 문자를 표시하라는 의미이다.

lcdGotoXY(6,1)은 두 번째 행의 6번째 열에서 문자를 표시하라는 의미이다.

❑ **lcdPrint("Hello!");**

Text LCD에 표시한 문자를 정의한다. lcdGotoXY(X,Y)를 시작으로 정의된 문자가 표시된다.

이제 프로그램을 컴파일 하여 다운로드 해 보자

11.6.2 실행 결과

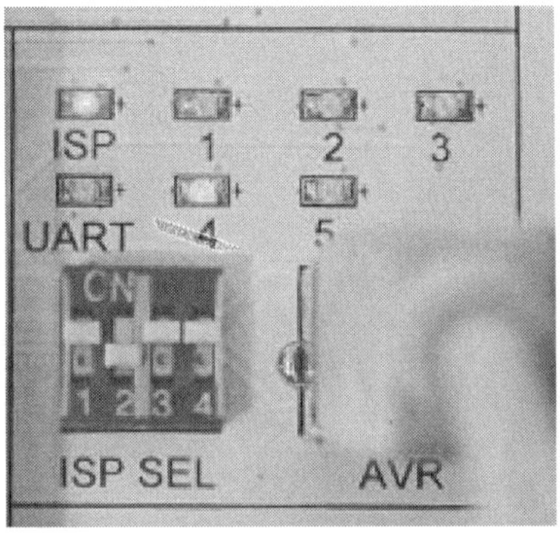

〈그림 11-10〉 Text LCD 제어를 위한 AVR 선택(4번)

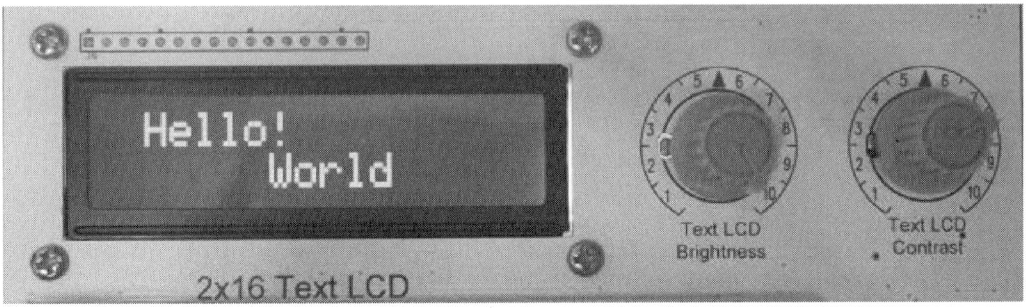

〈그림 11-11〉 Text LCD에 Hello World 표시하기

- ❑ Text LCD에 본인의 영문 이름을 표기할 수 있도록 프로그램을 작성해 보도록 한다.

LED 활용

Chapter 12

OLED

12. OLED

21세기 정보화시대에는 영상, 정보, 통신산업이 발달하면서 언제, 어디서든지 될 수 있는 한 많은 정보를 가능한 신속하고 정확하게 얻고자 하는 요구가 많아지고 있으며, 편하게 손에 들고 다니면서 볼 수 있는 디스플레이 장치에 대한 현대인들의 욕구로 인해 기존의 브라운관(CRT)이나 액정(LCD)만으로는 충분치 못하게 되었다.

이러한 문제의 해결방안으로 떠오르는 디스플레이 장치가 바로 OLED이라고 할 수 있다. OLED은 LCD에 비해 응답속도가 CRT의 수준으로 빠르며, 고휘도, 저전력, 초박막화 등의 장점으로 인해 폭 넓은 활용성을 지니고 있다고 할 수 있다.

휴대폰과 캠코더, 게임기 등의 시장이 확대되면서 여기저기서 심심찮게 듣는 디스플레이 관련기사 중 하나가 OLED 관련 소식들이다. 또한 최근 더욱 더 치열해지는 LCD 패널업체의 경쟁심화 속에서 대안으로 떠오르는 것이 바로 OLED이다.

이번 장에서는 OLED의 특징과 구조 그리고 실제 OLE를 직접 제어하는 과정을 통해 OLED에 대해 알아 보도록 하자

12.1 OLED 개요

12.1.1 OLED란?

OLED란 형광성 유기화합물을 전기적으로 여기시켜 발광시키는 자발광형 디스플레이 소자로 낮은 전압에서 구동이 가능하고, 박형 등의 장점을 갖는다. 또한, 광시야각과 빠른 응답속도 등 LCD에서 문제로 지적되는 결점을 해결할 수 있는 차세대 디스플레이 후보로서 주목 받고 있다.

게다가 유기EL 디스플레이는 다른 디스플레이에 비해 중형 이하에서는 TFT LCD와 동등하거나 그 이상의 화질을 가질 수 있다는 점과 제조공정이 단순하여 향후 가격경쟁에서 유리하다는 점이 많은 디스플레이 기업들에게 매력으로 작용하고 있다.

그러나 TFT LCD에 비해 제조 공정에서의 높은 불량률과 대화면 패널 제작의 제한성으로 인해 현재 OLED는 10인치 이하 소형 디스플레이 패널로 주로 사용되며 대표적인 제품이 최근에 각광 받고 있는 4인치급의 고급 스마트폰에 주로 사용되고 있다.

12.1.2 OLED 동작 원리

전원이 공급되면 전자가 이동하면서 전류가 흐르게 되는데 음극에서는 전자(-)가 전자수송층의 도움으로 발광층으로 이동하고, 상대적으로 양극에서는 Hole(+개념, 전자가 빠져나간 상태)이 Hole수송층의 도움으로 발광층으로 이동하게 된다.

유기물질인 발광층에서 만난 전자와 홀은 높은 에너지를 갖는 여기자를 생성하게 되는데 이때, 여기자가 낮은 에너지로 떨어지면서 빛을 발생하게 된다.

발광층을 구성하고 있는 유기물질이 어떤 것이냐에 따라 빛의 색깔을 달라지게 되며, R,G,B를 내는 각각의 유기물질을 이용하여 Full Color를 구현할 수 있습니다. 단순히 pixel을 열고 닫는 기능을 하는 LCD와는 달리 직접 발광하는 유기물을 이용한다.

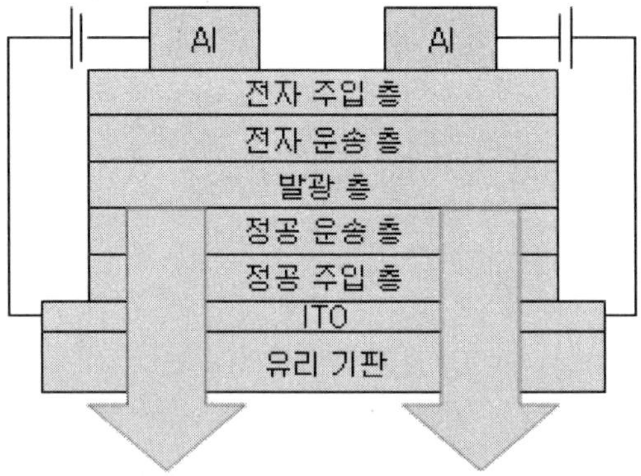

〈그림 12-1〉 OLED 셀 구조

12.1.3 OLED의 특징

가. 자체 발광형

LCD와 커다란 차이점은 자체 발광형 이라는 것입니다. 자체 발광형 이라는 것은 소자 자체가 스스로 빛을 내는 것으로 어두운 곳이나 외부의 빛이 들어 올 때도 시인성(視認性)이 좋은 특성을 갖는다.

가. 넓은 시야각

시야각이란 화면을 보는 가능한 범위로써 일반 브라운관 텔레비전같이 바로 옆에서 보아도 화질이 변하지 않는다.

나. 빠른 응답 속도

동화상의 재생 시 응답속도의 높고 낮음이 재생 화면의 품질을 좌우합니다. OLED은 텔레비전 화면 수준의 동화상 재생에도 자연스러운 영상을 표현 할 수 있다. (LCD의 약 1,000배 수준)

다. 간단하고 저렴한 제조 공정

OLED : 약 55단계 공정, LCD : 약 60단계 공정

LCD에 비해 일반 표준 고정단계가 더 적어 공정이 간단하므로 제조비용 절감 효과를 볼 수 있다.

라. 초박, 저전력

백라이트가 필요 없기 때문에 저소비전력(LCD의 ½)과 초박형(LCD 두께의 ⅓)이 가능하다.

표 12-1은 각 디스플레이별 기능을 비교한 표이다.

〈표 12-1〉 디스플레이 장치 기능 비교

구분	OLED	LCD	PDP	CRT
응답속도	상	하	중	중
시야각	상	하	상	상
백라이트	필요 없음	필요	필요 없음	필요 없음
소비전력	상	중	하	하
두께	상	중	중	하
무게	상	중	중	하

12.2 OLED 동작 실습

OLED의 동작 방법을 확인하기 위해 예제 프로그램을 다운로드 하여 OLED의 동작을 확인해 보자. 앞의 3.4장의 내용을 다시 확인하여 HBE-Green-LED의 Application Program의 사용법을 다시 한번 확인하기 바란다.

다운로드할 프로그램 파일은 시디의 \Application Program\AVR Data\avr3.hex 파일이다.

다운로드를 위해 ISP Sel 스위치를 "1010"로 맞춘 후 AVR Studio를 이용하여 Hex파일을 다운로드 한다.

다운로드 후 ISP Sel 스위치를 "0010"에 맞춘 후 시디의 \Application Program\HBE-Green-LED v1.1.exe 파일을 실행한다.

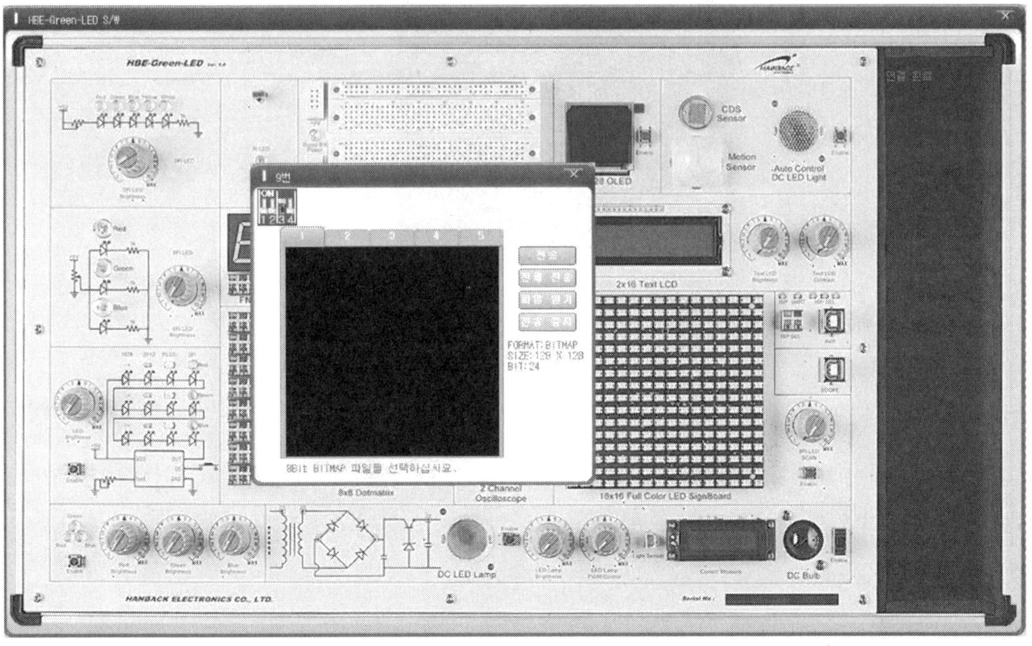

프로그램이 실행되면 OLED 그림을 선택하면 위와 같은 화면이 표시된다.

프로그램은 OLED에 표시하고자 하는 그림 파일을 등록하고 OLED에 전송하여 OLED상에 그림이 표시되는 것을 실험할 수 있다. 파일 열기 버튼을 선택하여 OLED에 표시하고자 하는 그림을 선택한 후 전송 버튼을 누르면 OLED에 선택한 그림이 표시되는 것을 볼 수 있다.

여기에서 불러올 수 있는 그림은 크기가 가로*세로 128*128 픽셀의 24bit 해상도를 가진 BMP파일을 불러올 수 있다. 예제 그림은 시디의 "CD\OLED Image" 폴더에 있다.

❑ 제공되는 OLED image "Black Ball.bmp"를 장비로 전송한다.

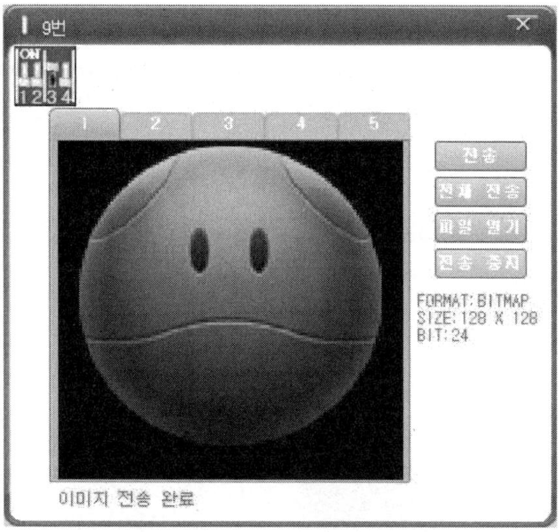

번호탭마다 한 개씩 최대 5개까지 전송할 수 있다. Bit 수만큼 전송 속도가 달라진다.

OLED는 현재까지 주로 소형 표시장치로 주로 핸드폰의 보조 화면이나 디지털 카메라의 뷰파인더용으로 사용되고 있으며 최근에는 고사양의 스마트폰에서 주화면으로도 사용되고 있다.

❑ 본인의 사진을 가로*세로 128*128 픽셀의 24bit 의 BMP파일로 제작하여 OLED에 표시해보자

12.3 OLED 제어하기

HBE-Green-LED의 OLED 모듈은 BL128128 OLED 모듈을 사용하고 있다. BL128128C2는 128 * 128 Pixel을 Display할 수 있으며, 24비트 Color까지 표현할 수 있다. OLED 모듈에서 사용된 인터페이스는 Text LCD와 유사한 인터페이스를 가지고 있어 사용자가 쉽게 원하는 이미지를 표시할 수 있는 장점을 가지고 있다. 각 제어핀의 역할을 정리하면 다음의 표와 같다.

〈표 12-2〉 OLED 모듈 핀 설명

구 분	사 양	구 분	사 양
CS	Chip Select Pin	WN	Data Write Enable Pin
RST	Hardware Reset Pin	RN	Data Read Enable Pin
DC	H:Data, L: Command	D[7..0]	Data Bus Pin

아래의 그림은 각 신호에 대한 타이밍 정보를 보여주고 있다.

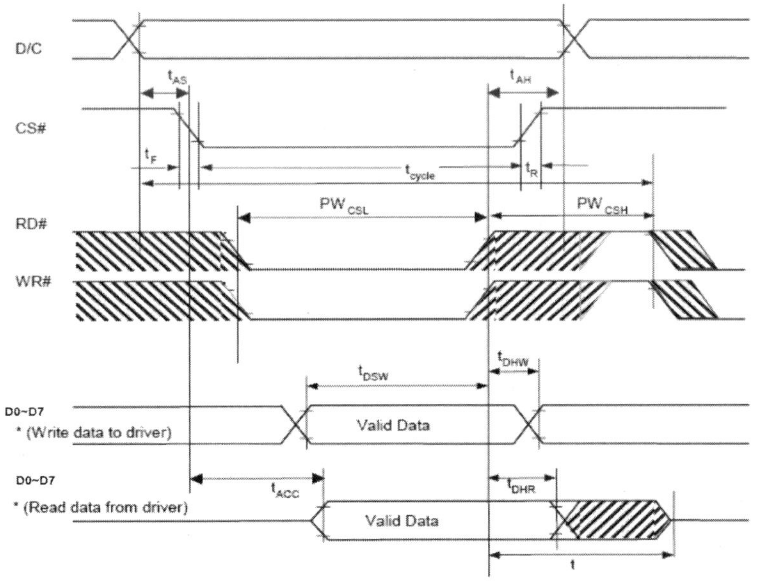

〈그림 12-2〉 OLED 모듈 신호 타이밍도

OLED의 제어에는 데이터를 표시하기 전에 화면에 표시할 크기, 각 색상별 밝기, 데이터 정보 등 여러 정보를 미리 설정할 필요가 있다. 이에 대한 정보는 함께 제공되는 데이터 시트를 통해 확인이 가능하나, 여기서는 제공하는 라이브러리 함수를 그대로 이용하기로 하고, 자세한 설명은 생략한다.

OLED모듈을 제어하기 위해서는 각 제어신호의 동작 타이밍을 고려하여 펄스 타이밍을 설계하여야 한다. OLED 모듈은 하나의 Command 및 Data를 전송하는 전송 사이클이 최대 3MHz로 제한되어 있으며, 각 펄스의 순서가 정해져 있다.

이 예제에서는 OLED 모듈을 외부 메모리 인터페이스에 연결하고, 이를 이용하여 디지털 액자 기능을 구현하는 프로그램이다. 이 예제에서는 배경이 되는 사각형(내부 빨간색, 외각선 녹색)을 먼저 그리고, 미리 변환된 RGB 이미지를 OLED에 출력하도록 한다. OLED 모듈의 구동 프로그램 작성법을 익혀가면서 프로그램을 작성해 보기로 하자.

12.3.1 OLED에 사진 표시하기

프로그램을 작성하기 전에 먼저 OLED의 라이브러리 함수에 관하여 알아보자. HBE-Green-LED와 함께 제공되는 OLED의 라이브러리 함수들을 정리하면 다음과 같다. OLED 라이브러리 함수들은 oled.c 파일에 포함되어 있다.

- initOLED(void) : OLED 모듈을 초기화 한다.
- write_cmd(unsigned char) : OLED 모듈에 명령을 1바이트 전달한다.
- write_data(unsigned char) : OLED 모듈에 데이터를 1바이트 전달한다.
- PutPixel(unsigned char x, unsigned char y, unsigned int color) : OLED의 x,y 위치에 color라는 색깔로 점을 하나 찍는다.
- Draw_Line(unsigned char x1, unsigned char y1, unsigned char x2, unsigned char y2, unsigned int Color) : x1, y1 점으로부터 x2, y2 까지의 직선을 그린다. 이때, 직선의 색깔은 Color로 한다.

- Draw_Rectangle(unsigned char x, unsigned char y, unsigned char width, unsigned char height , unsigned char inFill, unsigned int inColor, unsigned int outColor) : x, y 점으로부터 width, height 크기의 4각형을 그린다. 이때, 윤곽선은 outColor로 그리고, 만약 inFill이 1이면 내부를 inColor로 칠한다.
- Print_text(unsigned char x, unsigned char y, char *text, unsigned int color) : x, y 위치에 *text 문자열을 출력한다. 이때, 문자의 색깔은 color 이다.

OLED 관련 함수들을 포함하는 oled.c의 헤더 파일이 oled.h이다. 이 oled.h에는 OLED 관련 여러 매크로들이 선언되어 있다. 다음에 ATMega128과 OLED의 연결 포트 관련된 선언들을 정리하였다.

```
//-----------------------------------------------------------------
//
// OLED Interface
//-----------------------------------------------------------------
//

#define CS_OLED             0       // OLED CS
#define RESETPIN_OLED       4
#define D_C                 1
#define WN_OLED             2       //  OLED WN : R/W#(WR#)
#define RN_OLED             3       // OLED RN : E(RD#)

#define OLED_CTRL_PORT      PORTC
#define OLED_DATABUS        PORTA

#define OLED_CTRL_DDR       DDRC
#define OLED_DATA_DDR       DDRA
```

이 예제에서, OLED 모듈이 MCU모듈의 A 및 G 포트와 연결되어 있기 때문에, OLED_CTRL_PORT와 OLED_DATABUS가 PORTC와 PORTA로 선언되어 있음을 알 수 있다. 만약 이들이 달라진다면 oled.h의 선언부분을 변경해주어야 한다. 또한, 제어 포트의 각 핀들의 번호도 변경될 경우를 대비해 oled.h에 선언되어 있다.(CS_OLED, RESETPIN_OLED, D_C, WN_OLED, RN_OLED)

OLED에서 화소, 혹은 Pixel(Picture Element)은 화면상의 한 점을 말한다. 다음의 그림은 OLED의 화면 좌표를 보인다.

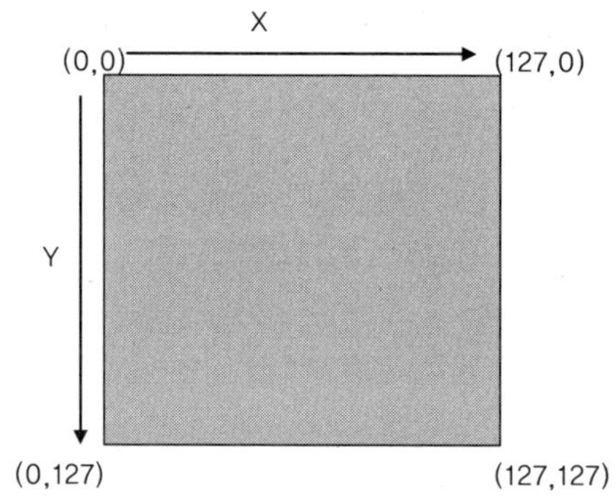

〈그림 12-3〉 OLED 화면 좌표

여기서, 한 장의 사진을 OLED에 꽉 차게 출력하기 위해서는 128*128*24bit의 메모리가 필요하다. 그러나 불행하게도, ATmega128등 대부분의 MCU는 작은 RAM size를 갖고 있기 때문에 그림이나 폰트 등은 RAM에 정의할 수가 없다. 그래서, 변수를 할당할 때 일반적으로 RAM에 할당되지만 변하지 않는 변수는 Flash ROM에 할당할 필요가 생긴다.

우리가 사용하고 있는, WINAVR에서는 변수 선언 시 const unsigned char font[2] 등으로 선언을 할 경우, Flash ROM을 사용하는 것이 아니라 RAM을 사용한다. Flash ROM을 변하지 않는 변수의 저장 공간으로 사용하기 위해, WINAVR에서는 pgmspace function을 제공하고 있다.

pgmspace 사용법은 다음과 같다.

- 변수선언: prog_uchar lstar[5000]
- 변수 읽어오는 법: buf= pgm_read_byte(lstar);

이제 실제 프로그램을 살펴보자.

```
/*********************************************

        OLED에 그림을 출력하는 예제

        동작 : OLED에 그림을 출력한다.

        DIP SEL : 1010

*********************************************/

#include<avr/io.h>
#include<util/delay.h>

#include"oled.h"                //          OLED 라이브러리 헤더 선언
#include "picture.h"                    //          BMP 그림 배열
#include"global.h"              //          사용자 라이브러리 헤더 선언

// 그림배열의 포인터주소를 복사한다.
unsigned short *Image0 = picture0;
unsigned short *Image1 = picture1;

int main()
{
        initOLED();             // OLED를 초기화한다.

        //          OLED에 빨간 배경에 녹색 테두리로 화면을 칠한다.
        Draw_Rectanle(0,0,127,127,GREEN,RED);

        //          그림을 화면에 출력한다.
        OLED_DrawImage(Image0,Image1);
```

```
        return 0;
}

//  oled.h
#ifndef OLED_H
#define OLED_H

#include"global.h"
#include<math.h>

//----------------------------------------------------------------//
// General definitions
//----------------------------------------------------------------//
#define    uint   unsigned int
#define    uchar unsigned char

#define INPUT                    1
#define OUTPUT                   0
#define    ENABLE                1
#define    DISABLE               0
#define    SET                   1
#define    CLEAR                 0
//#define TRUE                   1
#define    FALSE                 0

//----------------------------------------------------------------//
// OLED Interface
//----------------------------------------------------------------//
#define    CS_OLED               0                  // OLED CS
#define    RESETPIN_OLED         4
#define    D_C                   1
#define WN_OLED                  2                  // OLED WN : R/W#(WR#)
#define    RN_OLED               3                  // OLED RN : E(RD#)
```

```
#define OLED_CTRL_PORT       PORTC
#define   OLED_DATABUS       PORTA

#define OLED_CTRL_DDR        DDRC
#define   OLED_DATA_DDR      DDRA

//--------------------------------------------------------------//
// SSD1355 Registers
//--------------------------------------------------------------//

#define   SET_COLUMN_ADDRESS                    0x2A
#define   SET_ROW_ADDRESS             0x2B
#define   WRITE_GRAM                  0x2C
#define MEMORY_ACCSEE_CNTL                      0x36
#define   INTERFACE_PIXEL_FORMAT      0x3A
#define EN_T_EFFECT                   0x35
#define   SET_MUX_RATIO               0xCA
#define   SET_DISPLAY_OFFSET                    0xC8
#define FUNC_SEL                      0xB3
#define   CLOCK_FREQUENCY             0xD2

#define   CONTRAST_RGB                0xBA
#define WRITE_LUMINANCE               0x51

#define   DISPLAY_ALL_ONOFF                     0x29
#define   DISPLAY_INVERSE_OFF                   0x20
#define   DISPLAY_NORMAL              0x13

#define   GAMMA_LUT                             0xBE

#define   SET_PHASE_LENGTH            0xCD
#define   FIRST_PRECHARGE             0xBD
#define   SECOND_PRECHARGE_PERIOD 0xCE

#define   SET_2TH_PRECHARGE_SPEED   0xCE
```

```
#define    SET_VCOMH                              0xD3

#define    SLEEP_MODE_ON                0x10
#define    SLEEP_MODE_OFF               0x11

#define COMMAD_LOCK                     0xFD
#define SOFT_RESET 0x01

#define    _65K_COLOURS                 0x05
#define    _262K_COLOURS                0x06

#define RGB565(r,g,b) ( (((r)>>3)<<11) | (((g)>>2)<<5) | ((b)>>3) )

//------------------------------------------------------------------//
// Screen Related definitions
//------------------------------------------------------------------//
#define X_RES                           128
#define Y_RES                           128

#define MAXCOLOUR                       0xFFFF
#define MAX_TEXTROWS                    25

#define BLACK                           0x0000
#define WHITE                           0xFFFF
#define RED                             0xF800
#define GREEN                           0x07E0
#define BLUE                            0x001F
#define YELLOW                          RED | GREEN

/**********************************************************************/
/*   FUNCTION PROTOTYPES                                                  */
/**********************************************************************/


void initOLED(void);
void SetAddr(unsigned char x, unsigned char y);
```

```
void PutPixel(unsigned char x, unsigned char y, unsigned int color);

void Reset_SSD1355(void);
void write_cmd(unsigned char);
void write_data(unsigned char);

void delay_1us(unsigned char u);
void DelayMs(unsigned int);

//3.13 New Fucn
void Draw_Line(u08 sx,u08 sy,u08 ex, u08 ey, u16 color);
void Draw_Rectanle(u08 sx,u08 sy,u08 ex, u08 ey,u16 outColor,u16 inColor);
void Draw_Circle(u08 x,u08 y,u08 rad, u16 inColor,u16 outColor);
void OLED_DrawImage(unsigned short *Image1,unsigned short *Image2);
#endif

// picture.h
#include<avr/pgmspace.h>

extern const prog_uint16_t picture0[];
extern const prog_uint16_t picture1[];
```

12.3.2 실행 결과

다음은 위 프로그램을 실행한 결과 화면이다.

〈그림 12-4〉 OLED제어를 위한 AVR 선택(3번)

〈그림 12-5〉 OLED를 이용하여 디지털 액자 만들기 예제 실행 화면

12.3.3 OLED에 도형 출력하기

OLED에 다양한 모양과 색깔의 도형을 출력하는 예제를 작성해 보자 OLED의 옆에 위치한 버튼을 누를 때 마다 화면에 임의의 색상을 가지는 도형이 표시되는 예제이다. OLED에 관련된 함수는 앞장에서 사용한 함수와 동일한 함수를 사용한다.

```
/*********************************************

        OLED에 도형을 출력하는 예제.

        동작 :
                버튼을 누를때마다 사각형,원,선을 출력한다.

        DIP SEL : 1010

*********************************************/
#include<avr/io.h>
#include<util/delay.h>

#include"oled.h"            //      OLED 라이브러리 해더 선언
#include"global.h"          //      사용자 라이브러리 헤더 선언

int main()
{
        DDRE = 0x00;        // OLED제어버튼을 입력으로 선언한다.(PE4)

        initOLED();         // OLED를 초기화한다.

        //      OLED에 녹색배경에 빨간 테두리로 화면을 칠한다.
        Draw_Rectanle(0,0,127,127,RED,GREEN);

        while(1)
        {
                while((PINE&0x10));         //버튼을 누를때까지 대기
```

```
            //          사각형을 그린다.
            Draw_Rectanle(30,30,90,90,WHITE,BLUE);

            while(!(PINE&0x10));          //버튼이 놓일때까지 대기

            while((PINE&0x10));

            //          원을 그린다.
            Draw_Circle(90,90,20,BLACK,YELLOW);

            while(!(PINE&0x10));

            while((PINE&0x10));

            //          선을 그린다.
            Draw_Line(10,10,100, 100, WHITE);

            while(!(PINE&0x10));
        }
        return 0;
}
```

12.3.4 실행 결과

다음은 위 프로그램을 실행한 결과 화면이다.

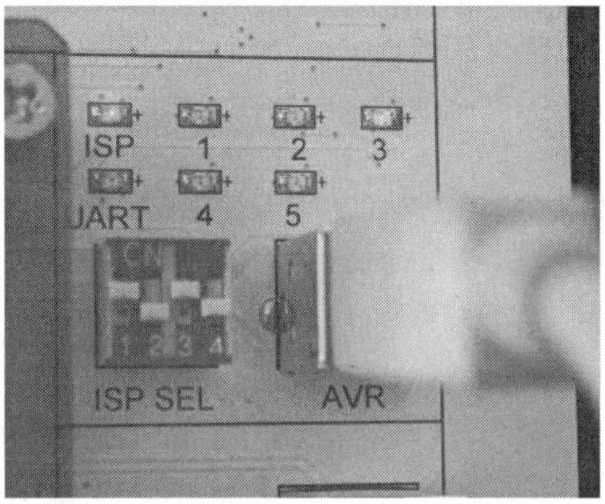

〈그림 12-6〉 OLED제어를 위한 AVR 선택(3번)

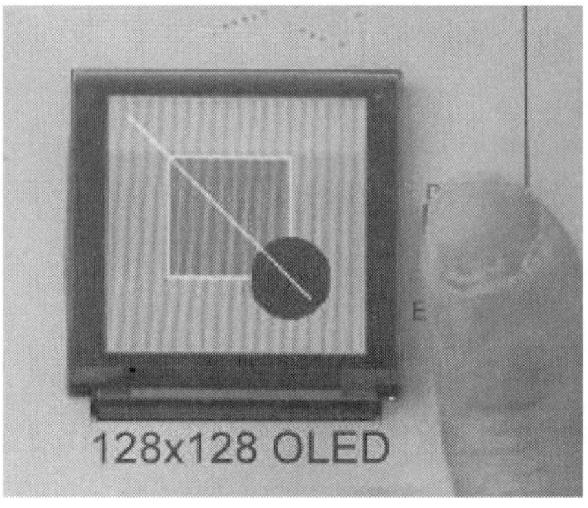

〈그림 12-7〉 OLED를 이용하여 디지털 액자 만들기 예제 실행 화면

12.3.5 OLED와 Color LED에 색상 출력하여 비교하기

이 예제는 OLED와 Color LED에 똑 같은 색상을 출력해보고 비교해 보는 예제이다. 앞 절에서 실습한 도형 그리기를 응용하여 128X128크기의 사각형을 그리고 같은 RGB의 색상을 3색 LED에 출력해본다.

```
/**********************************************************
        OLED에 색상을 출력해보고 같은 색상을
        3LED에 출력하여 비교해 보는 예제.

        동작 : 가변저항 움직임에 따라 3LED의 Green,Blue,Red의
        LED      의 불빛이 변하게 되며 같은 색상이 OLED에 출력 된다.

        DIP SEL : 1010
**********************************************************/

#include<avr/io.h>
#include<util/delay.h>

#include"oled.h"          //      OLED 라이브러리 해더 선언
#include"global.h"        //      사용자 라이브러리 헤더 선언
#include"a2d.h"           //      adc 기능을 정의한 헤더 선언

int main()
{
        DDRB = 0xE0;
        DDRE = 0x00;        // OLED제어버튼을 입력으로 선언한다.(PE4)

        initOLED();         // OLED를 초기화한다.

        // ADC 기능 활성화
        a2dInit();

        // PWM mode 3
```

```
        // 16MHz / (2 x 8분주  x 1023) =   977hz
        TCCR1A = 0xA9;     //PWM, Phase Correct, 8-bit
    TCCR1B = 0x02;
    TCCR1C = 0x00;

    TCNT1=0x0000;

    OCR1A=0x0000;
        OCR1B=0x0000;
        OCR1C=0x0000;
        // OLED에 녹색배경에 빨간 테두리로 화면을 칠한다.
        Draw_Rectanle(0,0,127,127,WHITE,WHITE);

        while(1)
        {
                // ADC0~2채널에 연결된 가변저항의 ADC값을
                // Timer1 PWM의 듀티비로 사용하고 있다.

                // OCR1A핀(PB5)은 Green LED에 연결되어 있다.
                OCR1A = a2dConvert8bit(ADC_CH_ADC1);
                // OCR1B핀(PB6)은 Blue LED에 연결되어 있다.
                OCR1B = a2dConvert8bit(ADC_CH_ADC2);
                // OCR1C핀(PB7)은 Red LED에 연결되어 있다.
                OCR1C = a2dConvert8bit(ADC_CH_ADC0);


        Draw_Rectanle(0,0,127,127,RGB565(OCR1C,OCR1A,OCR1B),RGB565(OCR1C,OCR1A,
OCR1B));
                _delay_ms(50);
        }
        return 0;
}
```

12.3.6 실행 결과

이번 예제에서는 Draw_Rectanle(); 함수를 사용하여 OLED화면 전체에 같은 색상을 출력하고 똑같은 색상을 3색 LED에 출력하는 예제이다. 이때 출력할 색상은 3색 LED의 Red, Green, Blue의 Brightness 노브를 사용하여 노브 조작을 통해 RGB값을 입력 받는다. 프로그램이 실행되면 각각의 노브를 조작하여 색상을 만들어보고 OLED와 3색 LED에 출력된 색상을 비교해본다.

〈그림 12-8〉 OLED제어를 위한 AVR 선택(3번)

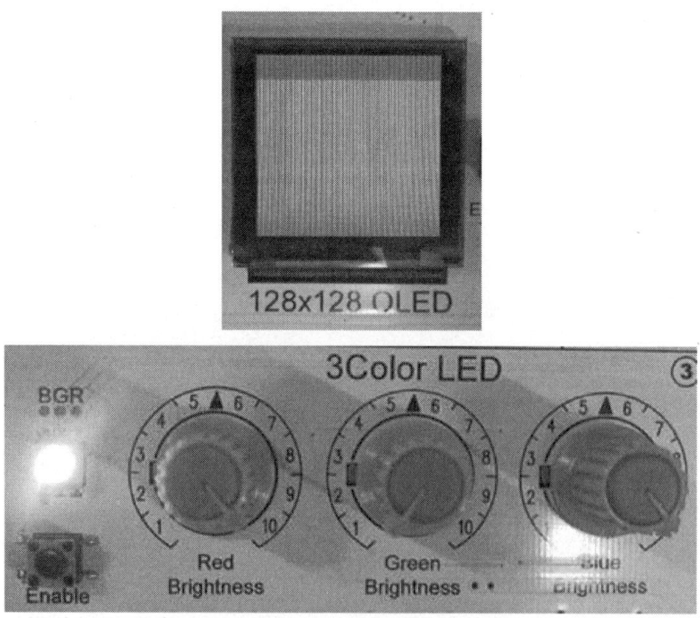

〈그림 12-9〉 지정한 색상 OLED에 표시하기

Chapter 13

LED 조명

13. LED 조명

13.1 조명

13.1.1 개요

사람이 상쾌하고 원활한 활동을 하려면 사람에게 알맞은 공기와 조명 환경이 필요한다. 20~25℃의 온도와 40~70%의 상대 습도, 1cc 중 약 1,000개 이하의 먼지를 포함한 깨끗한 공기를 유지함으로써 쾌적한 공기 환경은 얻어지고, 물체를 보기 쉬운 밝은 환경와 시각적으로 안락한 분위기를 조성함으로써 쾌적하고 건강한 조명환경을 얻을 수 있다.

시간은 우리들에게 물체들의 형태, 색채, 밝음, 운동을 알려주서, 우리들이 받는 정보의 약 80%를 차지한다. 이러한 시각에 좋은 조명은 주광채광(태양조명)이나 인공조명을 적절하게 활용함으로 얻어질 수 있다.

인공조명이 없던 시절에는 자연 조명인 주광조명(태양조명)을 사용되었으며 이로인해 주광조명은 가장 자연스러운 조명으로 인식되고 있다. 그러나 인류의 활동시간이 길어지면서 부족한 주광조명 시간대를 보완하기위해 인공조명이 발전되어 왔다. 인공조명은 주로 전등이 이용되고 있으면 전등은 백열전구를 시작으로 형광등, 나트륨등, 메탈헬라이드등으로 거치면서 최근 LED 조명으로 발전해 오고 있다. 조명은 이제 단순히 주위를 밝히는 것에서 벗어나 생활의 질을 높이는 요소로서 발전하고 있다.

13.1.2 빛이란?

조명을 알아보기에 앞서 빛에 대해 조금이나마 알아보도록 한다. 조명의 근간은 빛이므로 빛의 특성과 관련 용어를 이해하도록 하자.

빛은 방사에너지의 일부로 조명학에 관련된 방사 에너지를 설명하는 경우에는 양자이론과 전자파이론이 많이 사용된다.

방사란 전자파 또는 입자에 의해 어너지가 방출 또는 전달되는 현상으로 파장에 따라 각각 고유한 성질을 가지고 있으며, 이를 구별하여 교류전력파, 반송파, 적외선, 가시광선, 자외선, X선, 감마선이라 한다.

빛의 감각을 일으키는 방사의 파장은 380~760nm의 범위를 가지는 가시광선과 이보다 파장이 짧은 자외선(1~380nm)은 화학, 살균 및 형광작용등에 이용되며, 가시광선보다 긴 파장을 가지는 적외선(760~1000nm)은 온열효과를 보인다.

빛은 파동성과 입사성의 이중성질을 가지고 있으며, 편광, 회절, 간섭 등의 현상은 빛을 파동성이라고 보고 광전효과는 입자라고 보면 된다.

빛을 전자파의 관점에서 볼 경우 진공 중의 전파속도, 주파수, 파장 사이에는 다음의 관계를 가진다.

전파속도 = 파장 * 주파수 (여기서 전파속도 = 2.9979 * 10^8m/s)

빛은 주파수(스펙트럼)를 기준으로 보았을 때 태양이나 전구와 같이 여러가지 빛이 연속으로 되어 있는 연속 스펙트럼, 수은등이나 네온사인과 같인 방전을 이용한 조명에서 발산하는 선 스펙트럼, 형광등과 같이 다수의 선 스펙트럼이 모여서 띠모양을 이루는 띠스펙트럼으로 분류되기도 한다.

13.1.3 빛 관련 용어

가. 방사속(Radiant flux)

전자파로서 전달되는 에너지를 총칭하여 방사라고 한다. 단위시간에 어떤 면을 통과하는 방사 에너지의 양을 방사속이라 한다. 단위는 와트(W)를 사용한다.

가. 광속(Luminous flux)

사람의 눈에 보이는 가시범위의 방사속을 광숙이라하며, 파장이 380~760nm 사이인 방사속을 말한다. 단위는 루멘(lumen:lm)이다.

〈표 13-1〉 대표적인 광원의 광속

광원	광속(lm)	광원	광속(lm)
태양	$3.6*10^{28}$	**백색형광등 40[W]**	3,000
백열전구 40[W]	350	**3 파장형광등 40[W]**	3,500
주광색형광등 40[W]	2,500	**LED 전구 40[W]**	2,800

나. 조도(Illuminance)

빛을 받는 면의 밝기를 표시한 것을 조도라 하며, 단위면적당의 입사광속으로 표시한다. 단위는 룩스(lux:lx)를 사용한다.

조도 = 입사광속 / 입사면적 [lm/m^2]

〈표 13-2〉 조도의 예

장소	조도[lx]
직사일광 지면 위	약
흐린 날 지면위	10,000~ 70000
보름날 밤 지면 위	약 0.2
밝은 방	200 ~ 500
독서에 적당한 밝기	200 ~ 500

다. 휘도(Luminance)

광원을 볼 때 강하게 빛나 보이는데, 이 빛나는 정도를 휘도라 하고 어떤 방향의 광도를 그 방향으로의 투영면적으로 나눈 값으로 표시된다. 단위는 cd/m^2 로 표시한다.

휘도 = 어느 방향의 광도 / 어느 방향의 투영면적

라. 발광효율(Luminous efficiency)

광원으로부터 어떤 방향의 방사속이 발산되면, 이 중에서 광속만이 육안으로 느끼게 된다. 이 방사속에 대한 광속의 비율을 그 광원의 발광효율이라 한다.

단위는 lm/W로 표시한다.

마. 전등효율(Lamp efficiency)

실제로 광원에서는 방산되는 전체의 방사속보다 많은 에너지가 소비된다. 즉, 전체 발산 방사속 외에 대류, 전도 등에 의한 손실을 포함한 전체 소비전력을 생각하여야 한다. 단위는 발광효율과 동일하다.

일반적으로 전등효율은 발광효율보다 적다.

바. 색온도(Color temperature)

백열전구의 빛은 붉은 빛을 띠고 있으며 수은등의 광색은 청백색으로 보인다. 각 광원의 광색을 수치로 나타내는 데는 색온도fmf 사용하고 단위로는 켈빈(Kelvin:K)을 사용한다.

흑체를 고운으로 가열하면 발산하는 빛의 광색은 적색, 황색, 청록색을 거쳐 백열상태로 변한다. 흑체의 어느 온도에서의 광색과 어떤 광원의 광색이 동일할 때는 그 혹체의 온도를 가지고 그 광원의 광색을 나타내는데, 이를 색온도라고 하고 절대온도로 표시하고 있으며 ℃+273이 된다.

일반적으로 색온도가 낮으면 붉은 빛의 따스함을 느끼는 빛으로 되고, 색온도가 높아짐에 따라 태양광과 같은 백색의 빛을 띠게 되며, 더욱 높아지면 푸른빛을 띤 시원한 빛으로 된다.

〈표 13-3〉 대표적인 광원의 색온도

광원	색온도[K]	광원	색온도[K]
태양	5,450	**할로겐전구**	3,000
푸른 하늘	12,000	**백열전구**	2,850
구름낀 하늘	6,500	**촛불**	2,000
주광색형광등	6,500	**형광수은등**	4,600
백색형광등	4,500	**고압수은등**	5,600

사. 연색성(Color rendition)

연색성이란 물체가 광원에 의해 비추어질 때, 그 물체의 색의 보임을 정하는 광원의 성질을 말한다.

태양광선 아래에서 본 것보다 색의 보임이 떨어질수록 연색성은 떨어지며, 연색성이 나쁜 광원으로 조명하면 물체의 색은 다르게 보인다. 이 연색성을 수치로 표시한 것이 연색평가수(Color rendering index:CRI)이며, 단위는 Ra이다. 평균연색평가수는 많은 물체의 대표색으로서 8종류 또는 14종류의 시험색을 사용하여 그 평균값으로부터 구한 것이다. 평균연색평가수가 100이라는 것은 그 광원의 연색성이 기준광과 동일하다는 것을 의미한다.

광원별 연색지수는 할로겐전구는 약 100, 일반형광등은 65, 3파장형광등은 85, 고압나트륨등은 28정도로 연색지수가 낮을수록 물체의 고유색을 식별하기가 어렵다.

13.2 전기 조명 기술

1810년에는 탄소막대를 통한 아크 방전을 이용한 조명 방법이 개발되었다. 방전이 일어나면서 탄소가 소모되더라도 간극을 일정하게 유지하는 것이 기술적인 관건이었다. 또한, 탄소 아크 방전의 경우 발생하는 빛이 너무 강하다는 문제를 해결하기 위해 Swan과 Edison은 탄소화된 필라멘트를 진공상태에서 발열하도록 하는 램프를 개발하였다. 그러나 탄소 필라멘트는 융점인 3,490℃ 보다 훨씬 낮은 온도에서 동작시킬 수밖에 없었다. 왜냐하면, 탄소가 1,700℃ 이상에서는 급격히 기화하기 때문이다. 텅스텐의 융점은 3,380℃로 오히려 탄소보다 낮지만 2,700℃까지 동작시킬 수 있어서 가시광선으로 나오는 빛의 비율을 증가하여 효율이 개선되었다.

현재 일반 백열등의 램프 효율은 10~15lm/W이고 수명은 약 1,000시간이다. 낮은 효율은 가스를 통한 방전을 이용하여 극복할 수 있다. 가스를 이온화시킨 상태에서 전기장을 인가하면 가속된 전자가 가스나 금속 원자와 충돌하여 전자를 고 에너지 상태로 여기시키게 되고, 여기된 전자가 다시 저 에너지 상태로 돌아가면서 가시광선 또는 자외선을 방출한다. 자외선의 경우 형광물질을 사용하여 가시광선으로 변환한다.

초기에는 금속 전극 간에 고압을 인가하여 저압 가스를 통한 방전을 이용하는 시도가 이루어졌다. 가스로서는 이산화탄소와 질소를 사용하였으나 효율이 높지 않았다. 그 이후에 네온, 아르곤 등 희소 가스를 사용하여 효율이 크게 향상되었다. 가스 방전 램프는 저압 방전 램프, 고압 방전 램프, 고강도 방전 램프로 나눌 수 있다.

저압 방전 램프로서는 형광등과 저압 나트륨램프가 있으며, 1938년 에 개발된 형광등은 가장 널리 사용되는 조명기기로서 램프 효율은 60~100lm/W이고 수명은 약 10,000시간이다. 저압 나트륨램프는 가장 효율이 높아 최대 200lm/W의 램프 효율 특성이 있지만, 거의 황색단색이어서 컬러 렌더링(color rendering) 특성이 좋지 않아 거리 조명에 주로 사용된다.

고압 방전 램프에는 금속-할로겐 화합물 램프와 고압 나트륨램프, 고압 수은증기 램프가 있다. 금속-할로겐 화합물 램프는 거의 백색광을 발하며, 100lm/W의 램프 효율 특성을 가지고 있다. 고압 나트륨램프는 150lm/W의 램프 효율 특성을 나타내며, 저압 나트륨램프보다 넓은 스펙트럼의 빛을 내 놓아, 거리의 조명 및 식물 재배용 조명에 사용된다.

수은 증기 램프는 가장 오래된 고압 방전 램프로서 대부분 금속-할로겐 화합물 램프와 고압 나트륨램프에 의해 대치되고 있다. 고강도 방전 램프는 가스와 금속염이 들어 있는 투명한 융해 실리카튜브에 내장된 텅스텐 전극 간 아크 방전을 이용한다. 발생하는 빛의 스펙트럼 상당 부분이 가시광선 파장대이어서 램프 효율이 높다.

13.3 LED 조명

13.3.1 LED 조명의 배경

최근 들어 LED 조명이 그린 붐을 계기로 큰 관심으로 대두되고 있다. LED 조명이 대두되는 배경에는 다음의 몇 가지 특징이 있다.

가. 에너지 절감의 효과

LED 조명은 기존 조명에 비해 소비전력이 낮다. 가정에서 사용하는 조명은 보통 수십 와트의 전력을 사용하는데 어떻게 보면 이것을 절약해서 얼마나 효율이 있을까 생각 될 것이다.

그러나 2015년 까지 국내 조명의 30%를 LED 조명으로 교체할 경우 원자력 발전소 2기의 생산량에 해당하는 16천GWh의 전력을 절감 할 것으로 기대를 하고 있다.

1) 친환경 조명

백열등은 전력 소비가 많고 형광등은 광 효율은 우수하나 최근 문제가 되고 있는 수은을 사용하여 환경 오염의 문제를 안고 있다.

LED 조명은 소비전력이 낮고 수은을 사용하지 않은 무수은 광원으로 여러가지 국제 환경 규제(RoHS, WEEE)등의 피할 수 있는 우수한 조명 방법이다. 또한 국내 조명의 30%를 LED 조명으로 교체 할 경우 전력사용량을 감소시켜 연간 680만톤의 CO_2 저감 효과가 기대된다.

2) 감성 조명

LED 조명은 기존 조명의 단순한 점멸 등의 기능을 탈피하여 광색, 색온도, 광출력등을 인공지능으로 제어함으로써 감성 및 웰빙 조명등 신개념 조명을 구현할 수 있게 되었다.

3) 정부의 적극적인 지원

LED 조명에 대한 정부의 관심은 지대하다. 정부는 2015년 까지 LED 조명을 전체 조명시장의 30%까지 끌어 올리기 위해 LED 조명 15/30을 발표하였으며, 2008년에는 LED 산업 신성장 동력 발전전략을 발표하면서 2012년 까지 세계 Top 3 LED 강국으로 도약하려는 비전을 제시하였다.

정부는 LED 산업 육성을 통해 우리나라의 LED 조명 시장 점유율을 2007년 8.3%에서 2012sus 15%까지 확대하기 위해 노력하고 있다.

13.3.2 LED 조명의 장단점

LED 조명은 기존 조명에 비해 많은 장점을 가지고 있으나 몇 가지 부분에서는 아직 해결해야 할 과제를 가지고 있으며 현재도 이들의 단점을 해결하기 위해 많은 연구가 진행되고 있다.

LED 조명은 기존 조명에 비해 광변환 효율이 높아 소비전력이 낮다. LED 조명의 경우 가시광선 이외의 자외선이나 적외선을 전혀 방출하지 않으며 공급된 전력대비 약

25%의 우수한 광변환 효율을 가지고 있다. 이에 비해 백열전구의 경우 공급된 전력의 약 7%가 빛으로 변환되고 대부분 적외선으로 변환된다. 형광등의 경우에도 가시광선 효율은 약 21% 수준이며, 상당부분 자외선으로 변환된다.

〈표 13-4〉 백색광원의 에너지 분포(%)

구분	백열전구 (60W)	형광등	메탈 할라이트등	LED등
가시광선	7	21	27	25
적외선	73	0	17	0
자외선	0	37	19	0
빛(소계)	80	58	63	25
열	20	42	37	75
합계	100	100	100	100

LED 조명은 형광등에 사용되는 수은을 사용하지 않으며, 수명이 약 5만~10만 시간으로 길기 때문에 친환경적인 제품이다.

LED 조명은 기존 조명에 비해 크기가 매우 작은 반도체 칩으로 제작되어 내구성이 크고 점광원 형태로 다양한 조명 디자인이 가능하다.

LED 조명은 기존 조명에 비해 밝기 조절(Dimming)과 색 조정에 있어 상당히 유연성을 지닌다. 백열등이나 형광등은 밝기 조절이 가능하거나 제한적이며 색 조절을 불가능하다. 이에 반해 LED 조명은 RGB의 LED 칩 조합을 통해 밝기 조절과 색 조절이 동시에 가능하다.

LED의 경우 할로겐에서 발생하는 저온에서의 밝기 변화가 거의 잃어나지 않는다.

LED조명은 많은 열이 발생하여 방열 설계를 하지 않으면 수명 및 광효율이 크게 짧아지는 단점이 있다.

LED 조명은 아직 초기 시장이 형성되는 단계로서 제품의 가격이 높게 형성되어 보급에 어려움을 겪고 있다.

LED 조명은 직진성이 강하여 넓은 영역을 비추기 위해서는 확산판을 사용해야 하며 빛이 충분히 확산 될 수 있도록 일정 이상의 거리를 확보해야 한다.

DC를 사용하는 LED 조명의 경우 AC to DC 전원 변환 장치를 별도로 사용하여야 한다. 최근에는 AC를 직접 사용하는 LED 조명도 일부 생산되고 있다.

지금까지 살펴본 기존 조명과 LED 조명과의 장단점을 비교하면 표 13-2와 같다.

장단점	전통조명	LED 조명	
장점	On/Off 제어	다단계 밝기 및 색상 제어	지능, 감성 조명
	느린 응답속도 (형광등:1~3 초)	빠른 응답속도 (~10 나노초)	
	소형화 한계	소형, 슬림화	휴대폰, LCD BLU
	광전환 효율 낮은	광전환 효율 높음	고효율, CO2 저감
	수은 사용	무수은(고체광원)	친환경
	발광대역 집중 불가	발광대역 집중화	특수 조명 활용 (의료, 농수산)
	짧은 수명 (3~7 천 시간)	긴 수명 (약 5 ~ 10 만시간)	유지 관리 용이
단점	내열 성능 우수	열에 취약	별도 방열설계 필요
	가격 저렴	높은 가격(5 ~ 10 배)	보급에 에로

13.4 LED 조명 동작 실습

우리가 LED 조명을 제어한다고 하는 것은 LED 조명을 켜거나 끄고 또는 밝기를 제어한다고 할 수 있다. 조명을 제어하기 위해서는 이를 위한 제어 회로가 필요하게 되는데 이에 대해 알아보도록 하자.

앞 장의 LED 구동회로에서 설명한 것과 같이 LED구동하는 회로에는 전원의 종류에 따라 직류, 교류 구동 회로 등이 있으며 연결 방식에 따라 직렬, 병렬 회로 등이 있다. 현재 LED 조명에 주로 사용되는 방식은 직류 전원을 사용하며 연결 방식은 직렬 방식을 주로 사용한다.

조명의 또 하나의 조건인 밝기 제어는 전류 제어 방식을 주로 사용하는데 이와 덧붙여 펄스폭 제어(PWM : Pulse width modulation) 방식을 함께 응용하여 LED 조명의 밝기를 제어 하게 된다.

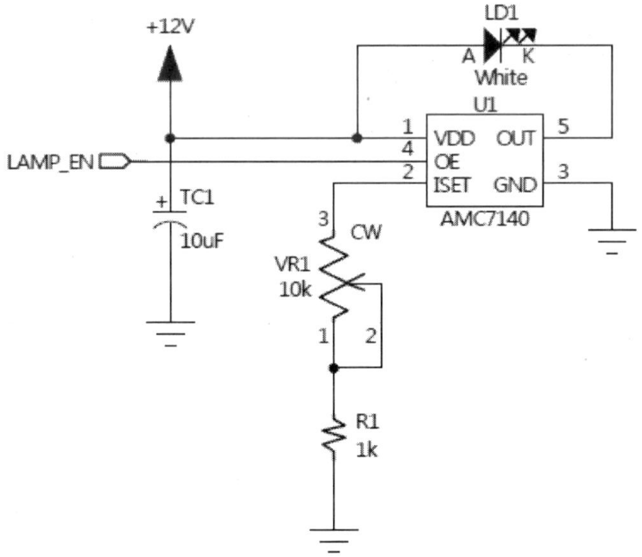

〈그림 13-1〉 LED 조명 제어 회로

그림 13-1은 전류제어 레귤레이터를 이용한 LED 조명 제어 회로이다.

AMC7140(U1)은 전류제어 레귤레이터로 ISET에 연결된 저항(VR1)의 크기에 의해 OUT에 연결된 LED의 공급 전류를 제어 할 수 있다. 회로에 연결된 가변 저항을 조정함에 따라 LED의 밝기를 조정할 수 있게 되는 것이다.

OE 입력은 LED 조명을 켜고 끌 수 있게 되는데 외부의 제어기를 통해 이를 제어하여 LED를 점멸할 수 있게 된다. 이때 OE 입력신호를 펄스 형태로 제어하여 실시간 LED 조명의 밝기를 제어하는(Dimming) 것도 가능하다.

외부에 마이크로컨트롤러 등을 이용하여 실시간 펄스의 듀티를 제어함으로써 원하는 밝기로 제어가 가능하게 된다.

〈그림 13-2〉 LED 조명 제어

HBE-Green-LED 보드의 LED 램프 제어를 위한 구성을 확인해 보자.

그림 13-1의 회로도에서 가변저항은 그림 13-2의 LED Lamp Brightness 저항이다. 해당 가변저항을 조정함에 따라 DC LED Lamp에 흐르는 전류의 크기가 조절되어 밝기를 제어 할 수 있게 된다.

그림 13-1의 회로도에서 LAMP_EN은 DC LED Lamp를 끄거나 켤수 있도록 제어하는 신호인데 이를 PWM을 제어 할 경우 이를 통해 DC LED Lamp의 밝기를 임의로 조절 할 수 있게 된다.

13.4.1 제어프로그램을 이용한 LED 조명 동작 실습

LED Lamp의 동작 방법을 확인하기 위해 예제 프로그램을 다운로드 하여 LED lamp의 동작을 확인해 보자. 앞의 3.4장의 내용을 다시 확인하여 HBE-Green-LED의 Application Program의 사용법을 다시 한번 확인하기 바란다.

다운로드할 프로그램 파일은 시디의 \Application Program\AVR Data\avr4.hex 파일이다.

(제품출하시 기본으로 다운로드 되어있다.)

다운로드를 위해 ISP Sel 스위치를 "1011"로 맞춘 후 AVR Studio를 이용하여 Hex파일을 다운로드 한다.

다운로드 후 ISP Sel 스위치를 "0011"에 맞춘 후 시디의 \Application Program\HBE-Green-LED v1.1.exe 파일을 실행한다.

실험을 하기 위해 그림 31-2에서 Enable 버튼을 1회 누른다. 이후 LED Lamp PWM Control 노브와 LED Lamp Brightness 노브를 오른쪽으로 회전 시킨다. 이 상태에서 이 두 노브를 회전함에 따라 DC LED Lamp의 불 밝기가 변화하는 것을 확인할 수 있을 것이다.

- ❑ 좌측 "LED Lamp Brightness"노브를 최대로 올리고 우측 "LED Lamp Control" 노브를 조정하면서 LED Lamp가 깜박거리는 것을 확인해보고 그 이유를 기술해보도록 하자
- ❑ DC Bulb의 Enable 스위치를 올려서 DC Bulb를 켜고 좌측 "LED Lamp Brightness" 노브를 최대로 올리고 우측 "LED Lamp Control" 노브를 조정하면서 Text LCD에 표시되는 전류값들을 비교해보자

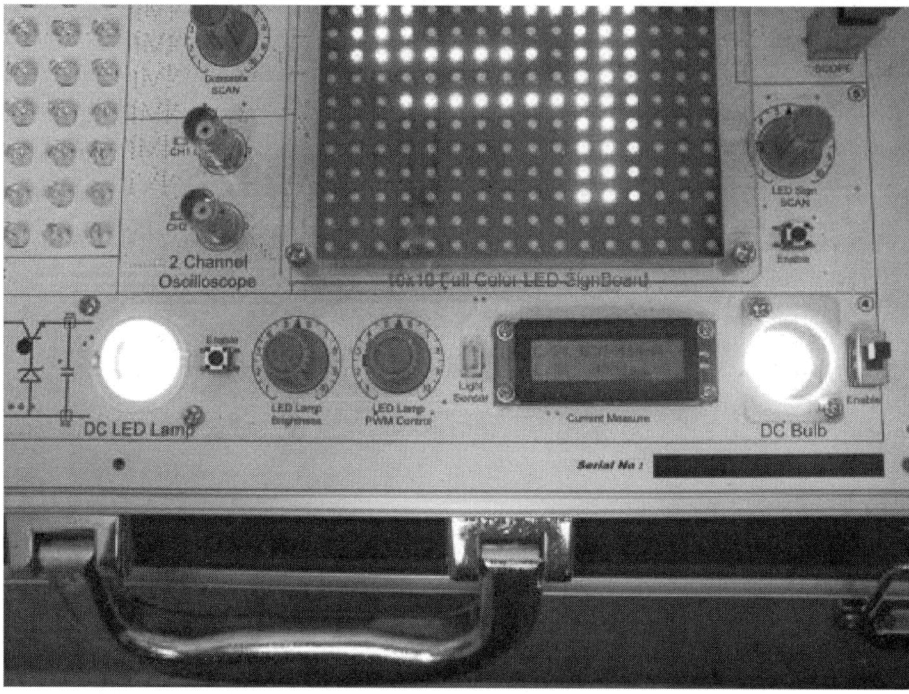

❑ 제어프로그램을 통해 "LED Lamp Brightness"노브를 각 단계별로 조정하면서 LED LAMP와 DC bulb의 전류값을 비교 기록하도록 한다.

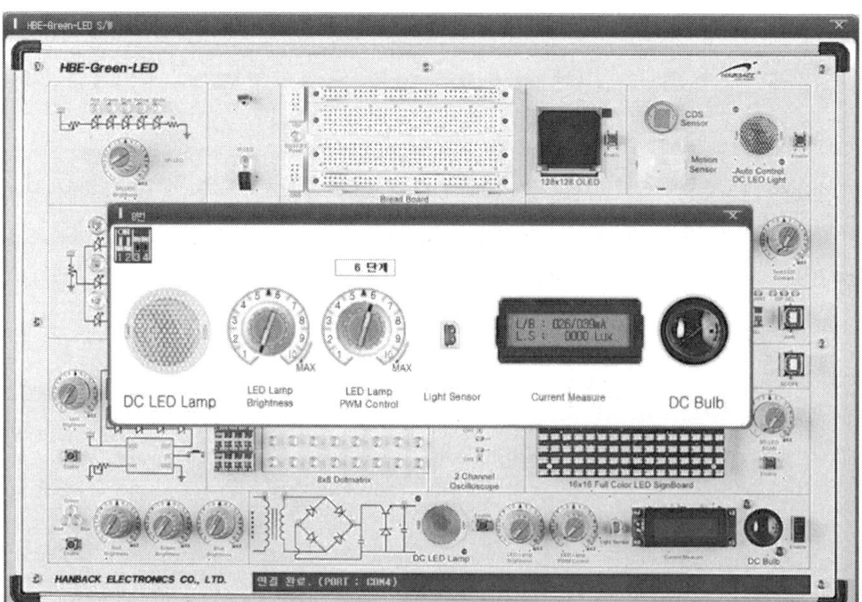

13.4.2 PWM을 이용한 LED 조명 밝기 제어

이번 예제는 앞 장에서 배운 PWM울 이용하여 LED 조명의 밝기를 실시간 제어하는 프로그램이다.

```
/*******************************************
        LED Lamp 밝기 제어 예제

        동작 :    LED Lamp를 PWM으로 밝기제어를 한다.

        ISP SEL   :   1011

*******************************************/

#include<avr/io.h>
#include<util/delay.h>
#include"global.h"            //사용자 정의 라이브러리 헤더 선언

int main()
{
        unsigned short pwm = 0;

        DDRE = 0x08;

        // PWM mode 3
        // 16MHz / (2 x 8분주  x 1023) =   977hz
    TCCR3A = 0x83;
    TCCR3B = 0x02;
    TCCR3C = 0x00;

    TCNT3=0x0000;

    OCR3A=0x0000;
```

```
        while(1)
        {
                //      점점 DC LED를 밝게 한다.
                for(pwm = 0 ; pwm < 0x3FF ; pwm ++)
                {
                        OCR3A = pwm;
                        _delay_ms(1);
                }

                //      점점 DC LED를 어둡게 한다.
                for(pwm = 0x3FF ; pwm > 0 ; pwm --)
                {
                        OCR3A = pwm;
                        _delay_ms(1);
                }
        }
}
```

본 예제는 주기적으로 LED 램프의 밝기가 밝아지고 어두워 지는 것을 반복하는 예제이다.

예제에서 사용된 PWM 관련 기능은 앞서 7장의 예제에서 설명하였으므로 이를 참고하기 바란다.

13.4.3 실행 결과

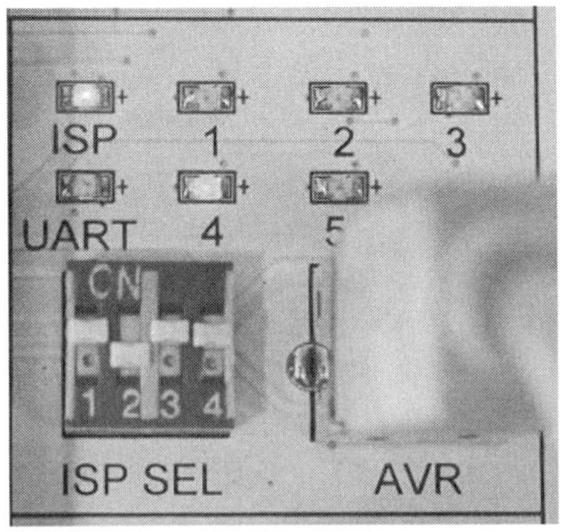

〈그림 13-3〉 LED Lamp제어를 위한 AVR 선택(4번)

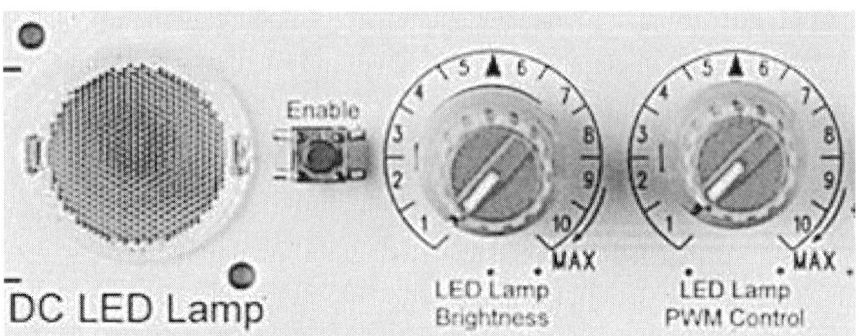

〈그림 13-4〉 PWM을 이용하여 LED Lamp 밝기 제어하기

Chapter 14
센서를 활용한 LED 조명

14. 센서를 활용한 LED 조명

LED를 제어함에 있어 주변 환경의 조건에 따라 LED를 켜고 끄거나 또는 밝기를 제어하기 위해서 우리는 주변의 조건을 분석하기 위해서 센서를 사용하게 된다. 주변의 밝기를 확인하기 위해 조도 센서를 사용하기도 하고 주변의 물체의 움직임을 확인하기 위해 근접 센서를 사용한다.

이들 센서를 이용하여 조명을 능동적으로 동작시키는 방법에 대해 알아보자.

14.1 A/D 컨버터로 센서 읽기

이 예제에서는 앞에서 설명한 ATmega128 의 A/D 컨버터 기능을 이용하여 조도센서(CDS)로부터 밝기 정보를 읽어내어 프로그램을 다룰 것이다. 이 예제를 통해 ATmega128의 A/D 컨버터의 동작 원리와 레지스터 설정 방법을 이해해야 하고, 밝기에 따라 아날로그 출력을 내는 광다이오드에 대하여 사용법을 익혀 보도록 하자.

14.1.1 조도센서(CDS)

CDS 센서에 관하여 알아보도록 하자. CdS셀은 황화카드뮴셀을 의미하며, 빛을 받으면 저항이 줄어드는 소자이다. CdS에 관한 자세한 내용은 본 교재의 범위를 넘어서

므로 센서공학 등의 다른 서적을 참조하기 바란다. 본 교재는 센서모듈이 제공하는 다음 회로를 고려하기로 한다. CdS의 빛에 따른 저항값 변화를 예로 들면 다음 그림과 같다.

〈그림 14-1〉 CDS Sensor

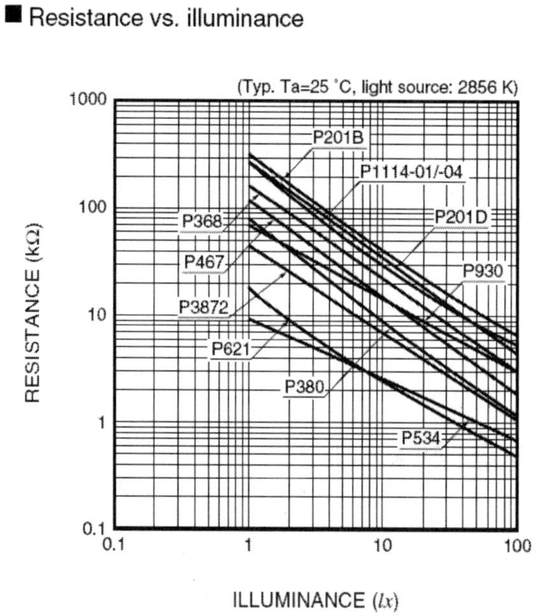

〈그림 14-2〉 CdS의 빛에 따른 저항 변화

그림 14.2에서 볼 수 있는 바와 같이, CdS셀은 빛이 밝아질수록 저항값이 작아지는 가변 저항기와 같이 동작한다는 것을 알 수 있다. 다만, 빛이 있다 없다 혹은 어느 정도 밝다는 것만 알아낼 수 있을 뿐이며 정확한 조도계로 사용하기는 어렵다. (정확한 조도계로 사용되는 센서는 앞에서 배운 조도계용 photo diode 등이 널리 사용된다).

예를 들어 100 룩스(lx)의 빛 밝기에서 상황에 따라 500 [Ω]에서 7 [kΩ]정도로 값이 달라질 수 있기 때문이다.

아무튼 가변저항기에 따른 저항값 변화를 저항 분배기에 의해 전압으로 바꾸어 ADC로 읽어 들이면 빛의 밝기 변화를 마이크로프로세서에서 읽어 들일 수 있다. 이러한 원리로 만들어진 회로가 본 교재에서 사용하는 HBE-MCU 장비의 센서에 사용되며, 그 회로도는 그림 14.3과 같다.

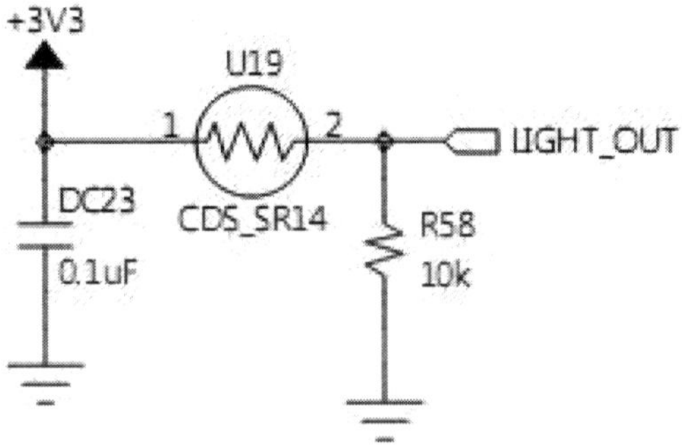

[12]

〈그림 14-3〉 CdS 셀을 이용한 빛 감지 회로

그림 14.3에서, 전압분배 원리에 의해 LIGHT_OUT에 걸리는 전압을 읽어주면 된다. 이 경우 3.3 [V]가 결려 있을 때, 읽어 들인 전압 값과 CdS셀의 저항 사이의 관계를 알아내기 위해 전압분배 법칙을 적용하면 다음 식 (14.2)와 같다.

$$\text{LIGHT OUT} = \frac{10k\Gamma}{R_{CdS\Gamma} + 10k\Gamma} \times 5\,[V] \tag{14.2}$$

여기서, LIGHT_OUT은 ADC로 읽어 들인 전압 값이며, RCdS는 우리가 알고 싶은 CdS셀의 저항값이다.

식(14.2)로부터 CdS셀의 저항값은 다음 식(14.3)과 같이 유도된다.

$$R_{CdS} = \frac{50k}{LIGHT\_OUT} - 10k \tag{14.3}$$

이 저항값과 그림 14.2의 저항과 빛의 세기와의 관계를 통해 대략의 빛의 세기를 알아볼 수 있다.

지금까지 조도 센서 CdS셀에 대하여 알아보았다. 센서신호가 아날로그 전압으로 출력된다는 것에 유의하자. 다음 절에서는 마이크로프로세서에서 프로그램에 의해 이 아날로그 전압 신호를 읽어내는 방법에 관하여 학습한다.

14.1.2 PIR 센서

PIR(Pyroelectric Infrared Sensor) 센서는 움직임 감지 센서로써 가정 내에 방범 시스템이나 자동 전등 on/off, 자동문 제어 등의 응용에서 광범위하게 사용되는 센서이다.

HBE-Green-LED에서는 Nippon Ceramic 사의 RE200B PIR센서를 사용한다. 이 PIR 센서가 감지할 수 있는 범위는 X축 방향으로 138도, 그리고 Y축 방향으로 125도이다. 아래 그림은 Home 옵션 모듈의 개략적인 외형을 나타내고 있다. 보드 중간에 가장 크게 자리 잡고 있는 흰색 플라스틱 마개 아래에는 PIR 센서인 RE200B가 위치한다.

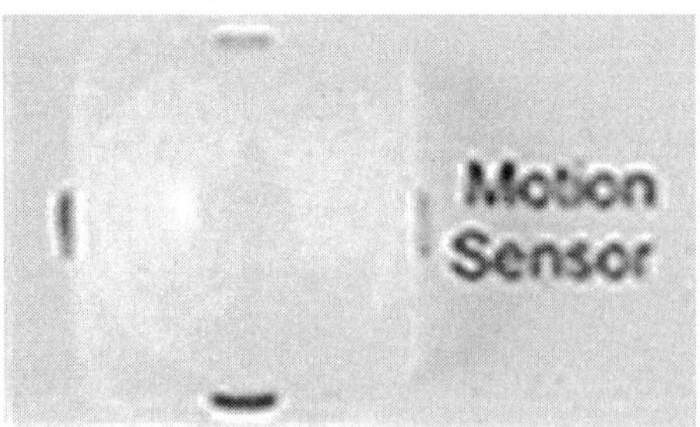

PIR 센서(초전형 적외선센서)는 적외선의 초전 효과를 이용하여 인체가 발산하는 적외선 영역(약 5~30)의 열에너지를 통해 인체의 동작을 감지할 수 있는 센서이다.

PIR 센서의 표면에는 불투명한 유리 재질의 필터가 부착되어 있는데, 이 필터는 외부에서 들어오는 적외선 중 인체를 감지할 수 있는 특정 파장 범위의 적외선만을 센서내부로 통과시킨다.

통과된 적외선은 센서 내부에 고정된 세라믹 재질의 element 에 감지되어 센서로서 동작하게 된다. 또한 PIR 센서 자체의 제한된 감지 영역을 넓혀주기 위하여, 센서 외부에 불투명한 플라스틱 재질의 Lends 를 장치하여 감지 범위를 증가 시켰다.

RE200B는 NIPPON Ceramic 사에서 생산되는 PIR 센서로서 다음과 같은 외양을 가지고 있다.

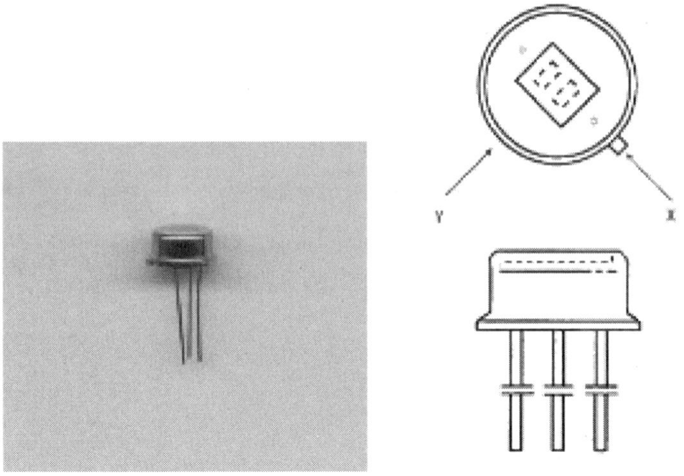

〈그림 14-4〉 PIR 센서의 외관

이 PIR 센서가 감지할 수 있는 범위는 X축 방향으로 138도 그리고 Y축 방향으로 125도로 다음과 같다.

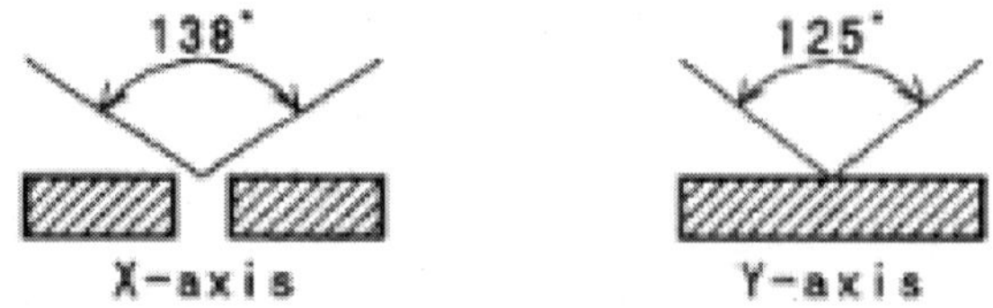

〈그림 14-5〉 PIR 센서의 감지 범위

3~10V DC 전압에서 동작 가능하며, 최소 2.5 이상, 일반적으로 4V의 아날로그 아웃풋을 발생시킨다.

PIR 센서의 출력은 마이크로 컨트롤러 등에서 직접 사용할 수 없기 때문에 그림 14-6과 같이 구동회로를 거처 인체 감지 신호를 디지털 신호로 변환하여 사용하게 된다.

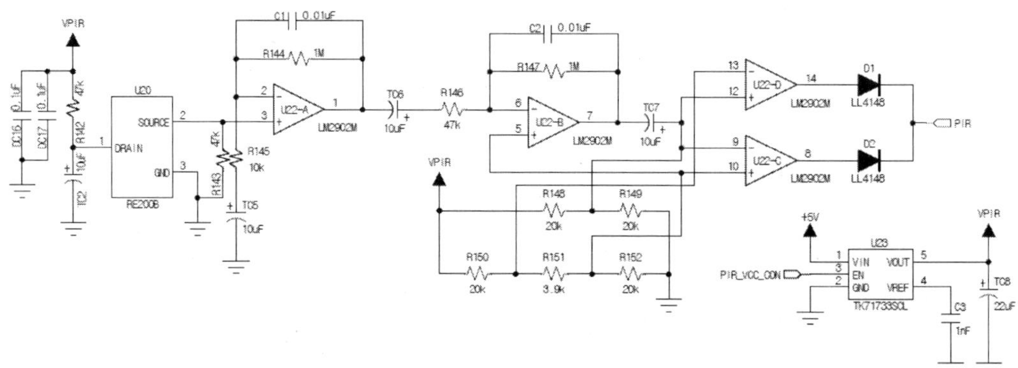

〈그림 14-6〉 PIR 센서 구동 회로

14.2 센서를 이용한 LED 램프 동작 실습

센서를 이용한 LED 램프의 동작 방법을 확인하기 위해 예제 프로그램을 다운로드 하여 센서를 이용한 LED 램프의 동작을 확인해 보자. 앞의 3.4장의 내용을 다시 확인하여 HBE-Green-LED의 Application Program의 사용법을 다시 한번 확인하기 바란다.

다운로드할 프로그램 파일은 시디의 \Application Program\AVR Data\avr4.hex 파일이다.

다운로드를 위해 ISP Sel 스위치를 "1011"로 맞춘 후 AVR Studio를 이용하여 Hex파일을 다운로드 한다.

다운로드 후 ISP Sel 스위치를 "0011"에 맞춘 후 시디의 \Application Program\HBE-Green-LED v1.1.exe 파일을 실행한다.

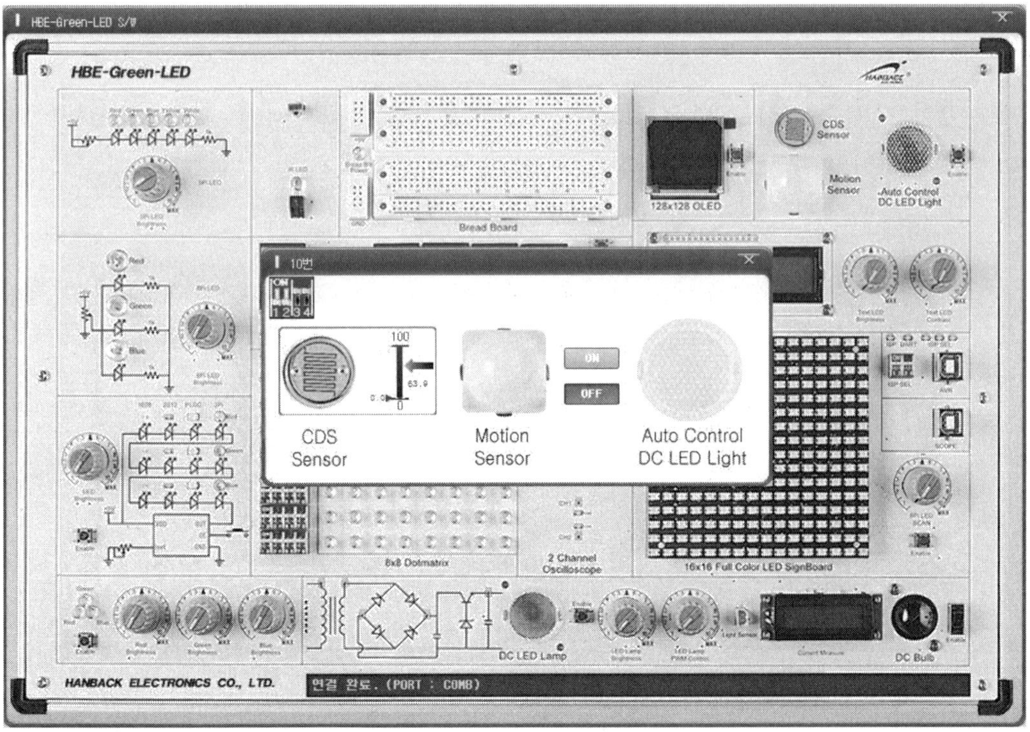

프로그램이 실행되면 프로그램 우측 상단의 센서 그림을 선택하면 위와 같은 화면이 표시된다. HBE-Green-LED에서는 조도센서와 움직임 감지센서를 장착하고 있는데 이를 통해 LED 램프의 밝기를 자동 조절 할 수 있다.

조도센서를 통해 주변 밝기를 확인하여 실시간 LED 램프의 밝기를 조절하게 된다.

손으로 조도센서(CDS sensor)를 가릴 경우 LED램프의 밝기가 이에 따라 변경되는 것을 볼 수 있다. 움직임 감지 센서(Motion Sensor)는 주변의 물제의 움직임을 감지하는 센서이다.

Motin sensor의 동작을 “ON”하게되면 CdS와 연동되어 빛의 밝기에 따른 LED 램프의 밝기 조정되고 “OFF”를 시키게 되면 빛의 밝기와 움직임을 통한 제어가 동시에 이루어진다.

움직임이 감지되면 LED 램프는 3초가 켜지고 다시 꺼지게 되는데 다시 움직임이 감지되면 3초간 켜지는 동작을 반복하게 된다.

이와 같이 다양한 센서를 LED 램프의 제어에 활용할 경우 다양한 방법을 이용한 자동 조명제어(이를 스마트 조명이라고도 한다.)가 가능하게 된다.

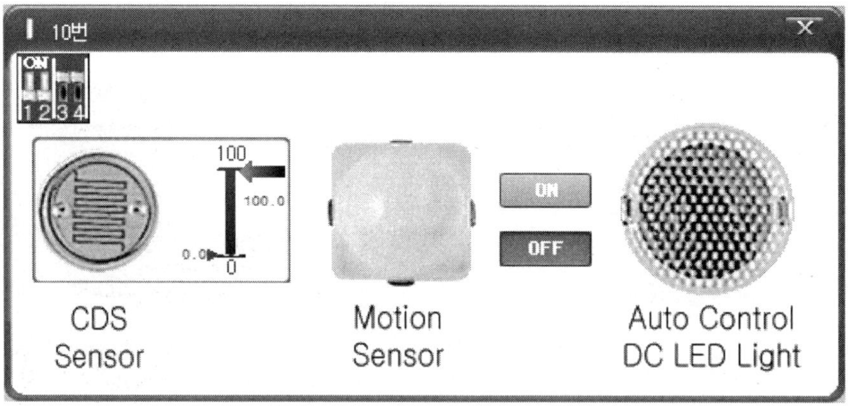

14.3 센서 데이터 처리하기

주변의 밝기를 감지하여 LED 조명의 밝기를 조정하거나 사람을 감지하여 조명을 켜기 위해 센서 데이터를 읽는 방법에 대해 알아보도록 한다.

14.3.1 구동프로그램

이 예제는 CdS센서의 값을 ADC를 통해 읽어 들어 들이고 PIR 센서의 감지 신호와 함께 이를 UART를 통해 컴퓨터로 전달하는 예제이다.

```
/***********************************************************
        CdS센서와 모션센서의 값을 하이퍼터미널에 표시하는 예제

        ISP SEL   :
        1)        다운로드 :        1011
        2)        UART 실습 :       0011
        3)        PC의 윈도우에서 하이퍼터미널이나,
                  시리얼 통신 프로그램을 실행한다.
        4)        통신속도는 9600 bps, 흐름제어는 없음으로 설정한다.
***********************************************************/


#include<avr/io.h>
#include<util/delay.h>
#include<avr/interrupt.h>
#include"global.h"
#include"motion_sensor.h"
#include "uart2.h"
#include "rprintf.h"
#include "a2d.h"



int main()
```

```
{
        char i;

        DDRE |= 0x08;              //         DC LED light enable 핀 출력선언
        PORTE &= ~0x08;

        init_Motionsensor(); //모션센서 초기화

        _delay_ms(3000);    //모션센서의 초기 덤프값을 제거하기 위한 딜레이
        Reset_Motiion_Sensor();

        uartInit();              //UART0 초기화 : 통신속도 9600
        rprintfInit(uart0SendByte);

        a2dInit();

        while(1)
        {
                if(chk_Motiion_Detect())
                {
                        rprintf("\n\r Detect Motion !!");
                        Reset_Motiion_Sensor();
                }
            rprintf("\n\r CdS Value : %d",a2dConvert10bit(ADC_CH_ADC7));

                _delay_ms(500);

        }
        return 0;
}
```

14.3.2 실행 결과

다음은 위 프로그램을 실행한 결과 화면이다.

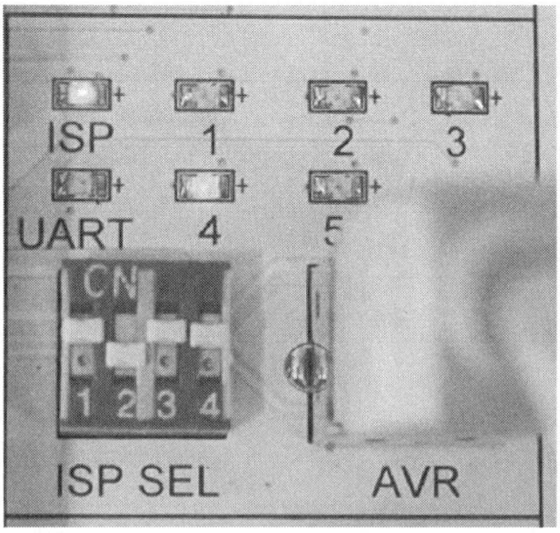

〈그림 14-7〉 센서 제어를 위한 AVR 선택(4번)

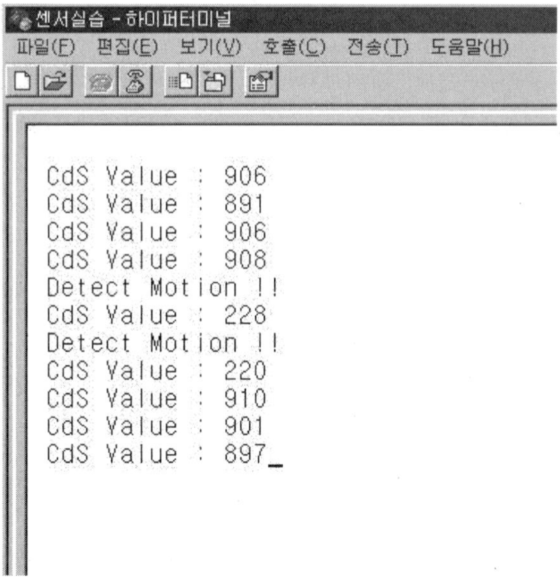

〈그림 14-8〉 UART로 PC와 데이터 주고받기 실행 화면

UART-to-Serial 포트를 통해 연결된 PC의 터미널 프로그램에서 다음과 같이 설정해야 한다.

Baud Rate	9600
패리티	No Parity
Stop Bit	1
전송문자 데이터 비트수	8
흐름제어	없음

14.4 센서를 이용한 LED 램프의 밝기 조절

본 예제는 CdS센서를 이용하여 주변이 어두울 경우 불 밝기를 어둡게 하고 주변이 밝을 경우 불 밝기를 밝게 하는 예제이다.

14.4.1 구동 프로그램

```
/*********************************************************

        CdS센서를 이용하여 LED Lamp 밝기 제어하기

        ISP SEL   :
                1)        다운로드 :          1011

*********************************************************/

#include<avr/io.h>

#include<util/delay.h>
```

```
#include"global.h"
#include"a2d.h"

int main()
{
        DDRE |= 0x08;
        PORTE &= ~0x08;

        // PWM mode 3
        //          16MHz / (2 x 8분주  x 1023) =   977hz
    TCCR3A = 0x83;
    TCCR3B = 0x02;
    TCCR3C = 0x00;

    TCNT3=0x0000;

    OCR3A=0x0000;

    a2dInit();

    while(1)
        {
          OCR3A = a2dConvert8bit(ADC_CH_ADC7);
        }
    return 0;
}
```

14.4.2 실행 결과

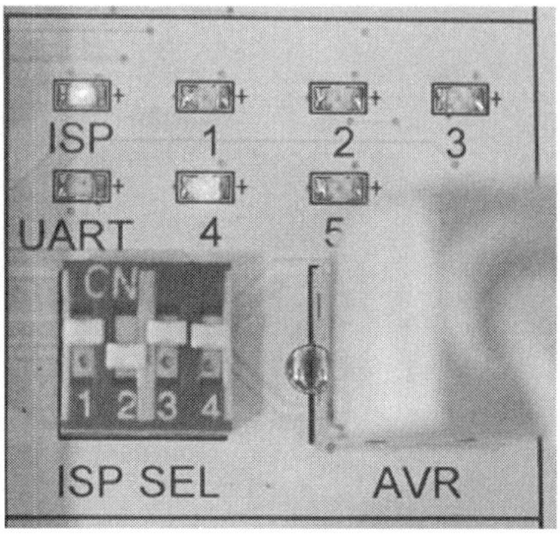

〈그림 14-9〉 LED Lamp 능동 제어를 위한 AVR 선택(4번)

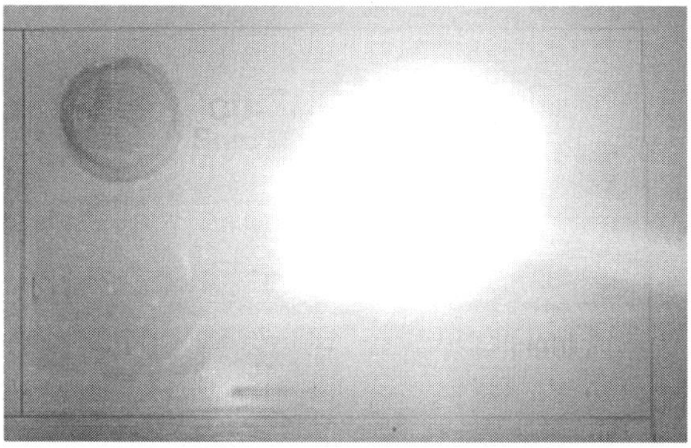

〈그림 14-10〉 센서를 이용한 LED Lamp 능동 제어하기

CdS 센서 부분을 손으로 가릴 경우 불 밝기가 어두워 지는 것을 확인할 수 있을 것이다.

14.5 모션 센서를 활용한 LED 조명 켜기

보통 복도나 화장실에서 많이 사용하는 센서 등과 같은 동작을 하도록 한다.

14.5.1 구동 프로그램

이 예제는 모션센서를 통해 움직임이 검출되면 LED 램프를 켜는 예제이다.

```
/************************************************************
        모션센서로 움직이미 검출되면 LED를 켜는 예제

        ISP SEL   :
                1)        다운로드 :          1011
************************************************************/

#include<avr/io.h>
#include<util/delay.h>
#include<avr/interrupt.h>
#include"global.h"
#include"motion_sensor.h"

int main()
{
        unsigned char cnt=0;

        DDRE |= 0x08;                    // DC LED light enable 핀 출력선언
        PORTE &= ~0x08;

        init_Motionsensor(); // 모션센서 초기화

        _delay_ms(3000);     // 모션센서의 초기 덤프값을 제거하기 위한 딜레이
        Reset_Motiion_Sensor();
```

```
        while(1)
        {
                if(chk_Motiion_Detect())
                {
                        PORTE |= 0x08;
                        Reset_Motiion_Sensor();
                        cnt = 0;
                }
                else
                {
                        cnt++;
                        if(cnt == 6) {// 500ms*6 = 3s
                                PORTE &= ~0x08;
                                cnt = 0;
                        }
                }
                _delay_ms(500);
        }
        return 0;
}
```

14.5.2 실행 결과

이번 예제에서는 모션 센서를 통해 움직임이 검출되면 LED를 3초동안 켜는 예제이다. 0.5초마다 움직임을 검출하고 움직임이 검출되면 cnt 변수를 증가시켜 그 값이 6(0.5s X 6 = 3s)이 되면 LED를 끈다. 이때 cnt 변수가 6이 되기전에 움직임이 검출되면 cnt 값을 0으로 초기화시켜 다시 3초를 기다려 LED를 끄게 된다. 프로그램을 실행하고 모션 센서에 움직임이 검출되면 LED가 3초동안 켜지는지 확인해 본다.

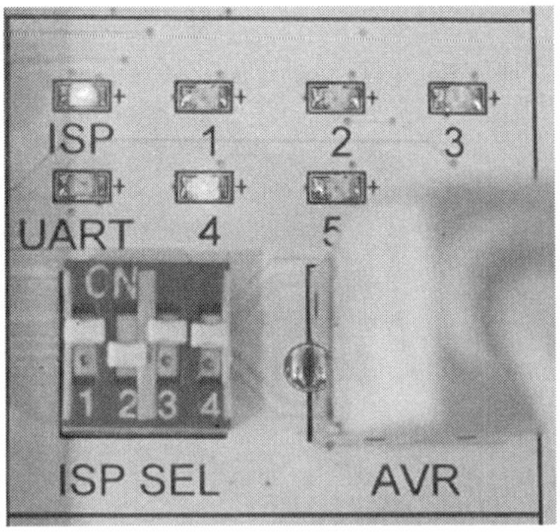

〈그림 14-11〉 LED Lamp 능동 제어를 위한 AVR 선택(4번)

〈그림 14-12〉 모션 센서를 이용한 LED Lamp 능동 제어하기

Chapter 15
LED 전광판

15. LED 전광판

15.1 LED 전광판 개요

LED 전광판은 LED Matrix를 이용하여 문자를 표출하는 시스템으로 고정된 이미지 표시의 역할을 하던 기존 전광판과는 다르게 다양하게 변화하는 문자 및 그래픽을 표출할 수 있어 광고 및 홍보, 상황판 등 정보 매체로서 옥내, 옥외에 사용하기 적합한 시스템이다.

LED 전광판은 실시간 정보를 가시적인 정보를 효과적으로 전달하기 위한 매개체이다. 시시각각 변화하는 산업 현장의 정보나 뉴스를 대형화면을 통해 전달하는 역할을 담당하고 있으며, 이를 위해 다양한 현장에서 환경 조건에 따라 다양한 형태와 동작 방법으로 제작되어 운용되고 있다.

15.1.1 LED 전광판의 특장점

LED 전광판은 LED가 가지는 기본적인 장점 이외에도 기존 전광판에 비해 다양한 특장점을 가지고 있다.

- LED소자를 사용함으로 수명이 기존 네온이나 형광등 전광판에 비해 5년 이상으로 최고 7배 이상 길다.
- LED 소자를 사용함으로 기존 네온이나 형광등 전광판에 비해 80% 이상 전력 소비가 감소한다.

- 장시간 사용하여도 밝기 및 색상 변화가 적다.
- 표출 효과가 높으며 진동, 및 충격에 강하다.
- 휘도 조절이 가능하여 주위 여건에 맞는 화면 표출이 가능하다.
- 실내외의 특정한 장소에서 일정기간 지속적으로 자극을 주는 이미지 형성이나 의미 전달에 유용한 커뮤니케이션 수단으로 이용될 수 있다.
- 다른 정보미디어 및 광고미디어의 보조 수단으로서 보완적인 기능을 수행한다.
- 홍보물의 추가, 삭제 변경이 자유로워 즉각적인 광고효과를 발휘할 수 있다.
- 다른 전광판 매체에 비해 환경 친화적이다.

15.1.2 LED 전광판의 종류

LED 전광판은 그 용도에 따라 크게 실내형과 실외형 전광판으로 구분되며 이를 제어하는 방법에 따라 리모콘형 및 PC형으로 구분된다. 최근에 들어서는 원경 제어나 임베디드 시스템을 이용한 제품도 선보이고 있다.

가. 실내형 전광판

실내형 전광판은 소형의 형태로 주로 그림 14-1과 같이 소형의 크기로 사업장 내에서 직접 상품 홍보문구 등을 편집하여 연출하는 형태로 사용된다. 가격이 저렴하고 유지비가 저렴하여 최근 소규모 사업장에서도 많이 사용되고 있다.

제어 방법은 주로 컴퓨터와 연결하여 별도의 프로그램을 통해 제어하는 방법을 사용하거나 전광판내의 메모리 장치에 영상 데이터를 저장하여 이를 표시하는 방법을 사용한다.

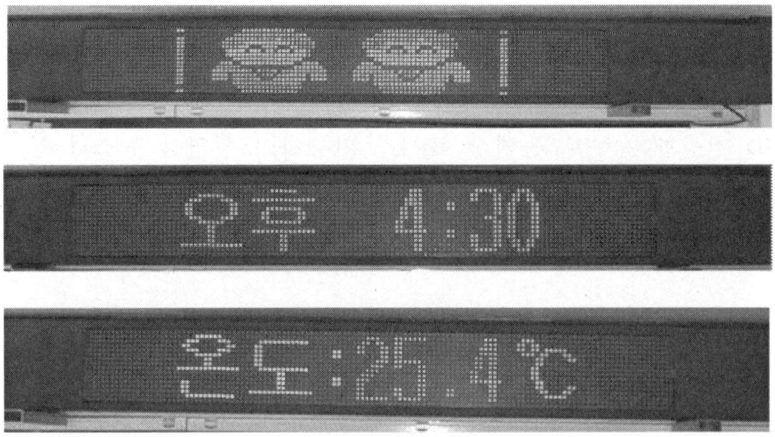

〈그림 15-1〉 실내 LED 전광판(a)

또 다른 형태의 실내형 LED 전광판은 그림 14-2와 같이 일반 동영상의 표시가 가능하도록 천연색을 위해 3색 LED(Red, Green, Blue)를 사용한 전광판을 이용하며 주로 대형 매장이나 주요 대형 건물(역사, 백화점 등)의 실내 광고용 전광판으로 이용된다. 제어 방법은 주로 컴퓨터와 연결하여 컴퓨터로부터 출력되는 동영상을 별도의 컨트롤러를 통해 처리하여 표시하는 방법을 사용한다.

〈그림 15-2〉 실내 LED 전광판(b)

나. 실외형 전광판

일반적으로 빌딩 옥상 등에 설치하거나 도로 주변에 별도의 공간을 조성하여 설치하는 대형 LED 전광판은 주로 동영상 표시가 가능하여 동영상 뉴스나 동영상 광고가 가능한 제품이 대부분이다.

〈그림 15-3〉 실외형 LED 전광판

15.1.3 LED 전광판의 구성

LED 전광판을 구성하는 하드웨어는 몇 가지로 나누어 지는데 우선 LED 전광판의 화면을 구성하는 LED 모듈, LED 모듈을 제어하는 컨트롤러, LED 모듈에 표시할 영상을 만들어 주는 PC 또는 기타 주 제어 장치로 구성된다.

가. LED 모듈

LED 전광판에서 화면을 표시하는 LED는 하나하나의 LED를 직접 제어 하지 않고 모듈 단위로 구성된 여러 개의 모듈을 조합하여 원하는 해상도의 LED 화면을 구성하게 된다. 보통 하나의 문자를 화면에 표시하기 위해서는 가로 8개, 세로 8개의 LED(전체 64개의 LED) 또는 가로 16개, 세로 16개의 LED(전체 256개)를 기본 구성으로 모듈을 구성한다. 이를 가로와 세로로 연결하여 원하는 크기의 LED 화면을 구성하게 된다. 그림 15-4는 HBE-Green-LED에서 사용된 16*16의 3색 LED를 사용한 LED 모듈이다. LED 하나에 3색이 모두 들어있어 크기가 작고 간격이 조밀하여 주로 실내형 전광판에 주로 사용된다.

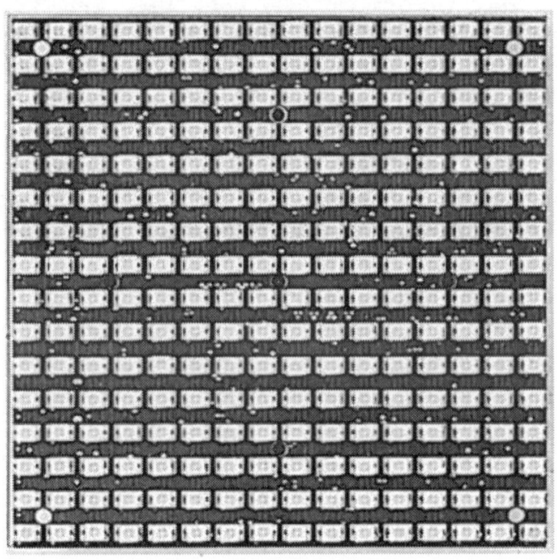

〈그림 15-4〉 실내형 LED 전광판 모듈

그림 15-5는 8*16의 Red, Green, Blue 단색 LED를 근접하게 배치한 LED 모듈이다. 일반 LED를 사용하므로 크기가 크고 간격이 느슨하여 가까운 거리에서는 영상 표현이 어려우므로 주로 실외형 대형 LED 전광판에 주로 사용된다. 실내형에 비해 LED의 밝기가 더 밝고 주간의 밝은 태양의 빛으로 인한 LED의 밝기가 상대적으로 약해지는 것을 방지하기 위해 LED 별로 상하 혹은 좌우에 햇빛가리개를 설치하기도 한다. 그림 15-5의 그림에도 이를 적용한 것을 볼 수 있다.

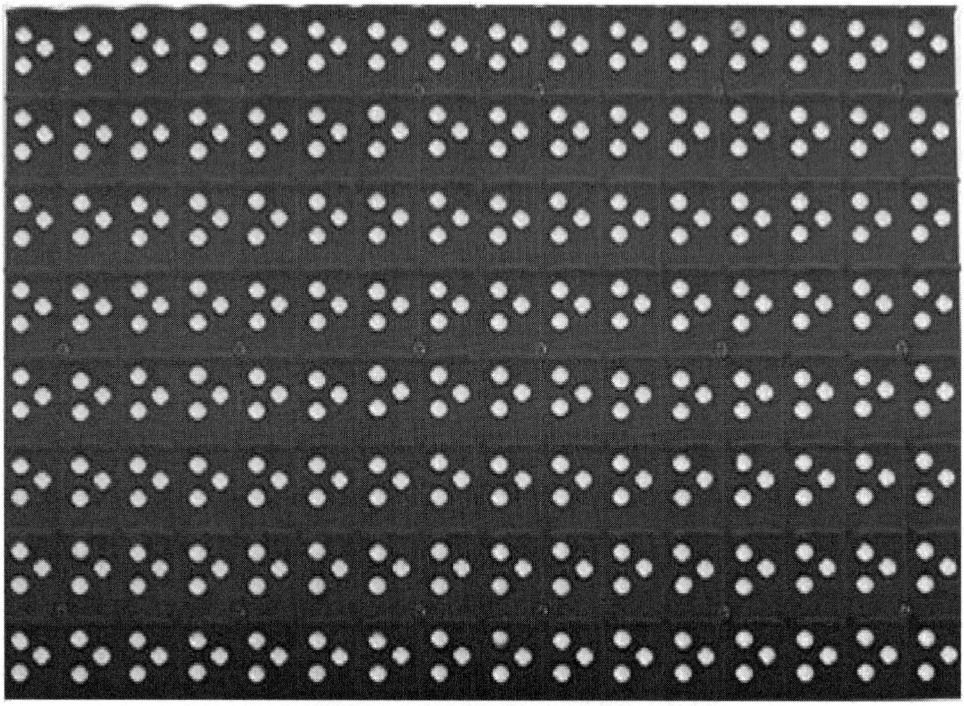

〈그림 15-5〉 실외형 LED 전광판 모듈

LED 전광판 모듈을 구성하는 LED를 각각 제어하는 것을 어렵기 때문에 모듈 내부에 별도의 회로를 구성하여 좀더 손쉽게 모듈을 제어할 수 있도록 하고 있다. 그림 14-6은 HBE-Green-LED에서 사용하고 있는 LED 모듈의 대략적인 기능도 이다.

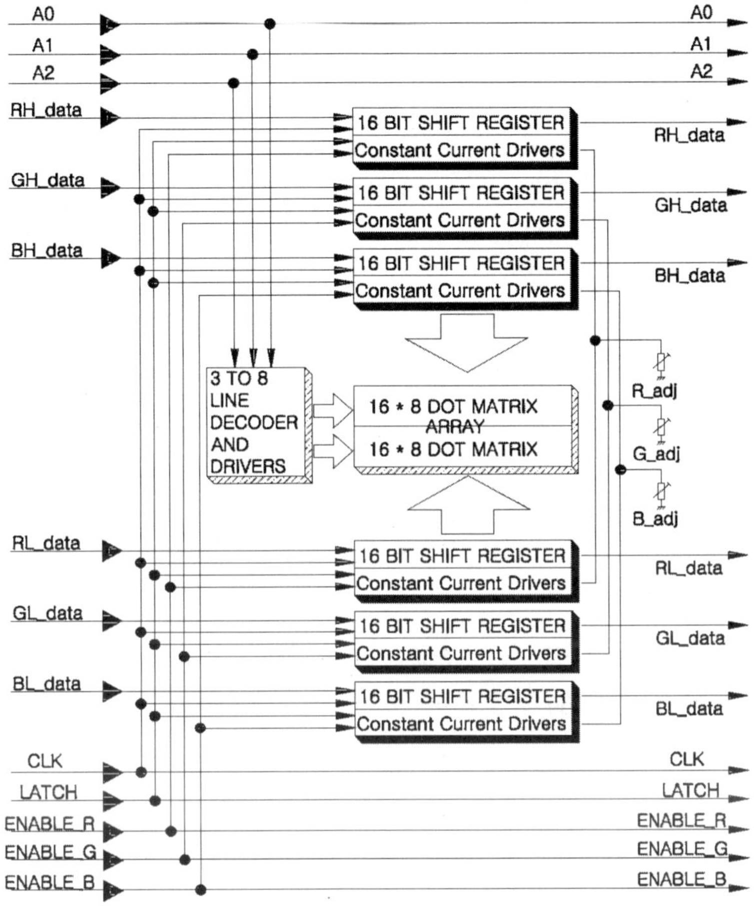

〈그림 15-6〉 LED 전광판 모듈 기능도

LED 모듈 내부에는 별도의 저장 공간이 있어 한 줄에 해당하는 데이터를 저장할 수 있도록 구성되어 있다. 이는 모든 LED를 동시에 제어할 수 없으므로 별도의 신호 규칙을 통해 전광판 모듈을 제어하여 영상을 표시하게 된다.

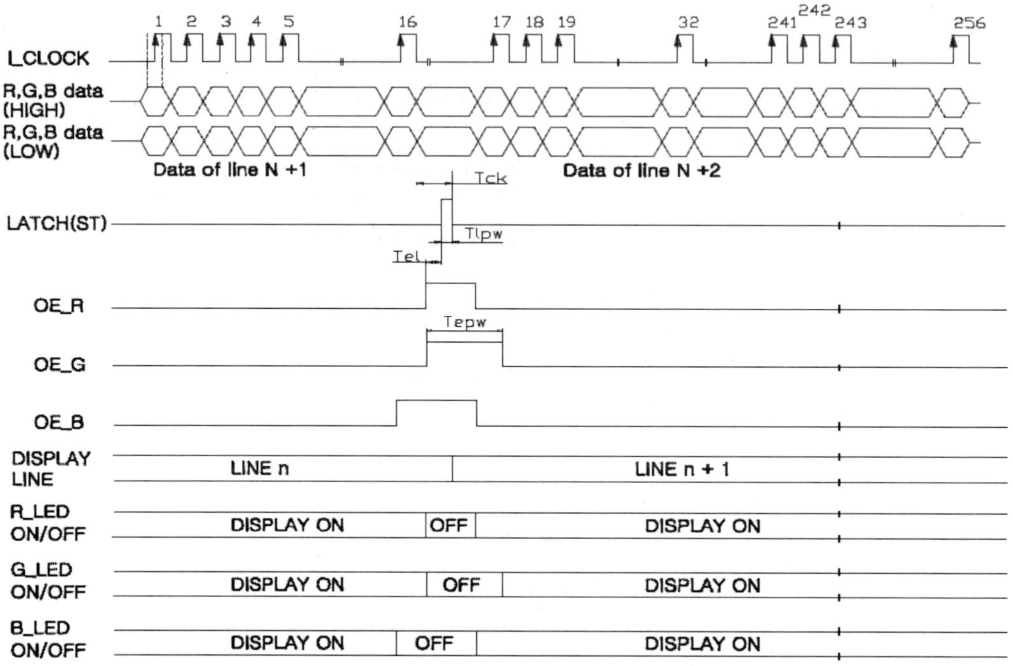

〈그림 15-7〉 LED 전광판 모듈 신호 흐름도

3색 LED 전광판의 경우 신호 데이터는 각 색상별로 입력되며 신호 데이터를 래치할 때 이용하기 위한 클럭이 함께 입력 된다. LED 전광판은 동시에 한 개의 행 단위로 켜지게 되므로 입력되는 데이터가 표시될 행은 그림 14-6의 A0~A2로 선택하게 된다.

우리는 앞 장에서 LED 도트메트릭스를 제어할 때 스캔 방식을 사용하였는데 LED 전광판 모듈에서도 동일한 방법을 사용하게 된다. 한 줄씩 순차적으로 표시되는 영상은 고속으로 표시할 경우 전체가 켜진 것으로 보이는 잔상효과를 이용하게 된다.

나. LED 전광판 컨트롤러

LED 전광판 컨트롤러는 여러 개의 LED 전광판이 구성될 경우 이를 효율적으로 제어하기 위한 별도의 컨트롤러이다.

구조가 단순한 LED 전광판의 경우 마이크로 컨트롤러를 이용하여 컨트롤러를 설계하지만 이외의 큰 규모의 전광판이나 풀 컬러형 LED 전광판의 경우 고속의 데이터 처리를 위해 FPGA과 같은 고속 처리용 IC를 설계하여 컨트롤러를 설계하게 된다. HBE-Green-LED에서는 마이크로컨트롤러인 AVR을 이용하여 LED 모듈을 컨트롤하게 된다.

다. 표시 영상 생성 제어 시스템

LED에 표시할 영상은 간단하게는 문자와 일부 도형으로 구성된다. 그러나 대형 옥외 전광판의 경우 일반 컴퓨터의 화면을 그대로 표시할 정도로 표시할 영상의 데이터가 커지게 되기도 한다. LED 전광판에 표시할 데이터는 주로 컴퓨터를 이용하여 만들어지게 되는데 소형 전광판의 경우 주로 전용의 제어 프로그램을 통해 문자나 도형을 전광판에 표시하고 시각적인 효과를 높이기 위해 문자를 스크롤 하거나 점멸하는 등의 시각 효과를 줄 수 있도록 한다.

컴퓨터를 통해 만들어진 영상 데이터는 통신을 통해 컨트롤러로 전달되는데 작은 화면일 경우 시리얼 통신을 통해 영상 정보를 전달하며 이외에도 이더넷 등을 이용한다.

동영상의 경우 컴퓨터에서 출력되는 영상신호인 VGA, DVI 신호를 통해 영상 정보를 컨트롤러로 전달하고 컨트롤러에서는 이를 가공하여 LED 모듈을 제어한다.

15.2 LED 전광판 동작 실습

LED 전광판의 동작 방법을 확인하기 위해 예제 프로그램을 다운로드 하여 LED 전광판의 동작을 확인해 보자. 앞의 3.4장의 내용을 다시 확인하여 HBE-Green-LED의 Application Program의 사용법을 다시 한번 확인하기 바란다.

다운로드할 프로그램 파일은 시디의 \Application Program\AVR Data\avr5.hex 파일이다.

다운로드를 위해 ISP Sel 스위치를 “1100”로 맞춘 후 AVR Studio를 이용하여 Hex파일을 다운로드 한다.

(제품출하시 기본으로 다운로드 되어있다.)

❑ “LED Sign Scan” 노브를 조정해보도록 하고 그 변화를 확인하도록 한다.

다운로드 후 ISP Sel 스위치를 “0100”에 맞춘 후 시디의 \Application Program\HBE-Green-LED v1.1.exe 파일을 실행한다.

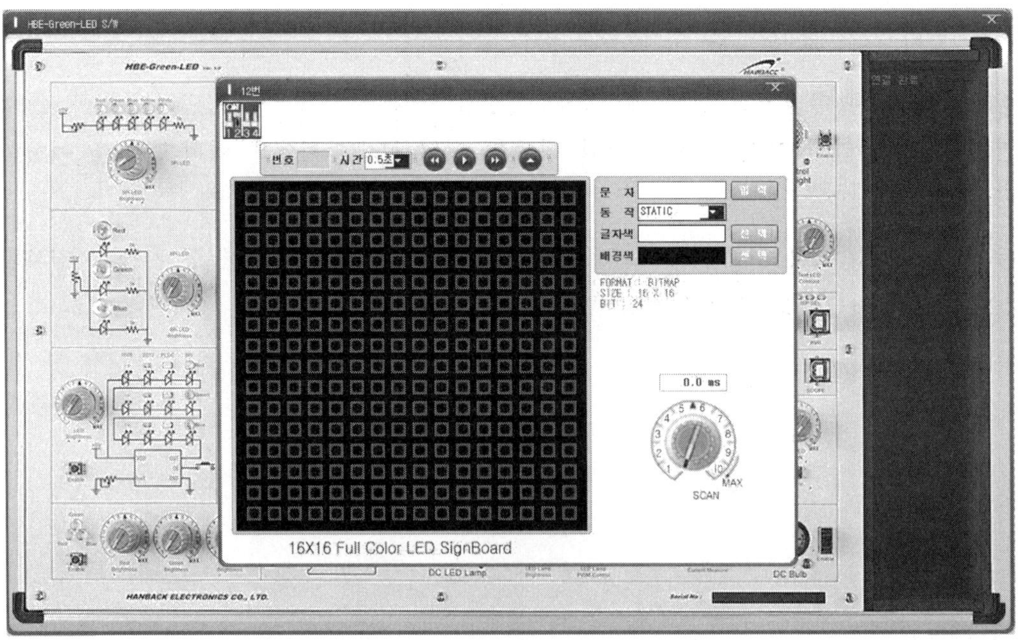

- ❑ 프로그램이 실행되면 LED 전광판 그림을 선택하면 위와 같은 화면이 표시된다.

  프로그램의 문자입력 창에 숫자 또는 문자를 입력한다. 문자는 한글도 가능하다.

  입력 후 입력 버튼을 누르면 왼쪽 LED 전광판 그림에 입력된 숫자또는 문자의 첫 글자가 표시될 것이다. 이때 상단의 화살표 모양의 플레이 버튼을 누르면 HBE-Green-LED의 LED 전광판에 입력한 숫자 또는 문자가 한자씩 시간 지연을 두고 출력되는 것을 볼 수 있을 것이다. 이는 Static 방식으로 한자씩 표시되고 사라지는 형태이다.

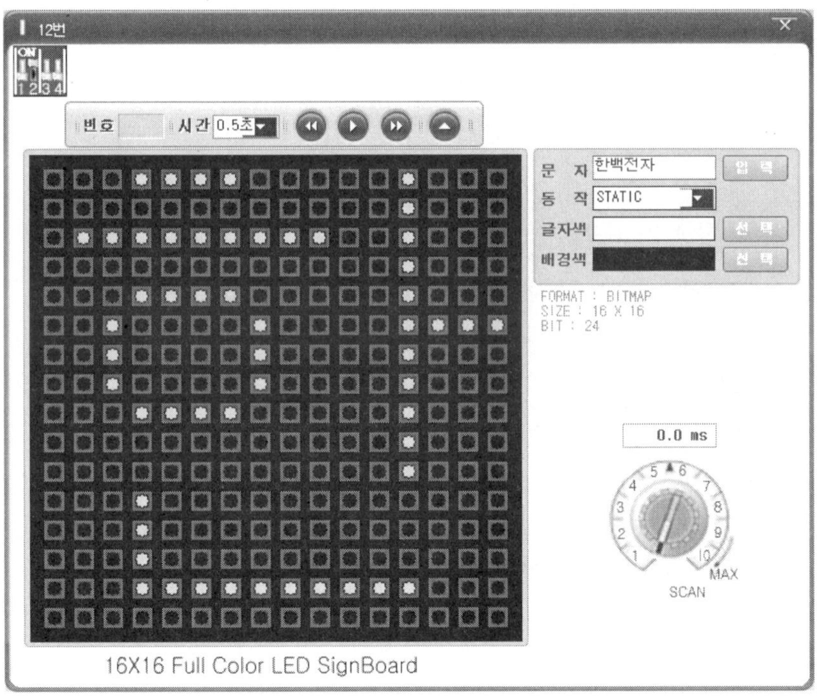

- ❑ 입력 글자가 표시되는 동안 "LED Sign Scan" 노브를 조정해보도록 하고 스캔 속도와의 연관관계를 확인해보자.

- 상단의 네모 모양의 멈춤 버튼을 눌러 동작을 멈춘 후 동작을 Dynamic으로 변경한 후 다시 입력 버튼을 누른다.

  글자색과 배경색도 임의의 색으로 변경할 수 있다 이제 다시 상단의 화살표 모양의 플레이 버튼을 눌러 보자 입력한 숫자 또는 문자가 우측에서 나타나 좌측으로 스크롤 되면서 사라지는 것을 볼 수 있을 것이다.

  대부분의 실내형 LED 전광판은 이런 동작을 통해 그림이나 문자를 표시하고 시각적인 효과를 표현하게 된다.

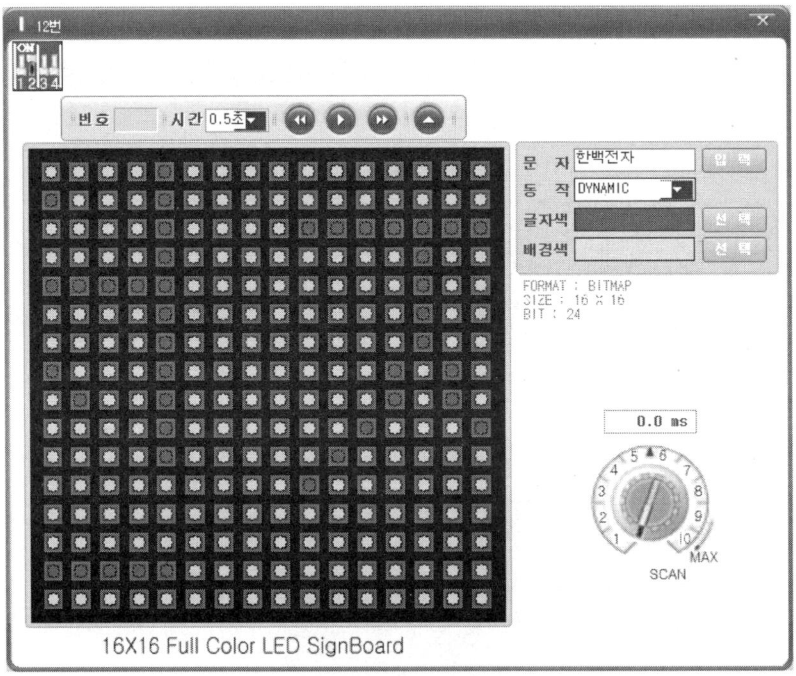

15.3 LED 전광판에 숫자 표시하기

15.3.1 구동프로그램

LED 전광판에 숫자를 표시하는 예제이다. AVR 디바이스 내부의 메모리를 정의하고 여기에 표시할 숫자인 1,2,3,4에 대해 표시할 데이터를 미리 지정한다. LED 전광판 모듈의 구성이 16*16이므로 이에 대한 메모리를 정의하고 이에 대해 각 숫자가 표시될 수 있도록 값을 지정한다. 이후 1초 단위로 각 데이터를 연속적으로 LED 전공판 모듈에 전달하여 숫자가 순차적으로 표시되도록 한다.

```
/******************************************************************
        LED Signboard에 숫자 출력하기

        동작 :
                1초 간격으로 1~4를 Signboard 에 출력한다.

        ISP SEL :   1100
******************************************************************/
#include<avr/io.h>
#include<avr/interrupt.h>
#include<util/delay.h>
#include"global.h"
#include"signboard.h" //signboard 라이브러리 헤더 서언

//      숫자 1에 대한 signboard 데이터
u08 signdata_num1[]=
{
        0x00,0x00,0x00,0x00,0x00,0x00,0x00,0x00,0x00,0x00,0x00,0x00,0x00,0x00,0x00,0x00,
        0x00,0x00,0x00,0x00,0x00,0x00,0x00,0x00,0x00,0x00,0x00,0x00,0x00,0x00,0x00,0x00,
        0x00,0x00,0x00,0x00,0x00,0x00,0x00,0x00,0xDB,0x00,0x00,0x00,0x00,0x00,0x00,0x00,
        0x00,0x00,0x00,0x00,0x00,0x00,0xDB,0xDB,0xDB,0x00,0x00,0x00,0x00,0x00,0x00,0x00,
        0x00,0x00,0x00,0x00,0x00,0x00,0x00,0x00,0xDB,0x00,0x00,0x00,0x00,0x00,0x00,0x00,
```

```
        0x00,0x00,0x00,0x00,0x00,0x00,0x00,0x00,0xDB,0x00,0x00,0x00,0x00,0x00,0x00,0x00,
        0x00,0x00,0x00,0x00,0x00,0x00,0x00,0x00,0xDB,0x00,0x00,0x00,0x00,0x00,0x00,0x00,
        0x00,0x00,0x00,0x00,0x00,0x00,0x00,0x00,0xDB,0x00,0x00,0x00,0x00,0x00,0x00,0x00,
        0x00,0x00,0x00,0x00,0x00,0x00,0x00,0x00,0xDB,0x00,0x00,0x00,0x00,0x00,0x00,0x00,
        0x00,0x00,0x00,0x00,0x00,0x00,0x00,0x00,0xDB,0x00,0x00,0x00,0x00,0x00,0x00,0x00,
        0x00,0x00,0x00,0x00,0x00,0x00,0x00,0x00,0xDB,0x00,0x00,0x00,0x00,0x00,0x00,0x00,
        0x00,0x00,0x00,0x00,0x00,0x00,0x00,0x00,0xDB,0x00,0x00,0x00,0x00,0x00,0x00,0x00,
        0x00,0x00,0x00,0x00,0x00,0x00,0x00,0x00,0xDB,0x00,0x00,0x00,0x00,0x00,0x00,0x00,
        0x00,0x00,0x00,0x00,0x00,0x00,0x00,0x00,0xDB,0x00,0x00,0x00,0x00,0x00,0x00,0x00,
        0x00,0x00,0x00,0x00,0x00,0x00,0x00,0x00,0x00,0x00,0x00,0x00,0x00,0x00,0x00,0x00,
        0x00,0x00,0x00,0x00,0x00,0x00,0x00,0x00,0x00,0x00,0x00,0x00,0x00,0x00,0x00,0x00
};
//      숫자 2에 대한 signboard 데이터
u08 signdata_num2[]=
{
        0x00,0x00,0x00,0x00,0x00,0x00,0x00,0x00,0x00,0x00,0x00,0x00,0x00,0x00,0x00,0x00,
        0x00,0x00,0x00,0x00,0x00,0x00,0x00,0x00,0x00,0x00,0x00,0x00,0x00,0x00,0x00,0x00,
        0x00,0x00,0x00,0x00,0x00,0x00,0xDB,0xDB,0xDB,0xDB,0x00,0x00,0x00,0x00,0x00,0x00,
        0x00,0x00,0x00,0x00,0x00,0xDB,0x00,0x00,0x00,0x00,0xDB,0x00,0x00,0x00,0x00,0x00,
        0x00,0x00,0x00,0x00,0x00,0xDB,0x00,0x00,0x00,0x00,0xDB,0x00,0x00,0x00,0x00,0x00,
        0x00,0x00,0x00,0x00,0x00,0x00,0x00,0x00,0x00,0x00,0xDB,0x00,0x00,0x00,0x00,0x00,
        0x00,0x00,0x00,0x00,0x00,0x00,0x00,0x00,0x00,0x00,0xDB,0x00,0x00,0x00,0x00,0x00,
        0x00,0x00,0x00,0x00,0x00,0x00,0x00,0x00,0x00,0xDB,0x00,0x00,0x00,0x00,0x00,0x00,
        0x00,0x00,0x00,0x00,0x00,0x00,0x00,0x00,0xDB,0x00,0x00,0x00,0x00,0x00,0x00,0x00,
        0x00,0x00,0x00,0x00,0x00,0x00,0x00,0xDB,0x00,0x00,0x00,0x00,0x00,0x00,0x00,0x00,
        0x00,0x00,0x00,0x00,0x00,0x00,0xDB,0x00,0x00,0x00,0x00,0x00,0x00,0x00,0x00,0x00,
        0x00,0x00,0x00,0x00,0x00,0xDB,0x00,0x00,0x00,0x00,0x00,0x00,0x00,0x00,0x00,0x00,
        0x00,0x00,0x00,0x00,0x00,0xDB,0x00,0x00,0x00,0x00,0x00,0x00,0x00,0x00,0x00,0x00,
        0x00,0x00,0x00,0x00,0x00,0xDB,0xDB,0xDB,0xDB,0xDB,0xDB,0x00,0x00,0x00,0x00,0x00,
        0x00,0x00,0x00,0x00,0x00,0x00,0x00,0x00,0x00,0x00,0x00,0x00,0x00,0x00,0x00,0x00,
        0x00,0x00,0x00,0x00,0x00,0x00,0x00,0x00,0x00,0x00,0x00,0x00,0x00,0x00,0x00,0x00
};
//      숫자 3에 대한 signboard 데이터
u08 signdata_num3[]=
{
```

```
		0x00,0x00,0x00,0x00,0x00,0x00,0x00,0x00,0x00,0x00,0x00,0x00,0x00,0x00,0x00,0x00,
		0x00,0x00,0x00,0x00,0x00,0x00,0x00,0x00,0x00,0x00,0x00,0x00,0x00,0x00,0x00,0x00,
		0x00,0x00,0x00,0x00,0x00,0x00,0xDB,0xDB,0xDB,0xDB,0x00,0x00,0x00,0x00,0x00,0x00,
		0x00,0x00,0x00,0x00,0x00,0xDB,0x00,0x00,0x00,0x00,0xDB,0x00,0x00,0x00,0x00,0x00,
		0x00,0x00,0x00,0x00,0x00,0xDB,0x00,0x00,0x00,0x00,0xDB,0x00,0x00,0x00,0x00,0x00,
		0x00,0x00,0x00,0x00,0x00,0x00,0x00,0x00,0x00,0x00,0xDB,0x00,0x00,0x00,0x00,0x00,
		0x00,0x00,0x00,0x00,0x00,0x00,0x00,0x00,0x00,0x00,0xDB,0x00,0x00,0x00,0x00,0x00,
		0x00,0x00,0x00,0x00,0x00,0x00,0xDB,0xDB,0xDB,0xDB,0x00,0x00,0x00,0x00,0x00,0x00,
		0x00,0x00,0x00,0x00,0x00,0x00,0x00,0x00,0x00,0x00,0xDB,0x00,0x00,0x00,0x00,0x00,
		0x00,0x00,0x00,0x00,0x00,0x00,0x00,0x00,0x00,0x00,0xDB,0x00,0x00,0x00,0x00,0x00,
		0x00,0x00,0x00,0x00,0x00,0x00,0x00,0x00,0x00,0x00,0xDB,0x00,0x00,0x00,0x00,0x00,
		0x00,0x00,0x00,0x00,0x00,0xDB,0x00,0x00,0x00,0x00,0xDB,0x00,0x00,0x00,0x00,0x00,
		0x00,0x00,0x00,0x00,0x00,0xDB,0x00,0x00,0x00,0x00,0xDB,0x00,0x00,0x00,0x00,0x00,
		0x00,0x00,0x00,0x00,0x00,0x00,0xDB,0xDB,0xDB,0xDB,0x00,0x00,0x00,0x00,0x00,0x00,
		0x00,0x00,0x00,0x00,0x00,0x00,0x00,0x00,0x00,0x00,0x00,0x00,0x00,0x00,0x00,0x00,
		0x00,0x00,0x00,0x00,0x00,0x00,0x00,0x00,0x00,0x00,0x00,0x00,0x00,0x00,0x00,0x00
};
//		숫자 4에 대한 signboard 데이터
u08 signdata_num4[16*16]=
{
		0x00,0x00,0x00,0x00,0x00,0x00,0x00,0x00,0x00,0x00,0x00,0x00,0x00,0x00,0x00,0x00,
		0x00,0x00,0x00,0x00,0x00,0x00,0x00,0x00,0x00,0x00,0x00,0x00,0x00,0x00,0x00,0x00,
		0x00,0x00,0x00,0x00,0x00,0x00,0x00,0x00,0x00,0xDB,0xDB,0x00,0x00,0x00,0x00,0x00,
		0x00,0x00,0x00,0x00,0x00,0x00,0x00,0x00,0x00,0xDB,0xDB,0x00,0x00,0x00,0x00,0x00,
		0x00,0x00,0x00,0x00,0x00,0x00,0x00,0x00,0xDB,0x00,0xDB,0x00,0x00,0x00,0x00,0x00,
		0x00,0x00,0x00,0x00,0x00,0x00,0x00,0x00,0xDB,0x00,0xDB,0x00,0x00,0x00,0x00,0x00,
		0x00,0x00,0x00,0x00,0x00,0x00,0x00,0xDB,0x00,0x00,0xDB,0x00,0x00,0x00,0x00,0x00,
		0x00,0x00,0x00,0x00,0x00,0x00,0x00,0xDB,0x00,0x00,0xDB,0x00,0x00,0x00,0x00,0x00,
		0x00,0x00,0x00,0x00,0x00,0x00,0xDB,0x00,0x00,0x00,0xDB,0x00,0x00,0x00,0x00,0x00,
		0x00,0x00,0x00,0x00,0x00,0x00,0xDB,0x00,0x00,0x00,0xDB,0x00,0x00,0x00,0x00,0x00,
		0x00,0x00,0x00,0x00,0x00,0xDB,0xDB,0xDB,0xDB,0xDB,0xDB,0xDB,0x00,0x00,0x00,0x00,
		0x00,0x00,0x00,0x00,0x00,0x00,0x00,0x00,0x00,0x00,0xDB,0x00,0x00,0x00,0x00,0x00,
		0x00,0x00,0x00,0x00,0x00,0x00,0x00,0x00,0x00,0x00,0xDB,0x00,0x00,0x00,0x00,0x00,
		0x00,0x00,0x00,0x00,0x00,0x00,0x00,0x00,0x00,0x00,0xDB,0x00,0x00,0x00,0x00,0x00,
		0x00,0x00,0x00,0x00,0x00,0x00,0x00,0x00,0x00,0x00,0x00,0x00,0x00,0x00,0x00,0x00,
```

```
        0x00,0x00,0x00,0x00,0x00,0x00,0x00,0x00,0x00,0x00,0x00,0x00,0x00,0x00,0x00,0x00

};

//      출력할 숫자를 선택하는 변수
volatile char flag = 0;

int main()
{
        char index = 0;

        init_sign(); //       signboard 초기화

        //      타이머0 오버플로우 선언
        //      16MHz /1024, 100카운트 = 6.4ms
        TCCR0 = 0x07;
        TCNT0 =0xff - 100;
        TIMSK = 0x01;

        sei();

        //      1초마다 변경되는 flag에 따라 signboard에 데이터를 출력한다.
        while(1)
        {
                switch(flag)
                {
                        case 0:
                                sign_display(index,signdata_num1+(16*index));
                        break;

                        case 1:
                                sign_display(index,signdata_num2+(16*index));
                        break;

                        case 2:
```

```
                                sign_display(index,signdata_num3+(16*index));
                        break;

                        case 3:
                                sign_display(index,signdata_num4+(16*index));
                        break;
                }

                if(++index>=16) index = 0;
                _delay_us(10);
        }
        return 0;

}

SIGNAL(SIG_OVERFLOW0)
{
        static u08 cnt =0;
        static u08 sign_index = 0;

        cli();
        TCNT0 = 0xff - 100;


        cnt++;
        if(cnt>=156)
        {
                cnt = 0;
                flag++;
                if(flag>=4)  flag = 0;

        }
        sei();
}
```

15.3.2 결과 확인

결과를 확인해 보자. 그림 14-8과 같이 순차적으로 1, 2, 3, 4가 1초 간격으로 LED 전광판에 표시되는 것을 확인할 수 있다.

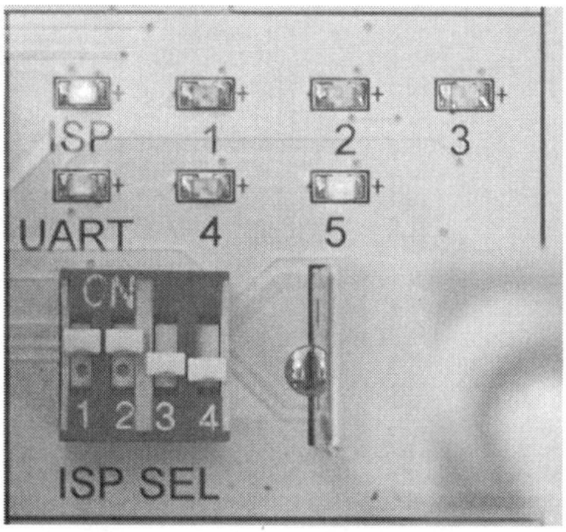

〈그림 15-8〉 LED 전광판 제어를 위한 AVR 선택(4번)

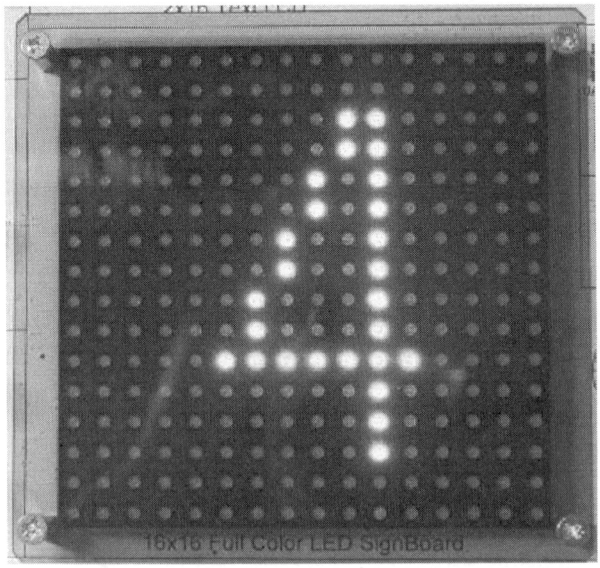

〈그림 15-9〉 LED 전광판에 숫자 표시하기

15.4 LED 전광판에 다양한 컬러 표시하기

15.4.1 구동프로그램

LED 전광판에 다양한 색상의 컬러를 표시하는 예제이다. 1초 간격으로 LED 전광판에 16 색상의 컬러를 순차적으로 표시하게 된다. 해당 색상은 AVR의 내부 저장 공간에 저장되어 순차적으로 읽혀지며 이를 화면에 1초 단위로 표시하여 다양한 색상을 LED 전광판 화면에 표시하게 된다.

```
/******************************************************************
        LED SignBoard에 16 Color 출력하기

        동작 :
                1초 간격으로 SignBoard 에 16 color 출력한다.
        ISP SEL :       1100
******************************************************************/
```

```
#include<avr/io.h>
#include<avr/interrupt.h>
#include<util/delay.h>
#include"global.h"
#include"signboard.h" //signboard 라이브러리 헤더 서언

//        컬러데이터
//        빨간색 -> 노란색 -> 녹색 -> 하늘색 -> 파란색 -> 남색 -> 보라색
//        총 16단계
u08 color_data[16*16]=
{
        0xE0,0xE0,0xE0,0xE0,0xE0,0xE0,0xE0,0xE0,0xE0,0xE0,0xE0,0xE0,0xE0,0xE0,0xE0,0xE0,
        0xE8,0xE8,0xE8,0xE8,0xE8,0xE8,0xE8,0xE8,0xE8,0xE8,0xE8,0xE8,0xE8,0xE8,0xE8,0xE8,
        0xF8,0xF8,0xF8,0xF8,0xF8,0xF8,0xF8,0xF8,0xF8,0xF8,0xF8,0xF8,0xF8,0xF8,0xF8,0xF8,
        0xFC,0xFC,0xFC,0xFC,0xFC,0xFC,0xFC,0xFC,0xFC,0xFC,0xFC,0xFC,0xFC,0xFC,0xFC,0xFC,
        0x7C,0x7C,0x7C,0x7C,0x7C,0x7C,0x7C,0x7C,0x7C,0x7C,0x7C,0x7C,0x7C,0x7C,0x7C,0x7C,
        0x1C,0x1C,0x1C,0x1C,0x1C,0x1C,0x1C,0x1C,0x1C,0x1C,0x1C,0x1C,0x1C,0x1C,0x1C,0x1C,
        0x1C,0x1C,0x1C,0x1C,0x1C,0x1C,0x1C,0x1C,0x1C,0x1C,0x1C,0x1C,0x1C,0x1C,0x1C,0x1C,
        0x1E,0x1E,0x1E,0x1E,0x1E,0x1E,0x1E,0x1E,0x1E,0x1E,0x1E,0x1E,0x1E,0x1E,0x1E,0x1E,
        0x1F,0x1F,0x1F,0x1F,0x1F,0x1F,0x1F,0x1F,0x1F,0x1F,0x1F,0x1F,0x1F,0x1F,0x1F,0x1F,
        0x17,0x17,0x17,0x17,0x17,0x17,0x17,0x17,0x17,0x17,0x17,0x17,0x17,0x17,0x17,0x17,
        0x07,0x07,0x07,0x07,0x07,0x07,0x07,0x07,0x07,0x07,0x07,0x07,0x07,0x07,0x07,0x07,
        0x03,0x03,0x03,0x03,0x03,0x03,0x03,0x03,0x03,0x03,0x03,0x03,0x03,0x03,0x03,0x03,
        0x63,0x63,0x63,0x63,0x63,0x63,0x63,0x63,0x63,0x63,0x63,0x63,0x63,0x63,0x63,0x63,
        0xC3,0xC3,0xC3,0xC3,0xC3,0xC3,0xC3,0xC3,0xC3,0xC3,0xC3,0xC3,0xC3,0xC3,0xC3,0xC3,
        0xE3,0xE3,0xE3,0xE3,0xE3,0xE3,0xE3,0xE3,0xE3,0xE3,0xE3,0xE3,0xE3,0xE3,0xE3,0xE3,
        0xE1,0xE1,0xE1,0xE1,0xE1,0xE1,0xE1,0xE1,0xE1,0xE1,0xE1,0xE1,0xE1,0xE1,0xE1,0xE1
};

volatile char color_index = 0;

int main()
{
        char index = 0;
```

```
	init_sign(); //		signboard 초기화

	//		타이머0 오버플로우 선언
	//		16MHz /1024, 100카운트 = 6.4ms
	TCCR0 = 0x07;
	TCNT0 =0xff - 100;
	TIMSK = 0x01;

	sei();

	//		1초마다 변경되는 flag에 따라 signboard에 데이터를 출력한다.
	while(1)
	{
		sign_display(index,color_data+(16*color_index));
		if(++index>=16) index = 0;
		_delay_us(10);
	}
	return 0;
}

SIGNAL(SIG_OVERFLOW0)
{
	static u08 cnt =0;

	cli();
	TCNT0 = 0xff - 100;
	cnt++;
	if(cnt>=156)
	{
		cnt = 0;
		if(++color_index>=16) color_index = 0;
	}
	sei();
}
```

15.4.2 결과확인

동작을 확인해 보자. 총 16가지의 색이 LED 전광판 화면에 1초를 주기로 표시되는 것을 볼 수 있을 것이다.

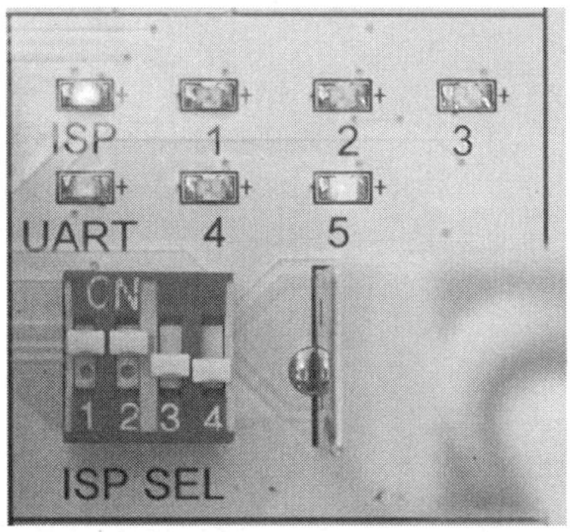

〈그림 15-10〉 LED 전광판 제어를 위한 AVR 선택(4번)

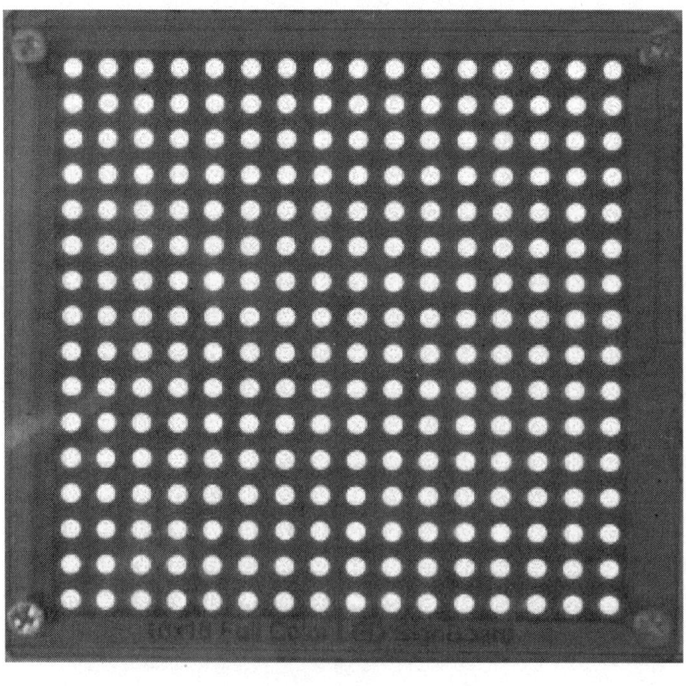

〈그림 15-11〉 LED 전광판에 다양한 색상 표시하기

15.5 LED 전광판에 문자열 표시하기

15.5.1 구동 프로그램

이 예제는 LED 전광판에 문자열을 왼쪽으로 움직이면서 출력하는 예제이다. 9장에서 실습한 Dotmatrix LED에 문자열을 출력하는 예제와 마찬가지 세로 한 줄씩 옆으로 이동시키면서 문자열을 출력한다.

```
/*****************************************************************
        LED Signboard에 문자열 출력하기

        동작 : 문자열을 세로 1줄씩 쉬프트 시켜 Signboard 에 출력한다.

        ISP SEL :       1100
*****************************************************************/

#include<avr/io.h>
#include<avr/interrupt.h>
#include<util/delay.h>
#include"global.h"
#include"signboard.h" //signboard 라이브러리 헤더 서언

//      출력할 숫자를 선택하는 변수
volatile unsigned char flag = 0;
extern unsigned char TFT[FONT_LENGTH][8][16];
extern unsigned char num,last_num;

int main()
{
        init_sign();    // signboard 초기화

        // timer 0 설정
        TCCR0 = 0x07;   // timer0 1024 prescaler
```

```
        TCNT0 = 0x64;   // (1 / (16 Mhz  / 1024 prescaler )) * 100 =>
0.0099s 약 10ms
        TIMSK = 0x01;
        TIFR &= ~(0x01);

        PutString("  LED 전광판 문자출력",0xDB,0x00);
        sei();


        while(1)
        {
                sign_display_shift();
        }
        return 0;
}

SIGNAL(SIG_OVERFLOW0)
{
        static u08 cnt =0;

        cli();
        TCNT0 = 0x64;

        cnt++;
        if(cnt>=10)
        {
                cnt = 0;
                flag++;
                if(flag == last_num*8) flag = 0;
        }
        sei();
}
```

15.5.2 실행 결과

이번 예제는 16x16 LED 전광판의 세로 한 줄씩 옆으로 이동시키면서 문자열을 출력하는 예제이다. 문자열을 출력하기에 앞서 "font8x16.h", "font16x16.h", "font_kor_mgoth.h", "ks_table.h"파일을 확인해 본다. "font8x16.h" 헤더 파일은 "font8x8.h"와 마찬가지로 8x16 dot에 맞게 미리 작성해놓은 문자 배열이며 영문 알파벳 대문자와 소문자의 데이터가 저장되어 있다. 다음으로"font_kor_mgoth.h.h" 헤더 파일은 중간 고딕체로 구성된 한글의 자음 모음이 저장되어 있으며 나머지 "font16x16.h", "ks_table.h" 헤더 파일들은 자음모음을 조합하여 하나의 글자를 만들 수 있도록 하는 헤더 파일이다. 프로그램을 실행하기 전에 출력하고 싶은 문자열을 PutString(); 함수에 입력하여 출력해보자. 단 ATmega128의 메모리를 고려하여 한글 최대 12자, 영문으로는 24자까지만 출력할 수 있도록 하였다.

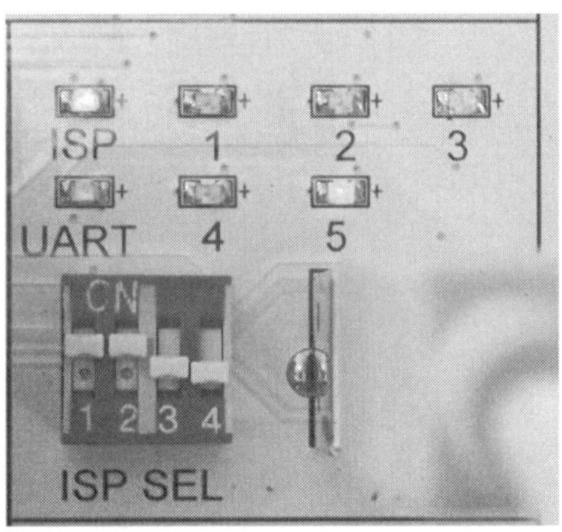

〈그림 15-12〉 LED 전광판 제어를 위한 AVR 선택(4번)

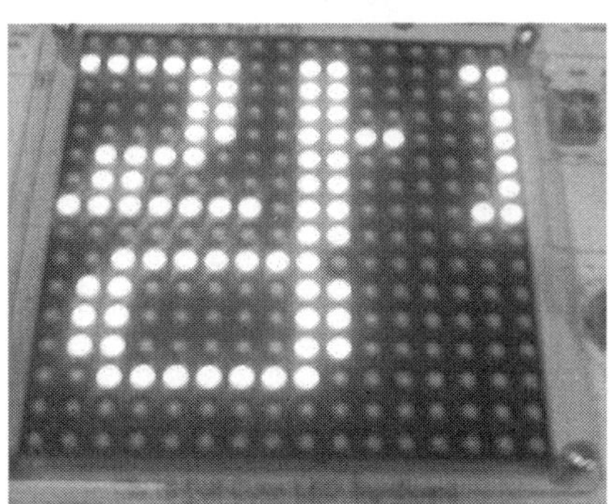

〈그림 15-13〉 LED 전광판에 문자열 표시하기

디지털 시스템 제어공학

2020년 2월 10일 초판
2020년 2월 12일 발행
저 자 임 미 섭 저
펴낸이 오 성 걸
펴낸곳 **오성미디어**
주 소 132-916 서울시 도봉구 덕릉로 60길 150
전 화 02)997-0136
FAX 02)997-0137
등 록 2000. 5. 12 제 7-212 호

ISBN 978-89-6628-564-8 값20,000 원